CHRISTOPH ZAUSSINGER

Eigenes Wasser für Haus und Hof

stv

Christoph Zaussinger

Eigenes Wasser für Haus und Hof

Wassersuche, Erschließung, Instandhaltung und Verbesserung von Quellen und Brunnen

Ein Praxis-Ratgeber

Leopold Stocker Verlag
Graz – Stuttgart

Umschlaggestaltung: DSR Werbeagentur Rypka GmbH, 8143 Dobl, Thomas Hofer, www.rypka.at
Bildnachweis: Umschlagabb. Vorderseite: großes Bild: iStock, kleine Bilder: Christoph Zaussinger
Umschlagabb. Rückseite: Bildleiste: Christoph Zaussinger, Portraitbild: Karl Penninger
Alle Abbildungen im Innenteil stammen dankenswerterweise vom Autor.

Bibliografische Information der Deutschen Nationalbibliothek
Die Deutsche Nationalbibliothek verzeichnet diese Publikation in der Deutschen Nationalbibliografie; detaillierte bibliografische Daten sind im Internet unter http://dnb.d-nb.de abrufbar.

Hinweis:
Dieses Buch wurde auf chlorfrei gebleichtem Papier gedruckt. Die zum Schutz vor Verschmutzung verwendete Einschweißfolie ist aus Polyethylen chlor- und schwefelfrei hergestellt. Diese umweltfreundliche Folie verhält sich grundwasserneutral, ist voll recyclingfähig und verbrennt in Müllverbrennungsanlagen völlig ungiftig.

Auf Wunsch senden wir Ihnen gerne kostenlos unser Verlagsverzeichnis zu:

Leopold Stocker Verlag GmbH
Hofgasse 5/Postfach 438
A-8011 Graz
Tel.: +43 (0)316/82 16 36
Fax: +43 (0)316/83 56 12
E-Mail: stocker-verlag@stocker-verlag.com
www.stocker-verlag.com

ISBN 978-3-7020-1761-3

Satz: Ecotet-Verlag, Mag. G. Schneeweiß-Arnoldstein, 1010 Wien
Druck: hm•perfectprintconsult•eu

Inhalt

Viele Häuser und Höfe sind auf eine eigene Wasserversorgung angewiesen. Nur zu leicht wird vergessen, dass gute Quellen oder Brunnen einen nicht selbstverständlichen Schatz darstellen. Nur wenn wir auf eine sorgsame Errichtung sowie eine laufende umsichtige Pflege und Wartung achten, ist die ständige Versorgung mit Trinkwasser gesichert.
Das Bild ist ein Beispiel für eine schöne Anlage inmitten der Alpen. Die Quellen entspringen weiter oben am Hang und werden in zwei Quellsammelschächte sowie einen Wasserspeicher abgeleitet. Der Zaun schützt die Anlage vor neugierigem Vieh.

Vorwort

Dieses Buch handelt von Quellen und Brunnen für unsere persönliche Wasserversorgung. Es geht um technische Anlagen, die in unserem eigenen Verantwortungsbereich liegen. Sie versorgen uns mit Wasser, und als Dank dafür gehen wir gut mit ihnen um.

Anlagen, die einer Genehmigung der Wasserrechtsbehörde bedürfen, sind nicht Gegenstand dieses Buches. Die Behörde wird Auflagen vorschreiben, die dem speziellen Nutzungszweck angepasst sind. Eine allgemeine Darstellung der speziellen Auflagen ist nicht möglich.

Im Rahmen meiner Arbeit habe ich mir Wissen angeeignet, das aus Sicht der Wissenschaft nichts Neues darstellt. Es ist aber ein Wissen um die Probleme vor Ort und deren mögliche Lösung. Vielen Betreiberinnen und Betreibern von Quellen und Brunnen fällt es schwer, technische Hinweise in die Praxis umzusetzen. Aus diesem Grund wird im Buch alles Schritt für Schritt erklärt. Die Zeichnungen sind auf das Wesentliche reduziert, damit Sie auf einen Blick erkennen können, worauf es ankommt.

In diesem Buch wird das alte Wissen über Brunnen und Quellen auf die moderne Zeit übertragen. Das Ziel ist es, die komplexen Zusammenhänge so darzustellen, dass sie leicht verständlich sind. Sie würden mir die größte Freude machen, wenn Sie während des Durchlesens zu sich sagten: „Das ist ja wirklich einfach. Das könnte man doch viel kürzer schreiben!"

Meiner Frau danke ich für die vielen Anregungen, mein Wissen so zu vermitteln, dass es ohne Vorwissen verständlich ist. Sie hat großen Anteil daran, dass dieses Buch hoffentlich leicht lesbar ist.

Ich möchte mich bei meiner Arbeitgeberin, der Landwirtschaftskammer Oberösterreich, bedanken. Sie gibt mir die Möglichkeit, mit Menschen in direkten Kontakt auf gleicher Augenhöhe treten zu können. In den Beratungsgesprächen findet ein Dialog statt. Ich habe von den Bäuerinnen und Bauern viel über Quellen und Brunnen gelernt und sie wiederum auch viel von mir. Einen Dank auch an den Landesverband für Leistungsprüfung und Qualitätssicherung in OÖ. Mit den dortigen Kolleginnen und Kollegen pflege ich einen regen Austausch über dieses Thema.

Ich bedanke mich für den sehr guten fachlichen Austausch mit Expertinnen und Experten des Amtes der Oö. Landesregierung. Vor allem mit den Mitarbeiterinnen und Mitarbeitern der Abteilung Wasserwirtschaft, der Abteilung Anlagen-, Umwelt- und Wasserrecht sowie der Abteilung Ernährungssicherheit und Veterinärwesen kann ich auf viele Jahre guter Zusammenarbeit zurückblicken. Von den Kolleginnen und Kollegen der Beratungsstelle OÖ WASSER sowie des OÖ WASSER Genossenschaftsverbandes habe ich einen besonders guten Einblick in die täglichen Herausforderungen von kleinen Wasserversorgungsanlagen erhalten.

Der Berufsgruppensprecher der Brunnenbaumeister in Oberösterreich hat mir ebenfalls immer mit praktischen Hinweisen weitergeholfen.

Ich bedanke mich auch beim Leopold Stocker Verlag, der mich ermutigt und unterstützt hat, über die Nachhaltigkeit der eigenen Wasserversorgung zu schreiben.

Dieses Buch soll Ihnen helfen, Wasser für das eigene Haus oder den eigenen Hof zu verstehen, es zu schätzen und es der nachfolgenden Generation in einem guten Zustand zu übergeben.

Ich empfehle Ihnen, das Buch von Anfang an durchzulesen. Viele Erklärungen bauen auf dem auf, was zuvor geschildert wurde. Wenn Sie nur ein spezielles Kapitel herausgreifen, werden Sie rasch den Eindruck gewinnen, dass gewisse Grundlagen nicht ausreichend erläutert wurden.

Häufige Fachbegriffe werden in den Begriffsbestimmungen am Ende des Buches zur leichteren Verständlichkeit noch einmal erläutert.

Ich lade Sie nun ein, den Weg des Wassers vom Untergrund bis in unsere Haushalte gemeinsam zu gehen.

Wasser ist imstande, seine Geschichte selbst zu schreiben. Die Berge aus Kalk entstanden aus Meeresablagerungen. Der See stellt ein Relikt eines Gletschers aus der letzten Eiszeit dar. Die sanften Hügel wurden durch oberflächliches Wasser gestaltet. Die Menschen werden mit Trinkwasser aus der Region versorgt. Die gesamte Landschaft ist von der Geschichte des Wassers durchdrungen. Das folgende Kapitel über die Geschichte der Trinkwassertechnik stellt nur einen winzigen Ausschnitt aus der großen Geschichte des Wassers dar.

Bild: Gemeinde Steinbach am Attersee im Salzkammergut. Im Hintergrund das Höllengebirge.

1 Geschichtliches

1-1 Quellen und Brunnen spielen in der Geschichte häufig eine magische und mythische Rolle.

Dieses Buch befasst sich vorwiegend mit technischen Inhalten, die schon eine lange Geschichte vorzuweisen haben. Wir leben in Zeiten der rasanten technischen Entwicklung. Unsere Möglichkeiten scheinen grenzenlos zu sein. Tag für Tag werden wir mit neuesten Entwicklungen konfrontiert, die uns zeigen, dass sich die Menschheit weiterentwickelt. Was wäre aber eine Weiterentwicklung ohne eine Rückbesinnung auf die Geschichte? An dem, wie es früher einmal war, können wir auch heute auf jeden Fall noch etwas lernen. Nicht nur nach vorne schauen, lautet also bei Quellen und Brunnen die Devise, sondern auch einmal zurück.

1-2 Ein Blick in tiefes Wasser.

Wasser hat etwas Lebendiges. Es ist nicht statisch wie Fels, sondern äußerst beweglich. Es kann unterschiedliche Aggregatzustände annehmen (fest – Eis, flüssig – Wasser, gasförmig – Dampf), kommt rasch und geht rasch. Wie sich Wasser im Untergrund verhält, kann nur näherungsweise und mit vielen offenen Fragen gedeutet werden. Wasser lässt sich nicht in ein Schema pressen, das dem menschlichen Weltbild entspricht. Vor allem bei einem massiven Hochwasser müssen wir uns eingestehen, dass Wasser sich nicht immer an die durch den Computer berechnete Vorhersage hält.

Wir Menschen neigen dazu, alles kontrollieren zu wollen. Das Wasser entzieht sich dieser Kontrolle aber allzu oft.

Da spüren wir dann unsere Grenzen. Vielleicht ist es gerade dieses Gefühl der Begrenztheit, welches das Wasser in der Geschichte so heilig und mystisch macht(e). Der Blick in ein tiefes Wasser lässt Gedanken freien Raum und lädt zu Interpretation und zu Inspiration ein. Es ist wie ein winziger Blick in die unterirdischen Geheimnisse unserer Mutter Erde. Vielleicht auch wie ein winziger Blick in sich selbst.

1-3 Wasser spielt im christlichen Glauben eine bedeutende Rolle.

Christliche Religion

Im **Alten Testament** spielt Wasser eine entscheidende Rolle. Das Wasser kommt bereits in der Schöpfung vor. „Als Gott anfing, das Universum zu erschaffen, konnte man nichts sehen. Dunkelheit bedeckte eine endlose Wasserwüste, aber der Geist Gottes schwebte über der Tiefe."

Nachdem sich die Menschheit entwickelt hatte, wurde sie von der Sintflut überrascht. Noah rettete einige Menschen und Tiere mit der Arche. Moses wurde als Säugling in ein kleines Boot gelegt und dann von der Tochter des Pharaos im Fluss entdeckt. Für die Durchschreitung des Roten Meeres teilte er das Wasser und verhalf den Israeliten erfolgreich zur Flucht.

Das **Neue Testament** spricht dem Wasser eine starke spirituelle Wirkung zu. Jesus wurde von Johannes dem Täufer im Wasser getauft. Er verwandelte Wasser in Wein, beruhigte den Sturm am See Genezareth und ging auf dem Wasser. In vielen Kirchen steht ein Behälter mit geweihtem Wasser, welches man abfüllen und mit nach Hause nehmen kann.

Märchen

Das Element Wasser kommt auch immer wieder in Märchen vor, wo es die Funktion des „Geheimnisvollen Elements" einnimmt.

Im Märchen „Der Froschkönig" spielt ein Brunnen eine Hauptrolle: Beim Spielen am Brunnen entglitt der Prinzessin die goldene Kugel, die daraufhin im Brunnen versank. Der Frosch tauchte in das Wasser des Brunnens und überreichte die sodann goldene Kugel der Prinzessin. Als Dank dafür erbat er sich ihre Freundschaft.

Zu „Frau Holle" konnte man nur durch einen Sprung in einen tiefen Brunnen gelangen. Ein Mädchen musste so viel Wolle spinnen, dass die Spule blutig wurde. Das Mädchen wollte die Spule sodann im Brunnenwasser reinigen. Dabei sprang ihr diese aus der Hand und versank im Brunnen. Auf den Befehl ihrer bösen Stiefmutter hin musste sie die Spule aus dem Brunnen bergen. Sie sprang in den Brunnen und verlor das Bewusstsein, um schließlich auf einer schönen Wiese zu erwachen.

1-4 Der Froschkönig.

Hans Christian Andersen schreibt in seinem weltberühmten Märchen „Die Meerjungfrau“ über ein wunderschönes Wesen, welches aufgrund seiner Herkunft aus dem Meer nicht mit dem irdischen Prinzen zusammenfinden kann. Auch hier steht das Wasser wiederum für etwas Geheimnisvolles.

Die erste Großserienpumpe

Nach diesem kurzen Ausflug in die literarische Geschichte wenden wir uns nun der technischen Geschichte zu.

1-5 Die Gebrüder Montgolfier hinterließen der Menschheit zwei überaus wertvolle Erfindungen: den Heißluftballon und den „Hydraulischen Widder“.

1-6 Ein Hydraulischer Widder, der seine Akkordarbeit seit mehr als 100 Jahren noch immer zuverlässig verrichtet.

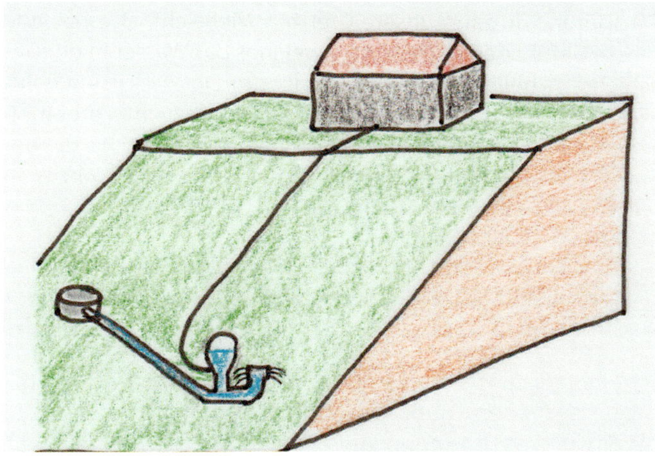

1-7 Der Hydraulische Widder wird von einer Quelle gespeist und pumpt das Wasser hangaufwärts zum Gebäude.

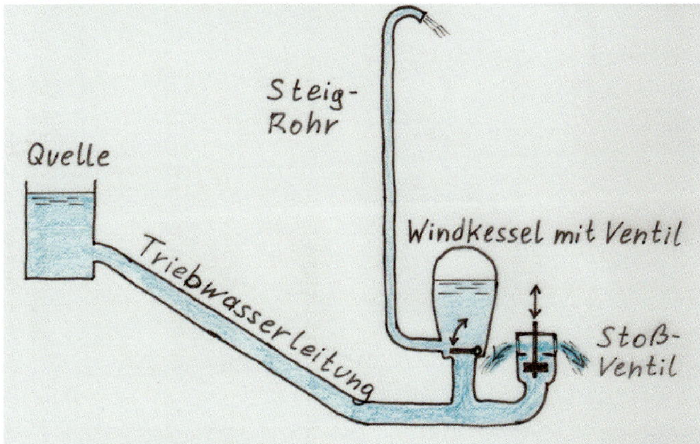

1-8 Schema des Hydraulischen Widders.

Hydraulischer Widder

Die französischen Brüder Montgolfier erfanden Ende des 18. Jahrhunderts einen hydraulischen Stoßheber, den sogenannten „Hydraulischen Widder“. Er ist bis heute in Herstellung und Betrieb unverändert. Die robuste Bauweise ändert aber nichts daran, dass er schon bald durch elektrische Pumpen verdrängt wurde.

Der Hydraulische Widder stellte einen Meilenstein in der Wassertechnik dar. Die Zeiten des mühsamen Wassertragens waren damit vorüber.

Für den eigenartigen Namen habe ich folgende Erklärung: Ein tierischer Widder stößt seine Rivalen weg. Ein Hydraulischer Widder stößt Wasser bergauf.

Wenn ein Hydraulischer Widder einmal richtig eingestellt ist, läuft er über Jahrzehnte mit minimalem Wartungsaufwand.

In **Bild 1-7** wird die Lage des Hydraulischen Widders zu Haus oder Hof, die er mit Wasser versorgt, dargestellt. Für seine Arbeit benötigt er lediglich eine starke Quelle, die ihm ausreichend Wasser liefern kann.

Ein Hydraulischer Widder ist denkbar einfach aufgebaut. Er besteht aus zwei Ventilen, einem Windkessel, einer Triebwasserleitung und einem Steigrohr.

Ein ehemaliger Kollege von mir hat die Funktionsweise in der Zeitung **„Der Bauer"** der Landwirtschaftskammer Oberösterreich im Jahr 1952 erklärt (**Bild 1-9**):

„Das Triebwasser tritt bei der Quelle in die Triebwasserleitung ein und hebt das Stoßventil. Die Geschwindigkeit des ausströmenden Wassers steigt schließlich so weit an, dass das Stoßventil gegen seinen oberen Sitz gepresst wird und mit einem Schlag die Strömung abschneidet. Die Folge davon ist eine plötzliche Drucksteigerung (Wasserschlag). Das Wasser sucht nun den Ausweg nach oben durch das Ventil beim Windkessel und strömt durch das Steigrohr nach oben. Um den Gang des Widders gleichmäßiger zu gestalten, wird ein Windkessel dazwischengeschaltet, der die Druckspitzen etwas ausgleicht. Nach Abklingen der Druckspitze schließt das Ventil im Windkessel, das Stoßventil fällt durch sein Eigengewicht herab und öffnet dadurch wieder den Auslauf des Wassers. Das Spiel beginnt sodann von Neuem."

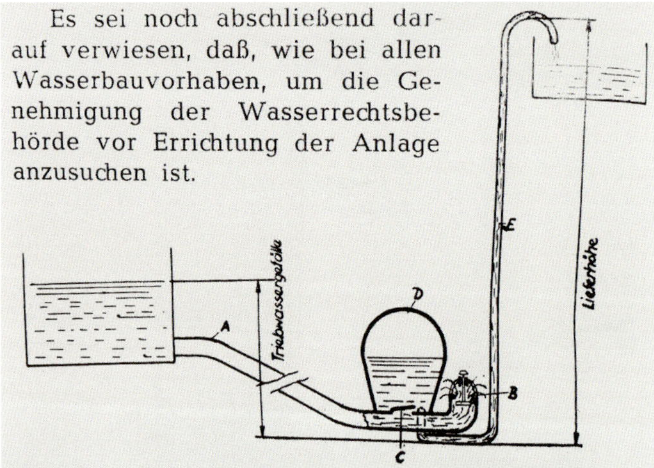
Es sei noch abschließend darauf verwiesen, daß, wie bei allen Wasserbauvorhaben, um die Genehmigung der Wasserrechtsbehörde vor Errichtung der Anlage anzusuchen ist.

1-9 Ausschnitt aus dem Artikel im Jahr 1952.

Bild 1-10 zeigt einen Hydraulischen Widder, der das Wasser zum 80 m höher gelegenen Hof pumpt. Dementsprechend kräftig fällt der Druckstoß aus. Er lässt den Erdboden in der Umgebung erzittern.

Um das Prinzip des Hydraulischen Widders selbst ausprobieren zu können, müssen wir nur auf einen windigen Tag warten. Zuerst öffnen wir ein Fenster auf einer Seite des Raumes. Danach zum Beispiel eine Tür auf der anderen Seite des Raumes. Der Wind fährt durchs Zimmer und wird die Tür mit einem lauten Knall ins Schloss fallen lassen. Würden wir die Tür wieder öffnen, würde dieses Spiel von Neuem beginnen. Je stärker der Wind, desto lauter der Knall.

1-10 Hier hat sich das Ventil im Hydraulischen Widder gerade nach oben bewegt. Die bewegte Wassersäule wird in diesem Moment ruckartig gebremst.

1-11 Das Ventil ist wieder nach unten gefallen und öffnet den Querschnitt. Die Wassersäule nimmt wieder Fahrt auf und strömt am Ventil vorbei.

Wissensvermittlung vor mehr als 100 Jahren

Vor 100 Jahren war das Wissen über die Erschließung und Verteilung von Wasser bereits sehr umfassend. Seine Veröffentlichung erfolgte über Bücher. Fotos wurden nur selten abgedruckt, weil sie nur grobe Inhalte darstellen konnten.

So setzten die Menschen damals auf sehr komplexe Zeichnungen. Mit feinen schwarzen Strichen wurde jedes noch so kleine Detail dargestellt. Die Zeichnungen beinhalten so viel Information, dass man sie sehr genau betrachten muss, um nichts zu übersehen.

Die Zeichnungen in den alten Büchern gaben mir letzten Endes auch den Anstoß dafür, dass ich im vorliegenden Buch ebenfalls Wissen über händische Zeichnungen vermitteln möchte. Aber in Farbe und mit viel weniger Information je Bild.

Nun sehen wir uns Beispiele aus zwei alten Büchern an:

Buch 1: „Grundlehren aus der Kulturtechnik", Dr. Ch. August Vogler, Paul Parey Verlag, Berlin, 1909.

Dr. Vogler († 1925) war Professor an der Landwirtschaftlichen Hochschule zu Berlin. Mit den beiden Büchern Teil 1 und Teil 2 schuf er ein Standardwerk, dessen viele technische Ansätze auch heute Gültigkeit haben.

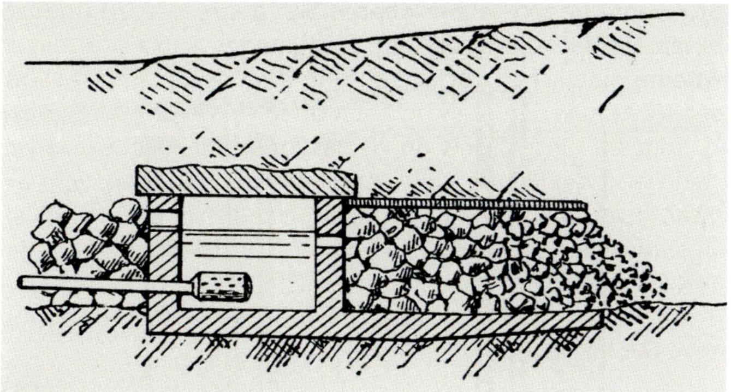

1-12 Einfache Quellfassung, 1909.

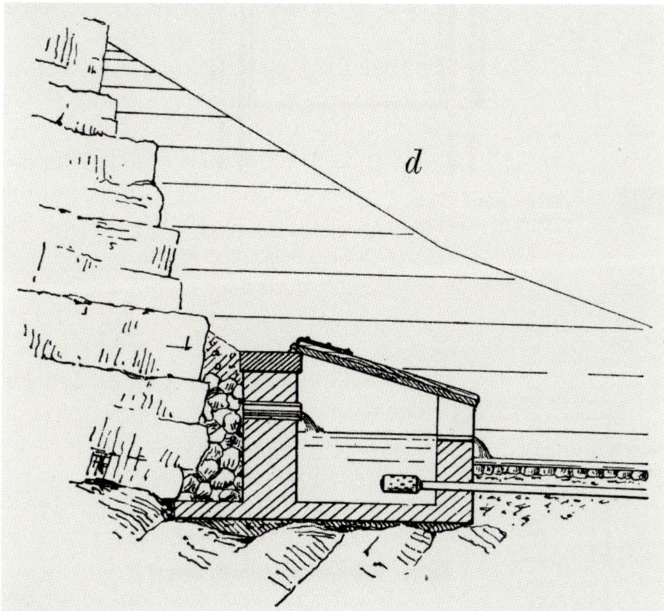

1-13 Felsquelle, 1909.

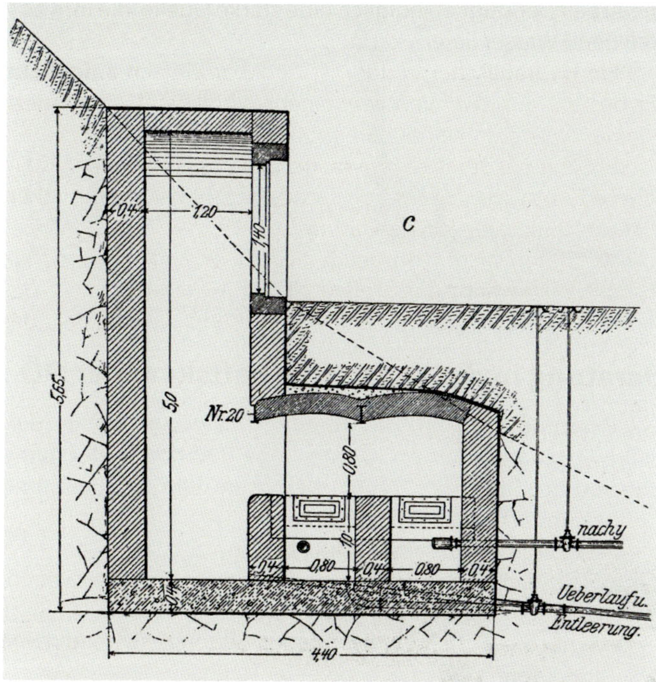

1-14 Begehbarer Quellsammelschacht, 1909.

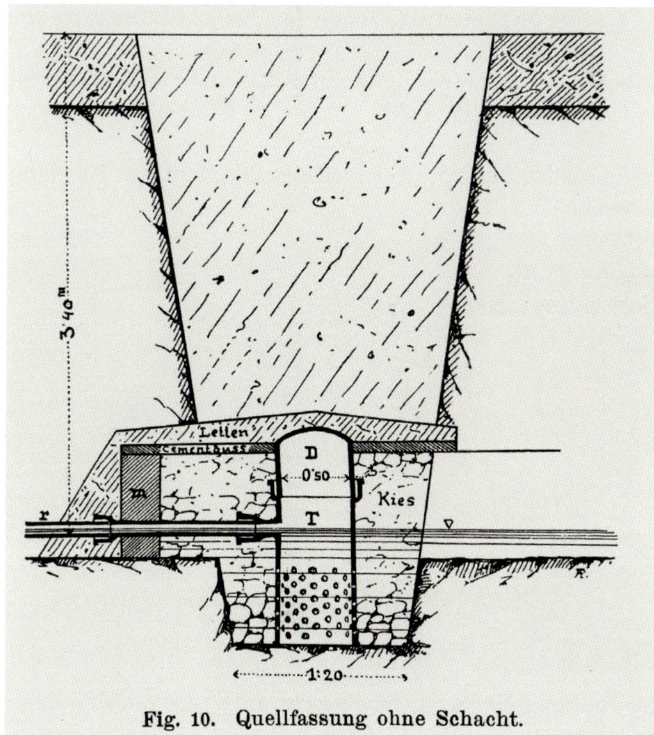

1-15 Quellfassung ohne Schacht, 1914.

Buch 2: „Kulturtechnischer Wasserbau", Prof. Adolf Friedrich, Paul Parey Verlag, Berlin, 1914.

Prof. Friedrich († 1932) lehrte den Kulturtechnischen Wasserbau an der Universität für Bodenkultur in Wien, deren Rektor er in den Jahren 1901 und 1902 war. Er hinterließ mit diesem Buch ebenfalls ein Standardwerk.

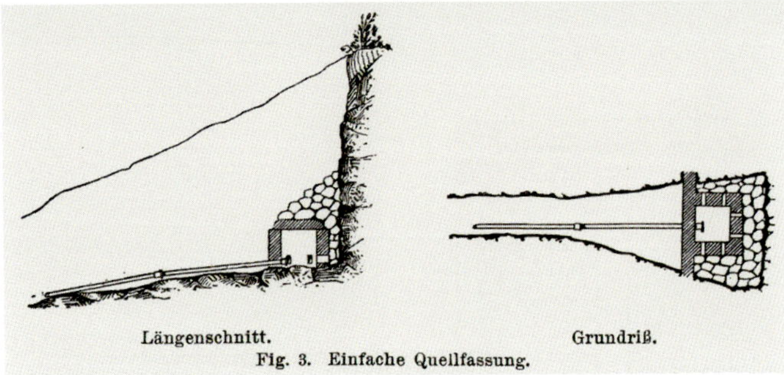

1-16 Felsquelle, 1914.

Beratung in der Landwirtschaftskammer OÖ

Die Beratung rund um das Thema „Trinkwasser" hat in der Landwirtschaftskammer OÖ eine lange Tradition. In der Kammerzeitung „Der Bauer" wurde bereits im Jahr 1950 ein umfangreicher Artikel veröffentlicht.

Dabei wurden vor allem bauliche Hinweise gemacht:

- Oberfläche rund um Brunnen und Quellen befestigen und mit einem Gefälle versehen.
- Schächte mittels Lehmschlages oder dichter Hinterfüllung gegen Oberflächenwasser schützen.
- Brunnen außen und innen mit Zementmörtelputz abdichten.
- Quellen nach oben hin mit Beton und Lehm gegen Sickerwasser schützen.

Im Artikel wurden auch Zeichnungen veröffentlicht. Hier eine Auswahl:

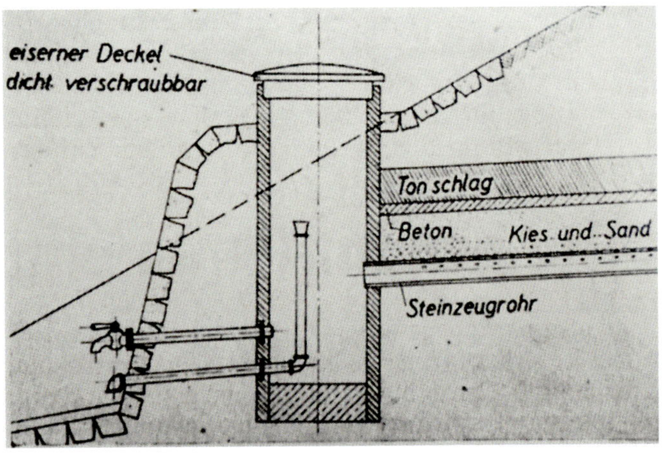

1-17 Quellfassung, 1950.

Die Handpumpe spielte übrigens im Jahr 1950 noch eine bedeutende Rolle, weil viele Bauernhöfe noch nicht an das öf-

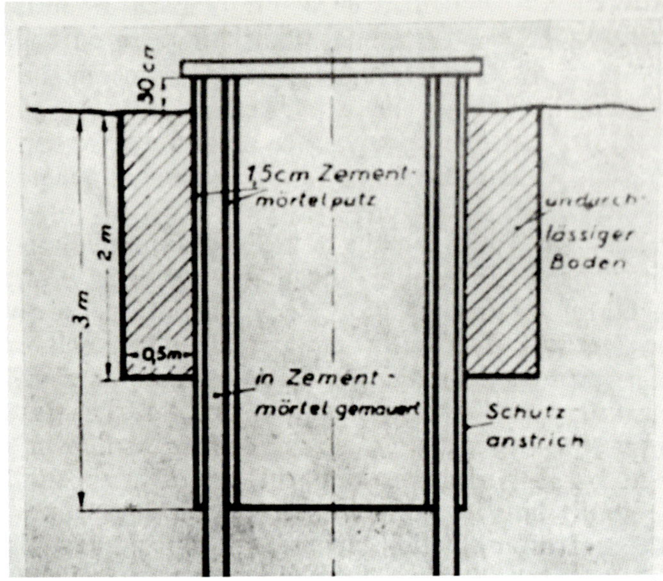

1-18 Schachtbrunnen, 1950.

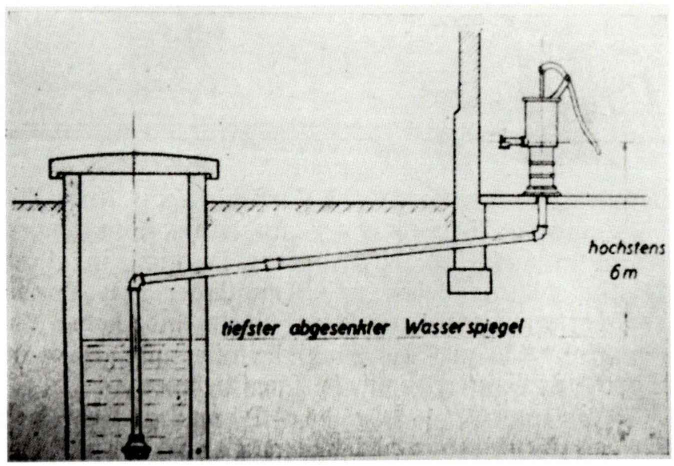

1-19 Handpumpe im Gebäude, 1950.

fentliche Stromnetz angeschlossen waren. Die Handpumpe in **Bild 1-19** wies den Vorteil auf, dass das Wasser im geschützten Gebäude gefördert werden konnte.

Wir sehen also, dass die grundlegenden Prinzipien des Quellen- und Brunnenbaus schon seit langer Zeit eher unverändert geblieben sind. Lediglich Bohrbrunnen waren früher noch nicht vertreten. Und Bauteile aus Kunststoff wurden auch noch nicht eingesetzt.

2 Rechtliches

Manchmal könnte man den Eindruck gewinnen, dass grundsätzlich alles verboten bzw. bewilligungspflichtig ist, was nicht ausdrücklich erlaubt ist. Erfreulicherweise sind Quellen und Brunnen für die Versorgung von Haus und Hof sehr häufig wasserrechtlich genehmigungsfrei. Mit dieser vereinfachten rechtlichen Darstellung kann dieses Kapitel natürlich nicht geschlossen werden. Die rechtliche Praxis sieht durchaus sehr differenzierte Regelungen vor. Das folgende Kapitel steht für den Versuch, diese sehr komplexe Materie auf das Kürzeste zu komprimieren.

2-1 Blick auf den Attersee im Salzkammergut.

Wasserrecht

Österreich gilt als ein wasserreiches Land. Infolge der West-Ost-Erstreckung der Alpen werden Regenwolken aufgehalten und zum Abregnen förmlich gezwungen. Im Vergleich zu vielen anderen Ländern in Europa ist Österreich mit einem guten Wasserangebot gesegnet.

Privatgewässer

Grundwasser und Wasser, das aus einem Grundstück frei zutage tritt (Quellen), zählen zu den Privatgewässern. Grundwasser ist damit ein Teil des Grundeigentums.

Eine uneingeschränkte Nutzung dieses privaten Wassers ist aber nicht möglich. Eine bewilligungsfreie Nutzung ist nur für einige Arten der Verwendung gestattet.

Eine Bewilligung ist jedenfalls immer dann notwendig, wenn die Wasserbenutzung fremde Rechte oder fremde Gewässer beeinflussen kann.

Bewilligungsfreie Quellen und Brunnen

Das Wasserrechtsgesetz ist ein Bundesgesetz und gilt daher für ganz Österreich. Es sieht im Regelfall keine wasserrechtliche Bewilligung für Hausquellen sowie für Hausbrunnen zur Entnahme des notwendigen Haus- und Wirtschaftsbedarfes vor.

2-2 Traunsee mit dem markanten Berg Traunstein. Hier werden die Regenwolken aufgehalten. Dies sorgt für einen hohen Niederschlag in dieser Region.

Konkret bewilligungsfrei sind folgende Entnahmen von Grundwasser:

- Entnahme nur durch handbetriebene Pump- oder Schöpfwerke;
- Entnahme in einem angemessenen Verhältnis zum eigenen Grund.

2-3 Die Nördlichen Kalkalpen – eine Barriere für Regenwolken.

Das moderne Leben ist „sehr verrechtlicht". Viele Menschen können daher kaum glauben, dass Hausbrunnen wasserrechtlich bewilligungsfrei sind.

Der typische **Hausbrunnen** für die Versorgung eines Einfamilienhauses oder eines Bauernhofes ist damit jedenfalls bewilligungsfrei.

Die Nutzung von **Quellen**, also des frei zutage tretenden Grundwassers, gilt generell als wasserrechtlich bewilligungsfrei.

Fremde Rechte

Sollten fremde Rechte beeinträchtigt werden, so kann auch bei einer Quelle eine wasserrechtliche Bewilligung nötig werden. Dies wäre dann denkbar, wenn eine Quelle auf einem fremden Grund gefasst wird oder wenn durch das Zurückhalten des Quellwassers ein bestehender Bach, der in ein öffentliches Gewässer fließt, nicht mehr ausreichend mit Wasser versorgt wird.

Bewilligungspflichtige Brunnen

Bewilligungspflichtig sind:

- Entnahmen, die über den notwendigen Haus- und Wirtschaftsbedarf hinausgehen, z. B. Brunnen für die landwirtschaftliche Bewässerung;
- die Wasserversorgung für Dritte, wie die Versorgung von Nachbarobjekten;
- Nutzungen im eigenen Objekt, welche einen eigenen notwendigen Haus- und Wirtschaftsbedarf überschreiten.

Eine allgemeingültige Abgrenzung zwischen bewilligungsfreien und bewilligungspflichtigen Brunnen ist nicht immer möglich. Am besten erkundigen Sie sich bei der Wasserrechtsbehörde (Bezirkshauptmannschaft) über die rechtliche Lage.

Artesische Brunnen

Artesische Brunnen unterliegen der wasserrechtlichen Bewilligungspflicht. Hierbei steht das Grundwasser unter einem natürlichen Druck, der das Wasser selbstständig ausfließen lässt, ohne dass eine Pumpe benötigt wird.

Besonders geschützte Gebiete

Die Neuerrichtung von Hausbrunnen in einem **Grundwasserschutzgebiet** ist in der Regel nicht gestattet. Ein Grundwasserschutzgebiet wird per Bescheid von der Wasserrechtsbehörde genehmigt und beinhaltet sehr konkrete Auflagen.

In **Grundwasserschongebieten** ist die Neuerrichtung von Hausbrunnen häufig wasserrechtlich anzeige- oder bewilligungspflichtig. Ein Grundwasserschongebiet wird vom

2-4 Ein artesischer Brunnen unterliegt generell der wasserrechtlichen Bewilligungspflicht. Dieser „Arteser" ist gegen ein unkontrolliertes Ausfließen abgesichert und mit einem Manometer versehen.

Landeshauptmann per Verordnung erlassen. Meist beinhaltet es allgemeine Auflagen zum Schutz des Grundwassers.

Baurecht

Das Baurecht wird in Österreich über neun Landesgesetze geregelt. Im Allgemeinen ist die Errichtung einer Quelle oder eines Brunnens bei der Gemeinde zu melden. Die Gemeinde hat als Baubehörde Kenntnis darüber zu haben, ob eine Hausquelle oder ein Hausbrunnen als Trinkwasser oder als Nutzwasser verwendet werden.

Sobald ein Objekt an die Ortswasserleitung angeschlossen wurde, ist das Trinkwasser aus der öffentlichen Wasserleitung zu beziehen.

Das eigene Wasser kann aber für Nutzwasserzwecke weiterverwendet werden.

2-5 In Österreich werden die meisten Gebäude mit öffentlichem Wasser versorgt. Trotzdem existieren viele Quellen und Brunnen, die für Nutzwasserzwecke weiterverwendet werden.

Naturschutzrecht

Auch in Naturschutzgebieten oder in Zonen besonderer naturschutzrechtlicher Bedeutung (z. B. Nähe zu einem Gewässer) kann die Errichtung einer Quelle oder eines Brunnens einer Anzeige- oder Genehmigungspflicht nach dem Naturschutzgesetz unterliegen. Behörde ist in diesem Fall die Bezirkshauptmannschaft.

Zivilrecht

Der Betrieb von Quellen und Brunnen führt häufig zu zivilrechtlichen Fragestellungen.

- Kann ein Brunnen unmittelbar an einer Nachbargrundstücksgrenze errichtet werden? Und muss der Nachbar dann auf den Brunnen direkt an der Grundstücksgrenze Rücksicht nehmen?
- Kann ich den Nachbarn dazu zwingen, zu meiner Quelle mit Dünger einen Abstand einzuhalten?
- Muss ich die Ableitung des Überwassers einer benachbarten Quelle auf meinen Grund dulden?
- Mein Nachbar kümmert sich nicht mehr um seine alte Quelle. Das Wasser läuft über und vernässt mein angrenzendes Grundstück. Darf das sein?
- Muss ich eine fremde Wasserleitung auf meinem Grund dulden?
- Ich habe einem Nachbarn einst das Recht eingeräumt, eine Quelle auf meinem Grund fassen zu dürfen. Nun hat er sie ohne mein Wissen neu gefasst und dabei vergrößert. Ist dies rechtens?

Das Zivilrecht hat im Vergleich zu den anderen rechtlichen Regelungen einen entscheidenden Nachteil. In schwierigen Fällen kann die Behörde nicht schlichten. Es bleibt nur der Weg zu Gericht.

2-6 Dieser Quellsammelschacht in der Wiese liegt nahe an einem benachbarten Waldgrundstück.

Diese Liste ließe sich vielfältig erweitern. Wenn es zwischen den Nachbarn zu keiner einvernehmlichen Lösung kommt, wird häufig der Weg zum Bezirksgericht beschritten.

Die bewilligungsfreie Nutzung des Grundwassers kann in der Praxis zu Konflikten führen. Nicht selten wird dann der Wunsch nach einem Einschreiten der Behörde geäußert.

Schriftliche Vereinbarungen für private Rechte anstreben

Wenn ein Grundeigentümer einem Nachbarn ein Recht für die Errichtung einer Quelle, eines Brunnens oder einer Wasserleitung einräumt, so sollte die Vereinbarung am besten schriftlich festgehalten werden. Ein Lageplan soll dem Vertrag beiliegen. Damit kann die Vereinbarung auch für künftige Generationen nachvollzogen werden.

Rechtliche Regelung in Deutschland

In Deutschland ist die rechtliche Kompetenz zwischen Bund und Ländern aufgeteilt. Das Wasserhaushaltsgesetz sieht Erleichterungen für das schadlose Entnehmen von Grundwasser für den Haushalt, für den landwirtschaftlichen Hofbetrieb oder für das Tränken von Vieh außerhalb des Hofbetriebs vor. Es weist aber auch darauf hin, dass das Landesrecht davon abweichende Regelungen treffen kann.

Grundsätzlich muss jeder Brunnen gemeldet werden. Gesundheitsämter und Wasserbehörden nehmen die Anträge entgegen.

In den einzelnen Bundesländern existieren unterschiedliche Regelungen, wobei im Allgemeinen folgende Fragen behandelt werden:

- Existiert eine kommunale Wasserversorgung und ist ein Anschluss daran möglich?
- Welche wiederkehrenden Kontrollen und Analysen sind erforderlich?
- Wie umfangreich fällt die Brunnengenehmigung aus?
- Welche baulichen Erfordernisse sind einzuhalten?

Eine Nutzung des Hausbrunnens zur Trinkwasserversorgung ist zumindest theoretisch möglich. Die Wasserbehörde erteilt dazu Auskunft.

Rechtliche Regelung in der Schweiz

Die Schweiz sieht eine Aufteilung der wasserrechtlichen Kompetenzen zwischen dem Bund und den einzelnen Kantonen vor.

Kleine Quellen sind Bestandteil eines Grundstücks und damit Teil des privaten Eigentums. Wasser aus privaten Quellen ist somit privat und es gelten die Bestimmungen des Zivilrechts.

Ebenso können kleinere Wasserentnahmen aus Brunnen zum häuslichen, landwirtschaftlichen oder gewerblichen Eigengebrauch bewilligungsfrei sein, sofern keine ökologischen Nachteile entstehen.

Zur lokalen oder kantonalen Gesetzgebung informieren Sie sich am besten direkt bei der Bauverwaltung.

Grundsätzlich wird die Trinkwasserversorgung durch die Gemeinde gewährleistet. Trinkwasserkonzessionen für Private sind deshalb nur außerhalb des Versorgungsbereiches der Gemeinde denkbar.

3 Geologie

Die Geologie ist eine faszinierende, sichtbare und greifbare Wissenschaft. Ehemalige Meeresböden ragen heute als Kalkalpen in den Himmel, Flüsse tragen ganze Landstriche ab und lagern sie woanders wieder an. Manche Gebiete wie das Wiener Becken sinken wiederum langsam ein. Die geologischen Kräfte üben einen enormen Einfluss auf die Gestalt der Landschaft aus. Über einen Zeitraum von hunderten Millionen Jahren wurden Gebirge aufgefaltet und wieder abgetragen. Meere entstanden und trockneten wieder aus und tun das auch heute noch. Die Geologie spielt auch für Quellen und Brunnen eine überaus große Rolle. Jede geologische Zone weist in Bezug auf das Grundwasser spezielle Merkmale auf. Dieses Kapitel soll einige Grundkenntnisse vermitteln. Damit ausgestattet sind wir auch in der Lage, die Eigenschaften unserer Quelle oder unseres Brunnens besser zu verstehen.

3-1 In Österreich lassen sich einige große geologische Zonen unterscheiden. Böhmische Masse (braun), Molassezone (orange), Flyschzone (grün), Kalkalpen (blau), Zentralalpen (rosa).

Geologische Zonen in Österreich

In **Bild 3-1** werden die wichtigsten geologischen Zonen vereinfacht dargestellt. Sie wurden über die Staatsgrenze hinaus eingezeichnet, um einen besseren Überblick über den gesamten Raum der Ostalpen zu erhalten. In allen Gebieten einer Farbe weisen Quellen und Brunnen ähnliche Verhaltensmuster auf.

Böhmische Masse

Im Norden finden wir die Böhmische Masse vor. Sie besteht aus dem sogenannten Urgestein, in welchem Granit und Gneis vorherrschen. Beim darüber liegenden Boden handelt es sich um grobsandige Verwitterungsschichten mit einer eher geringen Humusauflage. Aufgrund des Mangels an kalkhältigem Gestein weist das Grundwasser saure Eigenschaften auf. Der Säuregehalt im Wasser wäscht Huminstoffe aus dem Boden aus, die sich in den Gewässern in Form einer bräunlichen Farbe äußern.

Wir treffen das Grundwasser in zwei Arten an:

- In der oberen Verwitterungsschicht sammelt sich Wasser, das entlang der nicht verwitterten Schicht talwärts fließt. Häufig befindet es sich nur ein paar Meter unter der Oberfläche und tritt meist durch Quellen zutage.
- Das Gebirge der Böhmischen Masse ist von Klüften durchzogen. Dort gibt es auch Wasser, welches von tiefen Brunnen erschlossen wird. Die Ergiebigkeit dieses Wasservorkommens ist aber meist gering.

Molassezone

Südlich der Böhmischen Masse verläuft die Molassezone. Als Molasse bezeichnet man Sedimente, die ausgehend vom Gebirge ins Flachland transportiert wurden und sich dort ablagerten. Dieser Vorgang findet heute natürlich auch noch statt. Denken wir doch an die Bilder der Sand- und Schlammablagerungen im Zuge von großen Hochwässern. Millionen Tonnen an Sediment werden dabei aus den Bergen in das Flachland verfrachtet. In der Molassezone, die sich auch über große Teile Deutschlands bis in die Schweiz erstreckt, stößt man auf höchst unterschiedliche Schichten aus Kies, Sand, Lehm und

3-2 Die Böhmische Masse ist von einem sanft hügeligen Relief auf einer Seehöhe von mehreren hundert Metern geprägt.

3-3 Die Molassezone wurde und wird noch immer durch Ablagerungen von Sedimenten gebildet.

Ton. Allen ist aber gemeinsam, dass sie einst von der Kraft des Wassers transportiert und dann abgelagert wurden. Brunnen herrschen in dieser Zone vor, wobei im Bereich von Hügeln aber auch Quellen gehäuft auftreten können.

Flyschzone

Der nördliche Rand der Ostalpen wird vom grünen Band der Flyschzone begleitet. Die Landschaft ist wegen ihres hohen Gehaltes an Wasser speicherndem Lehm und der regenreichen Lage im Nordstaubereich der Alpen immer in sattem Grün gehalten. Das Flyschgestein ging aus einer urgeschichtlichen Meeresablagerung hervor. Wenn man die Flyschzone aus der Ferne betrachtet, sieht man gleichsam den alten Meeresgrund, hinter dem dann die schroffen Klippen, heute die Kalkalpen, aufsteigen. Dem Wort „Flysch" werden unterschiedliche sprachliche Abstammungen zugerechnet. Diese reichen von slawischen über deutsche bis hin zu schweizerischen Wurzeln. Die alte slawische Bedeutung von Flysch ist „Fließen", also die fließende Landschaft. Wer einen Spaziergang in

3-4 Die Flyschzone ist durch ein fließendes Relief geprägt. Typisch sind die satte grüne Farbe und die Auflockerung des Landschaftsbildes durch Streuobstwiesen.

einem Wald unternimmt, wird bemerken, dass das Gelände von kleinen Hügeln, aber auch von Vertiefungen übersät ist. Es handelt sich um kleinere und größere Hangrutschungen, die vom Wald neu besiedelt wurden. Hangrutschungen auf den Wiesen werden traditionell wieder geglättet und gegen erneute Bewegungen abgesichert.

Nördliche Kalkalpen

Auf das schmale Band der Flyschzone folgen die Nördlichen Kalkalpen. Sie erreichen eine Höhe von knapp 3000 m. Das Gestein wird von Kalk und Dolomit dominiert und beherbergt viele Fossilien. Zwischen den Bergen liegen immer wieder auch lehmige Zonen. Wir sehen später noch, welche Bedeutung dem Lehm für den Bau von Quellen und Brunnen zukommt. Das Grundwasser wird in dieser Zone zumeist in Form von Quellen gefasst. Brunnen sind eher selten und beschränken sich auf die Täler. Aufgrund der dünnen Bodenüberdeckung und des klüftigen Gesteins ist das Wasserrückhaltever-

3-5 **Kalk und Dolomit kommen in den Nördlichen Kalkalpen am häufigsten vor. In den Tälern und auf Plateaus trifft man häufig auch auf lehmige Böden.**

mögen gering. Die Quellen unterliegen einem ausgeprägten Einfluss des Niederschlages. Viele Almen kämpfen in trockenen Sommern mit Wassermangel. Aufgrund des Regenreichtums in den Kalkalpen sind die Quellen aber meist gut mit Wasser versorgt.

Zentralalpen

In den Zentralalpen (**Bild 3-6**) herrschen Gneise und kristalline Schiefer vor. Im Vergleich zu den Kalkalpen weisen die Zentralalpen ein weniger zerklüftetes Relief auf. Auch hier herrscht die Grundwassergewinnung aus Quellen vor.

3-6 **Ausblick vom Hauptplatz Obertauerns, einem der höchsten Orte Österreichs auf 1700 m Seehöhe. Die Hohen Tauern zum Greifen nahe.**

Südliche Kalkalpen

Hinsichtlich der Quellen und Brunnen weisen die Südlichen Kalkalpen ähnliche Merkmale wie die Nördlichen Kalkalpen auf. Generell unterliegen die Südlichen Kalkalpen und der südliche Teil der Zentralalpen dem Einfluss des mediterranen Klimas. Inneralpine Täler im südlichen Bereich der Alpen liegen häufig im Regenschatten und weisen einen für die Alpen relativ geringen Niederschlag auf. Im Sommer und Herbst kann dies daher zu Engpässen in der Wasserversorgung führen.

3-7 **Die Südlichen Kalkalpen erheben sich hier als die Karawanken mächtig über den Faaker See bei Villach in Kärnten.**

Geologische Details in den einzelnen Zonen

Klüfte

Es ist erstaunlich, welche Kräfte bei der Faltung der Gebirge mobilisiert werden. Hartes Sedimentgestein, welches sich einst in horizontalen Schichten ablagerte, wird umgeschichtet und durch Reibung und Verwitterung zerkleinert. Dieses „Zerreibsel" kann von Quellen als sandiges oder lehmiges Sediment ausgeschwemmt werden. In **Bild 3-8** können wir so ein Ergebnis der geologischen Kräfte beobachten.

Lage und Richtung von Klüften haben großen Einfluss auf das Verhalten des Grundwassers. Liegende Klüfte bieten einer Wasserader mehr Schutz als stehende. In **Bild 3-9** ist gut erkennbar, wie Oberflächenwasser entlang der stehenden Klüfte rasch in den Untergrund einsickern könnte.

3-8 Ein ehemals horizontal abgelagertes Sediment, infolge der geologischen Kräfte nun ein ordentliches Durcheinander.

3-9 Dieser Untergrund wird von stehenden Klüften durchzogen.

Verfrachtung von Gesteinsmaterial

Die Erdoberfläche befindet sich in einer ständigen Veränderung. Immer wieder erfahren wir in den Nachrichten von großen Felsstürzen, die für uns einzigartige Naturereignisse darstellen. Aus geologischer Sicht sind sie aber als völlig normal einzustufen.

Bild 3-11 zeigt die Verfrachtung von Gebirgsgestein in das Flachland. Durch Verwitterung und Frostsprengung löst sich felsiges Material von den steilen Hängen und rutscht talwärts ab. Wir kennen dieses Phänomen unter dem Begriff Felssturz. Sobald das steile Gelände in ein flacheres übergeht, lagern sich die Steine und Felsen als sogenannter Hangschutt ab. Durch die Kraft des Wassers wird das Material, welches

3-10 Innerhalb der einzelnen geologischen Zonen kann man wiederum vielfältige Strukturen vorfinden. Auf den Hängen trifft man Quellen an, in der Niederung Brunnen.

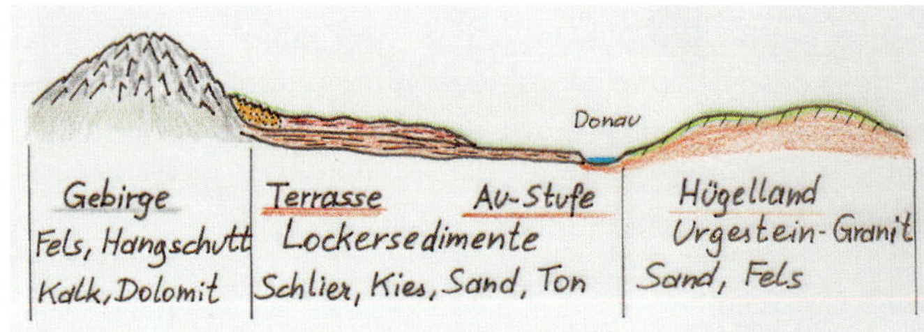

3-11 Ein vereinfachter Querschnitt durch die geologischen Zonen ausgehend von den Nördlichen Kalkalpen bis hin zum Hügelland der Böhmischen Masse.

3-12 Donauhochwasser 2013 in Oberösterreich. Sandablagerungen bis 1,5 m Höhe.

durch Verwitterung und Frostsprengung laufend zerkleinert wird, dann weiter in das Flachland transportiert. Der kleine blaue Strich zeigt die Lage der Donau an. In Österreich gilt die Donau als Gebirgsfluss, die sogar in Wien noch faustgroße Steine mit sich transportiert.

Bei weicheren Untergrundverhältnissen kommt es natürlich auch zu Hangbewegungen. Nur wird dann anstatt des Begriffes „Felssturz" die Bezeichnung „Hangrutschung" verwendet.

In **Bild 3-12** erkennen wir, wie dynamisch die Erdoberfläche durch einen Fluss verändert werden kann. Im Zuge des letzten großen Donauhochwassers im Jahr 2013 wurde auf diesem Acker feinster Sand abgelagert. Die Dünen erreichten eine Höhe von 1,5 m.

3-14 Der Berg, der bewaldete Hangschutt, die vorgelagerten Hügel und das flache Tal. Alles auf einen Blick!

3-13 Nur eine von den jährlich unzählig auftretenden Hangrutschungen.

Auswirkung des Geländes auf Quellen und Brunnen

Für Quellen und Brunnen ist dieses dynamische Verhalten auf der Erdoberfläche von großer Bedeutung. Je steiler das Gelände wird, desto mehr Quellen werden wir antreffen, je flacher, desto eher werden Brunnen dominieren. In **Bild 3-14** wird deutlich, wie nahe solche unterschiedlichen Zonen aneinander liegen können. Im Tal befinden sich die Brunnen. Auf den Hängen entspringen die Quellen.

Arten von Grundwasser

Wir haben bereits einen Überblick über den Zusammenhang zwischen Geologie und Grundwasser gewonnen. Nun beschäftigen wir uns damit, wie Grundwasser im Untergrund vorkommt und wie es sich dort bewegt. Wir unterscheiden zwischen Porengrundwasser, Kluftgrundwasser und Karstgrundwassser.

Porengrundwasser

Als Porengrundwasser bezeichnet man Grundwasser in Gesteinsschichten, durch deren kleine Hohlräume (Poren) es sich bewegen kann.

Porengrundwasser selbst simulieren

Das Porenvolumen im Untergrund kann erstaunlich hoch sein. Wir können es durch ein kleines Experiment selbst nach-

3-15 In einer Kiesgrube freigelegtes Porengrundwasser.

vollziehen: Wir nehmen einen Kübel und füllen ihn mit Sand. Danach füllen wir so viel Wasser hinein, bis es über die Sandoberfläche steigt. Wir werden staunen, wie viele Liter Wasser dafür nötig sind. Konkret machen die Poren im Sand ein Volumen von mehr als 30 % aus.

- Wir finden diese Gebiete vor allem in Tälern und Beckenlandschaften entlang von größeren Flüssen, z. B. im Talboden in **Bild 3-14**.
- Die Fließgeschwindigkeit des Grundwassers kann dabei bis zu mehrere Meter pro Tag betragen.
- Die Gewinnung des Porengrundwassers erfolgt ausschließlich durch Brunnen.

Kluftgrundwasser

Als Kluftgrundwasser bezeichnet man Grundwasser in geklüfteten, nicht verkarsteten Gesteinen. Durch die Kräfte der Gebirgsbildung treten im Gestein so hohe Spannungen auf, dass es reißt und sich folglich Klüfte ausbilden.

Regenwasser sickert in diese Klüfte, folgt der Schwerkraft und bewegt sich weiter talwärts.

- Klüftiges Gestein treffen wir in allen geologischen Zonen an.
- Entlang der Klüfte kann das Wasser rasch fließen. Die Ergiebigkeit von Kluftgrundwasser ist meistens jedoch deutlich geringer als jene des Porengrundwassers.
- Kluftgrundwasser kann je nach örtlicher Lage durch Quellfassungen oder Brunnen erschlossen werden.

Karstgrundwasser

In den Nördlichen und Südlichen Kalkalpen wird das Grundwasser als Karstgrundwasser bezeichnet. Das Gestein besteht aus Kalk und Dolomit. Es kann leicht verwittern, wodurch

3-16 Die schmalen Klüfte in der Böhmischen Masse führen eher wenig Wasser. Es wird durch Tiefbrunnen erschlossen.

3-17 Dieser Steinbruch erlaubt einen Blick in den klüftigen Untergrund der Böhmischen Masse.

das Innere der Berge von großen Hohlräumen und Höhlensystemen durchzogen ist. Ein Vergleich mit dem berühmten „Schweizer Käse" ist jedenfalls zulässig.

Im Berg kann auf diese Art und Weise sehr viel Wasser gespeichert werden. Auch die Stadt Wien wird mit Karstgrundwasser versorgt. Zwei Wasserleitungen mit einer Länge von 90 bzw. 180 km transportieren das kostbare Nass von den Quellen in den Nördlichen Kalkalpen bis zur Stadt.

- In den Karstklüften kann das Wasser sehr rasch fließen. Mehrere hundert Meter pro Tag sind möglich.
- Das Karstgrundwasser tritt in Form von Quellen zutage.

3-18 Austritt von Quellwasser aus einem „Schlierspalt" in der Molassezone.

Geologische Zonen großräumig

Bisher haben wir uns in diesem Kapitel mit den geologischen Zonen in Österreich beschäftigt und sind nun mit einem gewissen Grundverständnis ausgestattet. Es wird uns nun leichter fallen, die geologischen Zonen in einem größeren Zusammenhang zu betrachten.

In **Bild 3-20** sind die großräumigen Zonen von Südtirol bis zur Nord- und Ostsee sowie vom Osten Österreichs bis zum westlichen Ende der Schweiz bzw. bis Luxemburg abgebildet. Der Verständlichkeit halber sind die einzelnen geologischen Zonen stark vereinfacht dargestellt. Jede Farbe steht für eine übergeordnete Zone, die in sich selbst häufig noch stark differenziert ist. Für das Wissen um Quellen und Brunnen ist das Gestein bedeutend. Daher sind den Farben nicht der korrekte geologische Begriff, sondern die am häufigsten vorkommenden Gesteinsarten zugeordnet.

Gelb: Hier herrschen junge Kiese und Sande vor, die durch eiszeitliche Kräfte abgelagert wurden (Norddeutsches Tiefland).

3-19 **Der Hohe Dachstein ist löchrig wie ein Sieb. Wanderer müssen sich in diesem Gelände sehr aufmerksam bewegen, um keines der gefährlichen Löcher im Boden zu übersehen.**

Violett: diverse sich überlagernde mächtige Schichten aus Sandstein und Kalkstein. Durch Erosion wurden obere Schichten teilweise abgetragen und die unteren Schichten dabei in Stufen freigelegt (z. B. Südwestdeutsches Schichtstufenland, Niedersächsisch-Hessisches Bergland).

Schwarz: Hier handelt es sich vorwiegend um ehemalige Meeresablagerungen wie Sande und Tone, die unter Druck zu einem Gestein verfestigt wurden. Durch weitere tektonische Kräfte entstand Schiefergestein, in welchem sich die einzelnen Minerale in einer gemeinsamen Richtung angeordnet haben (z. B. Rheinisches Schiefergebirge, Harz, Nördliches Luxemburg).

Blau: Kalkstein (Nördliche Kalkalpen in Österreich, Bayern, Liechtenstein und der Schweiz; Südliche Kalkalpen in Italien und Slowenien; Juragebirge in der Schweiz).

Orange: Kiese und Sande, die vorwiegend durch Wasser verfrachtet wurden (Molassezone nördlich der Alpen, Rheintal in der Schweiz und Rheinland in Deutschland).

Blau/Violett: Hier lagern wiederum unterschiedlich mächtige Schichten von Sandstein und Kalkgesteinen übereinander, wobei der Anteil an Kalkstein gegenüber Sandstein überwiegt (Schwäbische und Fränkische Alb).

Blau/Orange: abwechselnde Schichten aus Sandstein und Kalkstein, wobei Sandstein überwiegt (Luxemburg).

Braun: sehr altes und festes Gestein aus Granit und Gneis, welches aus dem Erdinneren stammt (Böhmische Masse in Österreich und Tschechien, Bayerischer Wald und Erzgebirge in Deutschland).

Rot: sehr altes, fest kristallines und teilweise schieferiges Gestein aus dem Erdinneren, welches durch tektonische Kräfte an die Oberfläche gelangte (Zentralalpen in Österreich, Südtirol, Italien und in der Schweiz sowie Schwarzwald in Deutschland).

Grün: Flyschzone entlang der Nördlichen Kalkalpen. Tonige und mergelige, mehr oder weniger verfestigte Meeresablagerungen.

3-20 **Vereinfachte Darstellung der geologischen Zonen in und um Deutschland, Österreich und Schweiz.**

4 Wassersuche

Zunächst einmal die gute Nachricht: Der Mensch hat es geschafft, Satelliten ins All zu bringen und Sonden auf Mars, Venus und dem Kometen Tschuri landen zu lassen. Nun bereitet er sich auch auf einen bemannten Flug zum Mars vor. Einfach genial!

Nun die nicht so gute Nachricht: Allem Fortschritt zum Trotz wurde noch kein einfaches und zuverlässiges Gerät zum Aufspüren von Wasser entwickelt. Wer dies schafft, wird sicher Multimillionär. Bis es so weit ist, machen wir halt so weiter, wie es schon die alten Ägypter getan haben. Wir bedienen uns der Wünschelrute und des Pendels, um unsere eigenen Wahrnehmungen zu verstärken und sichtbar zu machen. Ehrlich gesagt hatten es die Menschen früher ein wenig leichter, Wasser zu finden. Die Zunft, der ich angehöre, nämlich die der „Kulturtechnik und Wasserwirtschaft", hat es dem Menschen leider schwer gemacht, Wasservorkommen in der Landschaft zu erkennen. Der „kultivierende" Techniker hat die Landschaft verändert und austretende Wässer mit Drainagen gebändigt. Das einstige offene Quellwasser fließt nun unsichtbar als Drainagewasser ab.

4-1 Blick auf den Wolfgangsee. Zwischen den beiden linken Bäumen verläuft eine auffällig andere Vegetation. Dafür könnte Quellwasser verantwortlich sein.

Umgebung beobachten und verstehen

Unsere Landschaft wurde hauptsächlich durch Wasser geformt. Niederschlagswasser fließt nur zu einem kleinen Anteil direkt oberflächlich ab. Der Rest versickert oder bewegt sich knapp unter der Geländeoberfläche als sogenanntes Hangwasser talabwärts. In Gegenden mit viel Niederschlag wie hier in St. Wolfgang am Wolfgangsee in **Bild 4-1** wird man häufiger auf Grundwasser treffen als in niederschlagsärmeren Gebieten wie im Nordosten Österreichs, dem als trocken bekannten „Weinviertel". Der Qualität des Weines tut Trockenheit übrigens einen Gefallen, wenngleich dadurch auch die Erntemenge sinkt.

Wasser hinterließ auf der Erdoberfläche seine Spuren und tut dies immer noch. Nach stärkeren Regenfällen rücken viele Bagger aus, um die Spuren, die das Wasser im Gelände hinterlassen hat, wieder zu beseitigen:

- Sie entfernen Bodenmaterial, das auf Straßen geschwemmt wurde.
- Sie baggern Muren ab, die sich in Siedlungsgebiet vorgearbeitet haben.
- Sie reparieren unterspülte Straßen, Eisenbahnlinien und vieles mehr.

Im Wald würde eine Sanierung dieser Spuren einen unverhältnismäßig hohen Aufwand bedeuten. Daher können wir hier die Folgen des Oberflächen- und Grundwasserabflusses besonders gut beobachten.

Ein Spaziergang

Auch ohne Wünschelrute und Pendel können wir das Vorhandensein von Wasser beobachten und abschätzen. Unter-

4-2 **Der Waldboden wurde nie geebnet oder planiert. Auffällige Geländesprünge und schief stehende Bäume deuten auf Quellwasser hin.**

nehmen wir einfach einen gemeinsamen und aufmerksamen Spaziergang durch die Natur.

Wir beginnen unseren Spaziergang in einem Wald und merken schnell, wie es häufig über „Stock und Stein" geht. Wir beobachten den Weg vor uns aufmerksam, um nicht an einer unebenen Stelle umzuknicken. Unser Weg wird da und dort auch von tieferen Geländeeinschnitten und Mulden gekreuzt. Nicht selten sind diese schon sehr alt und wurden durch Wasser geformt.

Für viele Bauern stellt der Wald einen Zuerwerb und eine Abrundung ihres Angebotes dar. Der Schwerpunkt des bäuerlichen Einkommens lag aber immer schon in der Acker- und Viehwirtschaft. Dort, wo man Wald in Acker, Wiese oder Weide umwandeln konnte, ist dies auch geschehen. Durch die Mechanisierung der Landwirtschaft wurden Flächen zusammengelegt und nach Möglichkeit eingeebnet. Die Spuren von austretendem Wasser wurden dabei verwischt. Nun erst konnten Traktoren, Mähwerke, Ackerbaugeräte etc. sinnvoll eingesetzt werden. Dieses Verhalten veränderte die Landschaft grundlegend.

4-3 **Ein Maishäcksler füllt einen Anhänger mit Futter, das für Rinder bestimmt ist.**

4-4 **Ein Obsthain auf einem Hang, der sich abwärts bewegt.**

Moderne Landwirtschaft ist auf Drainagen angewiesen

Wir tun uns nun schwerer, mögliche Quellenstandorte in der maschinell bewirtschafteten Landschaft auszumachen. Mögliche Quellaustritte auf maschinell bewirtschafteten Flächen müssen drainiert werden. Ansonsten wäre ein Maschineneinsatz nicht möglich.

Jene Flächen, die sich für die maschinelle Bewirtschaftung weniger eigneten, wurden mit Obstbäumen bepflanzt. So kann man auch hier einen Mehrwert aus der landwirtschaftlichen Fläche erzielen. Da diese Flächen kaum verändert wurden, ergibt sich für uns Wassersuchende daraus der Vorteil, dass wir mögliche Wasseradern besser orten können.

Nachdem wir den Wald verlassen haben, wandern wir an einem Hang mit Obstbäumen entlang. Die Obstbäume wurden einst gesetzt, um dem Hang einen Teil seiner Stabilität zurückzugeben, die er durch die Entfernung des Waldes verloren hatte. Wir stellen uns die Frage, warum dieser Hang wohl mit Bäumen bestockt und nicht eingeebnet wurde, um danach als mähbare Wiese zu dienen? Offensichtlich bewegt sich dieser Hang. Das wiederum wird von Wasseradern begünstigt.

Der Hang war ursprünglich mit Laubwald bewachsen, wie der Bereich in unmittelbarer Nähe. Dessen tiefe Wurzeln

4-5 Die hohen Laubbäume im Wald geben dem Hang mit ihren Wurzeln Halt und saugen Wasser ab. Unter den gekrümmten Obstbäumen wird wohl eine Wasserader verlaufen.

4-6 In einem sehr unregelmäßigen Relief, wie hier abgebildet, treffen wir sicher Wasseradern an.

4-7 Wald weist häufig ein trockeneres Milieu als freie Flächen auf. Bäume wurzeln in die Wasseradern und sorgen für einen eher trockenen Untergrund.

4-8 Grüne Bereiche in einem Wald können auf eine Lichtung hindeuten oder auch auf einen feuchteren Bereich. Dort könnten wir auf Wasser stoßen.

gaben dem Hang Halt und entzogen ihm auch Grundwasser. Der Obsthain hingegen kann nur teilweise stabilisieren. Man wird dort aber auch leichter Quellwasser finden als im Wald, weil die Obstbäume weniger Grundwasser als ein dichter Wald entnehmen.

Je urwüchsiger und unregelmäßiger die Erdoberfläche gestaltet ist, desto leichter können wir erahnen, wo Grund- oder Quellwasser vorhanden sein wird.

Quellen und Brunnen können grundsätzlich auch in einem Wald gefasst werden, wobei unsere Wasserentnahme dort in Konkurrenz zum Wasserbedarf der Bäume steht. Die Wurzeln der Bäume suchen ebenfalls nach diesen Wasser führenden Schichten, was in trockenen Zeiten zu einer deutlichen Abschwächung der Wasserschüttung in der Quelle oder im Brunnen führen kann. Nicht jeder Regentropfen über einem Wald erreicht zudem auch den Boden. Der dichte Schirm der Blätter fängt Regen oft so gut auf, dass fast nichts mehr zum Boden gelangt. Im Wald herrscht also oft ein relativ trockeneres Milieu vor als auf nicht bewaldeten Flächen.

Wasser hat die Kraft, Bodenteilchen sehr leicht auseinander zu zwängen. Wir können dies mit einem Kübel sowie Bodenmaterial und Wasser anschaulich simulieren.

Alle begeisterten Pilzsammler kennen feuchte Stellen im Wald, die sich markant von der Umgebung unterscheiden. Der Boden unter den Füßen fühlt sich weicher an, die niedrigen Pflanzen weisen eine satte grüne Farbe auf.

Unsere Wanderung führt an einer solchen Stelle im Wald vorbei (vergleiche **Bild 4-8**). Wir stellen gemeinsam fest, dass hier offensichtlich eine Wasserader nach oben drängt und die Bodenoberfläche durchfeuchtet. Wenn dieser Abschnitt auch in trockeneren Monaten feucht ist, käme er als Standort für eine Quelle oder einen kleinen Brunnen bereits in Frage.

Die Kraft des Wassers

Grundwasser kann eine mächtige Kraft ausüben. Wasser weist ein Gewicht von 1000 kg pro Kubikmeter auf. Ein Unterboden kommt auf 1600 kg pro Kubikmeter. Wenn dieser Unterboden von Wasser durchfeuchtet wird, presst sich das Wasser zwischen die Bodenteilchen und schiebt sie auseinander. Der Boden verliert an Halt und setzt sich in Bewegung.

Dieses Phänomen können wir sehr leicht simulieren.

Auf unserem Weg durch die Landschaft können wir deutlich erkennen, wie Wasser das Gelände verändern kann (vergleiche **Bild 4-9**). Die Geländestufe war einst nicht vorhanden. Der linke Teil des Hanges muss vor langer Zeit abgesackt sein, weil er unter Wassereinfluss seinen Halt verloren hat. Wir können davon ausgehen, dass sich noch immer Wasseradern in

4-9 Der Hang wird wohl einst keine Stufe aufgewiesen haben. Unterirdisches Wasser hat ihn absacken lassen. Auch jetzt noch müsste man lohnende Wasseradern finden können.

Die Kraft des Wassers im Boden selbst spüren

Wir füllen Bodenmaterial aus unserem Garten in einen Kübel und versuchen, ihn mit einer kleinen Schaufel zu durchmischen. Dazu ist ein gewisser Kraftaufwand erforderlich. Wenn wir Wasser in den Kübel schütten und das Bodenmaterial vollständig damit bedecken, merken wir rasch, dass das Umrühren leichter von der Hand geht. Der Boden hat sich verflüssigt und verliert an Zusammenhalt.

diesem Hang befinden. Am unteren Ende des Hanges müssten wir demnach auf nasse Stellen treffen.

Wenn wir dann wirklich fündig geworden sind, bedeutet das aber noch nicht, dass wir die Quelle gleich an dieser Stelle fassen sollten. Es kann vorkommen, dass der Untergrund durch die Verformung Klüfte und Gleitschichten ausgebildet hat, die den Zutritt von Oberflächenwasser im Zustrombereich zulassen. In solchen Fällen wäre es also ratsam, die Was-

4-10 Die Geländestufe und die krummen Bäume weisen auf Wasser hin.

serader oder die Wasser führende Schicht hangaufwärts zu verfolgen und dort anzugraben, wo weniger Verformungen sichtbar sind.

Unsere Wahrnehmung wurde durch den bisherigen Spaziergang bereits gut geschult. Nun ist es für uns ein Leichtes, in **Bild 4-10** einen Wasser führenden Hang zu erkennen.

Nun fallen uns auch sogleich die beiden krummen Bäume in **Bild 4-11** auf. Wir setzen den Spaziergang bei diesen beiden Bäumen fort. Ausgehend von ihnen gehen wir dann

4-11 Die beiden krumm gewachsenen Bäume wollen vielleicht einer Wasserader ausweichen.

in der Falllinie den Hang auf und ab und versuchen, weitere Indizien für das Vorhandensein einer Wasserader zu finden.

Abrutschender Boden

Die idyllische Wiese in **Bild 4-12** bietet durchaus unterirdische Geheimnisse. Die Bäume tun sich schwer, einen geraden Wuchs einzuhalten, und nach einem Starkregen löste sich ein ganzer Fleck vom Hang. Da waren Wasser führende Schichten beteiligt. Wäre dieser Hang nicht für die Zwecke der Landwirtschaft so gut drainiert worden, wäre er für die maschinelle Herstellung des Viehfutters nicht nutzbar. Die Erhaltung solcher Wiesen ist sehr wichtig. Dem Vieh dienen sie als Futtergrundlage und die Allgemeinheit erfreut sich an einem offenen und schönen Landschaftsbild. Wäre ein solcher Hang nicht maschinell bewirtschaftbar, würde er mit der Zeit verwalden.

4-12 Diese Hangrutschung ist auf eine Quelle zurückzuführen, die inmitten der Wiese entspringt. In einer starken Regenperiode schwoll sie an und verflüssigte den Boden.

4-13 Das unregelmäßige Gelände und der krumme Baum deuten auf unterirdische Wasseradern hin.

4-14 Hier sieht man deutlich, welche Kraft unterirdischem Wasser innewohnt. Das gesamte Gelände schwimmt förmlich auf einer Wasserschicht.

In Österreich ist der Wald im Vormarsch, weil immer mehr landwirtschaftlich unrentable Flächen aufgeforstet werden. So schön ein Spaziergang durch einen Wald auch ist, wollen eher wenige Menschen dauerhaft in einer waldreichen Gegend wohnen. Sie bevorzugen zumeist eine Landschaft, die von Wiesen und Ackerflächen durchzogen ist. Diese wirkt offener und verstärkt das Gefühl, dass man in einer großen, gemeindeübergreifenden Gemeinschaft lebt.

Aufgrund des fehlenden Laubes im Frühling sowie im Herbst wird der Blick auf das Relief besonders gut freigegeben. Wasser besitzt eine enorme und stetige Kraft. Hänge dieser Art bieten sicher mehrere Möglichkeiten, an Quellwasser zu kommen. Die Kunst besteht nur darin, eine Stelle ausfindig zu machen, die von Oberflächenwasser möglichst wenig beeinflusst wird.

Wasser hinterlässt auffällige Strukturen

Bei unserem Spaziergang haben wir bemerkt, dass Wasser im Relief Veränderungen bewirkt. Wir lenken unsere Aufmerksamkeit daher nicht mehr auf schöne, plane und gleichförmige Strukturen, sondern auf offensichtliche Störungen des ruhigen Bildes. Wir schulen im Laufe des Spazierganges unseren Blick und betrachten die Landschaft anders als bisher. Wo befinden sich wohl Elemente, die irgendwie anders als die ruhigeren Abschnitte in der Umgebung erscheinen?

4-15 Wasser hat diesen markanten Geländeeinschnitt verursacht (siehe roter Pfeil).

Markante Stellen im Gelände, wie dieser Einschnitt in **Bild 4-15**, werden häufig durch unterirdisches wie auch oberflächliches Wasser gebildet. Tatsächlich können wir im unteren Bereich einen Betonbehälter erkennen, der Quellwasser aufnimmt.

Weil unser Blick nun umgeschult wurde, verweilt unser Interesse in **Bild 4-16** nicht bei der Wiese, sondern bei der hangaufwärts befindlichen Weide. Dort suchen wir weiter nach einer Wasserader. Die Wiese selbst könnte ja drainiert sein, was die Suche nach einer Wasserader schwieriger macht. In der Weide sollten wir eher fündig werden.

Wir wandern nun entlang eines Hanges weiter. In der Wiese können wir keine Auffälligkeiten entdecken. Weiter voraus ändert sich das aber. Der Hang weist keine gleichmäßige Oberfläche mehr auf und ist mit kleinen Buckeln bedeckt. Wir

4-16 **Unterhalb des Zaunes befindet sich eine Wiese, oberhalb eine Weide.**

ahnen bereits, dass diese unregelmäßige Oberfläche durch unterirdisches Wasser verursacht wird. Als Weide kann dieser Bereich gut genutzt werden. Für die maschinelle Bearbeitung eignet er sich nicht.

4-17 **Plane Wiese im Vordergrund, strukturreiche Weide im Hintergrund.**

Wir bleiben nun stehen und richten unseren Blick nach rechts. Wir genießen den herrlichen Überblick über das Tal und den Hang auf der anderen Seite. Nun suchen wir wiederum nach Auffälligkeiten im Relief. Es dauert nicht lange, bis wir fündig werden. Inmitten der Wiese haben wir eine Verformung ausgemacht. Dafür ist sicher eine Quelle verantwortlich. Sie wird wohl nicht mehr in die Drainage findet, die sicher einst verlegt wurde. Nun sickert sie durch den Boden und durchnässt diesen Bereich vor allem bei starken Regenfällen. Unter dem großen Wasserandrang rutscht der Boden ein wenig hangabwärts ab. Wir erkennen es von hier aus als eine „Delle".

4-18 **Diese Einkerbung in der gleichmäßigen Wiese deutet auf eine Wasserader hin.**

Unser Spaziergang neigt sich langsam dem Ende zu. Da wir immer noch nach Änderungen im Relief Ausschau halten, fällt uns auch noch die Mulde in der Wiese in **Bild 4-19** auf. Mulden entstehen häufig durch Wasseradern. Über viele Jahre hinweg hat das Grundwasser Sediment ausgewaschen und hangabwärts transportiert. Dadurch sinkt die Oberfläche mit

4-19 **Mulde inmitten einer gleichmäßigen Fläche, vielleicht eine Quellfassung.**

der Zeit ein. Das Wasser müsste noch immer im Hang fließen. Vielleicht ist die kleine Erhebung im unteren Bereich ja eine Quellfassung, die einen Teil dieses Wassers fördert?

Am Ende unseres Spazierganges fällt uns noch ein deutlicher Vegetationswechsel inmitten einer Wiese auf. Ohne dass wir es deutlich erwähnen müssen, wissen wir alle, dass hier eine Quelle zutage tritt.

4-20 Quellaustritt in einer Wiese.

4-21 Das bis zu 10 °C warme Quellwasser bringt den Schnee zum Schmelzen.

4-22 Schön sichtbarer Quellaustritt im Winter.

Beobachtung im Winter

Im Jahr 1914 beschrieb ein Professor der Studienrichtung Kulturtechnik und Wasserwirtschaft der Universität für Bodenkultur in Wien die Suche nach Quellen folgendermaßen („Kulturtechnischer Wasserbau", Paul Parey Verlag, Berlin, 1914):

Im Winter können wir Quellaustritte besonders leicht erkennen.

„Die Aufsuchung von Dauerquellen geschieht am besten im Winter, wenn das Terrain mit Schnee bedeckt ist, in welchem Falle sich Quellenaustritte von weitem schon durch die dort von der weißen Schneedecke abstechende grüne Farbe einer zumeist üppigen Quellwasserflora bemerkbar machen, nachdem das im Verhältnis zur Lufttemperatur warme Quellwasser (5-10° C.) das Wachstum dieser Vegetation selbst im strengsten Winter gestattet."

Diesem wertvollen Ratschlag ist auch mehr als 100 Jahre später nichts hinzuzufügen. In **Bild 4-21** ist so ein Quellaustritt mit einem roten Pfeil markiert. Am deutlichsten können wir den Quellaustritt aus größerer Entfernung ausfindig machen. Im gleichförmigen Weiß des Schnees können wir auch kleine Quellen gut erkennen.

In **Bild 4-22** sehen wir so einen Quellaustritt aus der Nähe. Die umgebende Vegetation ist noch dünn und niedrig ausgebildet. Der satte, dunkle und grüne Quellaustritt hebt sich deutlich vom schneebedeckten Umfeld ab.

Zeigerpflanzen und andere Anzeichen

Bei der Suche nach Wasser können uns Zeigerpflanzen wertvolle Hinweise über mögliche Wasser führende Schichten liefern. Der Ort, an dem wir Zeigerpflanzen vorfinden, ist aber nicht unbedingt ideal, um sogleich eine Quell- oder Brunnenfassung zu errichten. Die Wasserader hat an dieser Stelle die Oberfläche ja bereits erreicht. Der optimale Standort für die Quelle oder den Brunnen liegt daher ein Stück weiter hangaufwärts, wo ein ausreichender Schutz der Wasserader durch eine entsprechende Bodenüberdeckung gegeben ist.

Schilf

Der üppige Schilfbestand in **Bild 4-23** wird sicher durch einen Quellaustritt hervorgerufen. Solche Standorte stellen für viele feuchtliebende Tiere und Pflanzen wertvolle Rückzugsräume dar.

Bei einem Übergang von einem Hang in einen ebenen Bereich wird eine Wasserader häufig gestaut und nach oben hin abgelenkt. Das Schilf im Bild deutet auf so einen Quellaustritt hin.

4-23 Schilf stellt eine klassische Wasserzeigerpflanze dar. Hier werden wir sicher eine Quelle finden.

Binsen

Im Gegensatz zu Schilf wirken Binsen sehr unscheinbar. Nur geübte Augen können sie von höherem Gras unterscheiden. Die Binsen auf der Alm in **Bild 4-24** haben den Winter gut überstanden. Im Vergleich zum braunen Gras, das durch den Schnee auf den Boden gedrückt wurde, können wir die Binsen anhand ihres aufrechten Wuchses und ihrer grünen Farbe noch gut erkennen. Durch den dominanten Wuchs des Grases wird die Binse optisch bald wieder in den Hintergrund treten.

Binsen weisen einen sehr steifen Halmaufbau auf. Schnee tut sich schwer, eine Binse auf den Boden zu drücken. Aus diesem Grund kann man Binsen im Winter besonders gut erkennen, vorausgesetzt, der Schnee liegt nicht zu hoch.

Im April wächst das Gras besonders rasch. Bald wird man die Binse nicht mehr erkennen können. Noch ist es in **Bild 4-26** nicht so weit. Das Gras ist noch sehr kurz.

4-24 Der großflächige Bewuchs mit Binsen ist ein sicheres Zeichen für ständig Wasser führende Schichten.

4-25 Binsen im Schnee.

4-26 Binsen im beginnenden Frühling.

4-28 Seggen mit ihren scharfkantigen Blättern.

Seggen

Unterschiedliche wasserzeigende Pflanzen kommen häufig gemeinsam vor. Binsen, Seggen, Farne, Schachtelhalme und Schilf kämpfen gemeinsam um den besten Platz an der feuchten Fläche. Die Segge ähnelt einem dickblättrigen Gras und wird daher nicht sofort als Wasserzeiger gedeutet. Die grüne Fläche im Wald in **Bild 4-27** müssen wir schon genau betrachten, um die Seggen inmitten der anderen wasserzeigenden Pflanzen erkennen zu können.

4-27 Ein ständig nasser Bereich inmitten eines Fichtenwaldes.

Bei genauerer Betrachtung können wir erkennen, dass die Segge sehr scharfkantige Blätter aufweist. Würden wir die Hand in einem Seggenbestand rasch hin- und her bewegen, könnten wir uns daran verletzen.

Seggen können stark wuchern und rasch wachsen. Schon früh wurden ihre positiven Eigenschaften in der Abwassertechnik verwendet. Aufgrund ihrer Unkompliziertheit wird sie gerne in Pflanzenkläranlagen eingesetzt. Dort hat sie alles, was sie für ein kräftiges Wachstum benötigt: Licht, Nährstoffe und hohe Feuchtigkeit.

Schachtelhalm

Schachtelhalme bezaubern durch ihren eigenartigen Wuchs, der sich stark von dem anderer Pflanzen unterscheidet. Im Wald finden wir sie häufig an nassen und schattigen Plätzen.

4-29 Schachtelhalme existierten schon vor knapp 400 Millionen Jahren. Sie gelten als „lebende Fossilien".

4-30 Dieser dichte Schachtelhalmbestand steht ziemlich sicher auf einer austretenden Quelle.

Sie stellen ein untrügliches Zeichen für aufgehendes Wasser dar. Wollten wir die Wasserader nutzen, müssten wir sie weiter hangaufwärts verfolgen und dort fassen, wo sie tiefer im Untergrund liegt.

Direkt austretendes Wasser

Nicht immer sind wir auf Zeigerpflanzen angewiesen, um Wasser finden zu können. Manchmal drängt es so stark nach oben, dass es als Wasser selbst sichtbar wird. Würden wir einen Schuhabdruck in einem solchen Bereich hinterlassen, würde sich die verbleibende Vertiefung bald mit Wasser füllen. Auf Weideflächen können wir dieses Phänomen besonders gut beobachten.

In **Bild 4-31** erkennen wir eine nasse Stelle auf einer Weide. Die schweren Huftritte des Viehs im aufgeweichten Boden führen auch inmitten des Hochsommers zu kleinen Pfützen.

Nachbarn über deren Brunnentiefe befragen

Fragen Sie Ihre Nachbarn, ob sie einen Brunnen besitzen und wie tief sich das Grundwasser unter dem Gelände befindet. Sie werden rasch ein Gefühl dafür bekommen, wie tief ein neuer Brunnen gebohrt werden müsste.

4-31 Nasse Stelle im Hochsommer inmitten einer Weide.

Gebiete ohne sichtbare Zeichen im Gelände

Je flacher ein Gelände ausgebildet ist, desto schwieriger wird es, Grundwasseraustritte mit freiem Auge erkennen zu können.

4-32 Flachere Gegenden geben uns weniger Anhaltspunkte auf das Vorhandensein von Grundwasser.

4-33 Die Traun fließt in der Mitte des Waldes entlang und mündet in den Hallstätter See.

Sehr flache Gegenden mit kiesigem Untergrund

Entlang größerer Flüsse befinden sich oft sogenannte Porengrundwassergebiete. Dabei strömt das Grundwasser großflächig, einem unterirdischen See gleichend, langsam dahin. In solchen Gebieten ist die Tiefe des Grundwassers allgemein gut bekannt. Der Ort Obertraun im Salzkammergut liegt an der Traun. Der gesamte Talboden besteht aus durchlässigem, kiesigem Untergrund. Der Grundwasserspiegel wird wohl auf derselben Höhe wie der Wasserspiegel des Hallstätter Sees verlaufen.

Wünschelrute/Pendel

Geschichte

Grafische Darstellungen von Rutengehern kommen seit Jahrtausenden vor. In den „Höhlen von Tassili" im Atlasgebirge ist auf einer Wandmalerei ein Rutengeher dargestellt, der, von seinen Stammesangehörigen umgeben, nach Wasser sucht. Dieses Bild ist mindestens 8000 Jahre alt.

Aus der Bibel (Exodus 17: 5–6) könnte ein weiterer Hinweis auf den frühen Einsatz einer Wünschelrute abgeleitet werden.

„Und Mose und Aaron versammelten die Gemeinde vor dem Fels, und er sprach zu ihnen: Höret, ihr Ungehorsamen, werden wir euch Wasser bringen aus jenem Fels? Und Mose hob seine Hand auf und schlug den Fels mit dem Stab zweimal. Da ging viel Wasser heraus, dass die Gemeinde trank und ihr Vieh."

Jahrtausendealte Anwendung der Wünschelrute

In allen Erdteilen wurden sehr alte Hinweise auf den Einsatz von Wünschelruten gefunden. Zumeist war dieses Instrument aber Priestern vorbehalten.

Wassersuche ohne technische Hilfsmittel

Durch die Suche nach Wasser mittels einer Wünschelrute oder eines Pendels werden besondere Fähigkeiten, die sich in unserem Inneren verbergen, sichtbar. Die Natur hat uns Menschen mit umfangreichen Sinnen ausgestattet, welche uns heute teilweise als esoterisch oder übersinnlich vorkommen. Ich bin der festen Meinung, dass die meisten Menschen über sehr feine Sinne verfügen und diese durch unsere moderne Lebensweise abgestumpft sind. Die Menschen waren in früheren Zeiten sicher weit mehr auf ihre Sinne angewiesen, um das Leben auch ohne technische Errungenschaften bewältigen zu können.

Feine menschliche Sinne

Ich habe schon viele Menschen kennengelernt, die über äußerst sensible Wahrnehmungen verfügen. Ein Bett über einer Wasserader kann nachweislich zu Schlafstörungen und zu Krankheiten führen. Vor allem Kreuzungen von Wasseradern behindern den Körper dabei, zur Ruhe zu kommen. Wasserkreuzungen gelten gemeinhin als Kraftplätze, die Kraft spenden, sich jedoch für einen längeren Aufenthalt nicht eignen.

Viele Menschen verfügen über die Fähigkeit, mit bloßer Hand ein durch den Untergrund sickerndes Wasser spüren zu können. Wieder andere talentierte Wassersucher klagen über Belastungen des Herz-Kreislaufsystems, wenn sie Wasser suchen. Dadurch werden sie leider dazu gezwungen, diese Tätigkeit stark einzuschränken.

Auswirkung des Wassers im Untergrund

Rein physikalisch betrachtet wird eine Reibung erzeugt, wenn sich Grundwasser an den Bodenteilchen vorbeizwängt. Wasser besitzt ein Gewicht von 1 t pro Kubikmeter, Boden wiederum rund 1,6 t pro Kubikmeter. Wasser ist also relativ schwer im Verhältnis zu Boden. Die Wirkung dieser Reibungskraft äußert sich in Form eines sehr kleinen elektrischen Erdstroms. Er kann mit feinen Messgeräten nachgewiesen werden. Voraussetzung ist aber, dass der umgebende Boden möglichst trocken ist. In einer durchfeuchteten Umgebung ist ein messtechnischer Nachweis kaum möglich.

Das menschliche Nervensystem

Das menschliche Nervensystem funktioniert auf Basis elektrischer Impulse und dient beim Wassersuchen als sehr feinfühlige Antenne. In einem menschlichen Körper verlaufen Nervenstränge mit einer Gesamtlänge von vielen tausend Kilometern. Manche Menschen sind der Ansicht, dass das Nervensystem dadurch grundsätzlich die Fähigkeit hat, viel sensibler als ein Messgerät ansprechen zu können.

Mit einem solchen Messgerät befassen wir uns im Folgenden nun kurz:

Wasseradern und Erdströme – „Der automatische Quellenfinder"

Professor Adolf Friedrich schrieb im Jahr 1914 über die Zusammenhänge von Wasseradern und Erdströmen anhand der Funktionsweise eines neuen Apparates, des „Automatischen Quellenfinders". Dieser wurde von dem Schweizer Adolf Schmid zum Patent angemeldet („Kulturtechnischer Wasserbau", Paul Parey Verlag, 1914).

Prof. Friedrich führte aus:

- Die Funktion des Apparats ist an das Auftreten bzw. an die Schwankungen der natürlichen elektrischen Erdströme und des mit dem Apparat in Verbindung stehenden vertikalen Erdluftstromes gebunden.
- Der Hauptbestandteil dieses „Quellenfinders" besteht aus einer Magnetnadel. Sie reagiert auf die durch unterirdisch fließendes Wasser verursachten Schwankungen der in den oberen Erdschichten vorhandenen elektrischen Erdströme.
- Die in einem Holzkasten montierte Magnetnadel zeigt unterirdisch fließendes Wasser an, indem sie Schwingungen ausführt, die zumeist 2–10° betragen.
- Wenn der auf einem dreibeinigen Stativ ruhende Kasten mit der Nadel senkrecht über dem unterirdischen Wasserlauf aufgestellt ist, so schwingt die Nadel hauptsächlich symmetrisch zu ihrer Ruhelagenstellung.

Professor Friedrich verweist darauf, dass dieser Apparat auch von dem Universitätsprofessor Dr. Gockel in Freiburg (Schweiz) wissenschaftlich untersucht und begutachtet wurde. Aus diesem Gutachten ist insbesondere hervorzuheben, dass die Intensität der Erdströme dort zunehmen muss bzw. dass Erdströme entstehen müssen, wo Wasser durch lockeren Boden fließt.

Andere Versuche haben noch ergeben, dass die Intensität der Erdströme null wird, wenn der Boden durch Niederschläge angefeuchtet ist. Dies wurde auch beim **Schmid'schen Apparat** beobachtet.

Eine Reihe von Versuchen hat ferner nachgewiesen, dass die Intensität der Erdströme häufigen Schwankungen unterworfen ist, welche auf die Nadel eines Galvanometers in gleicher Weise einwirken wie auf die Nadel des **Schmid'schen Apparates**. (Unter einem Galvanometer versteht man ein elektromechanisches Strommessgerät, welches eine mechanische Drehbewegung proportional zum Strom erzeugt.)

Fazit von Prof. Friedrich über die Anzeige des Schmid'schen Quellenfinders:

„Unterirdisch fließendes Wasser wird nicht durch eine konstante Abweichung der Apparatnadel, sondern nur durch die Schwingungen derselben angezeigt."

Mein Fazit: So interessant diese Erfindung auch war, konnte sie mit den Fähigkeiten begabter Wassersucher nicht mithalten. Ein einfaches und kostengünstiges Gerät zum Wasserfinden wurde bis heute noch immer nicht erfunden.

Viele Menschen verfügen über die Gabe, Wasser erspüren zu können. Die meisten von ihnen wenden diese Fähigkeit aber nur in ihrer näheren Umgebung an. Nur wenige sind dazu bereit, den Aktionsradius auszudehnen.

Wasserstrahlen, Erdstrahlen, Fehlinterpretationen

Wassersucher unterscheiden zwischen Wasser- und Erdstrahlen. Die Wasserstrahlen, die auf schwachen Erdströmen basieren, wurden bereits erläutert.

Erdstrahlen hingegen gehen von Verwerfungen, Spalten- und Kluftsystemen im Untergrund aus. Das Erdmagnetfeld wird durch diese Inhomogenitäten im Untergrund lokal verändert. Wassersucher nehmen hier also eine Veränderung des Magnetfeldes wahr. Es erfordert viel Erfahrung, diese beiden Phänomene Wasserstrahlen sowie Erdstrahlen auseinanderhalten zu können.

Schwierigkeit bei tiefen Wasseradern

Je tiefer das Wasser liegt, desto höher wird das Risiko, nicht mehr zwischen Wasser- und Erdstrahlen unterscheiden zu können:

- In der Praxis muss das noch nicht automatisch zum Problem führen. Stellt man z. B. eine Reaktion fest, die auf Erdstrahlen zurückzuführen ist, kann es sich um einen unterirdischen Spalt handeln. Spalte sind häufig mit

Wasser gefüllt und werden laufend mit neuem Wasser versorgt. Es wurde also nicht das Wasser, sondern der Spalt gespürt. Trotzdem war die Suche erfolgreich.

- Im Untergrund kommen teilweise auch unterschiedliche Wasserhorizonte vor, die nur schwer von der Oberfläche aus interpretiert werden können.
- Manchmal kann es passieren, dass zwar erfolgreich Wasser gefunden wird, die Ergiebigkeit aber bald nachlässt. Hierbei wurde folglich eine „Wasserblase" im Untergrund gefunden, die nicht ausreichend mit neu zuströmendem Grundwasser versorgt wird und durch den neuen Brunnen bald leergepumpt ist.

Die Wahl des Materials von Wünschelrute oder Pendel unterliegt dem persönlichen Geschmack. Kunststoff, Metall, biegsame Äste, günstiges oder teures Material: Alles ist möglich.

Funktion der Wünschelrute und des Pendels

Wünschelrute und Pendel machen nur das sichtbar, was der menschliche Körper ohnehin unbewusst wahrnimmt. Das Geheimnis der Wassersuche ist der Wechsel zwischen Anspannung und Entspannung.

- Die Wünschelrute und das Pendel sind bloß Instrumente zur Verstärkung der körpereigenen Wahrnehmung.

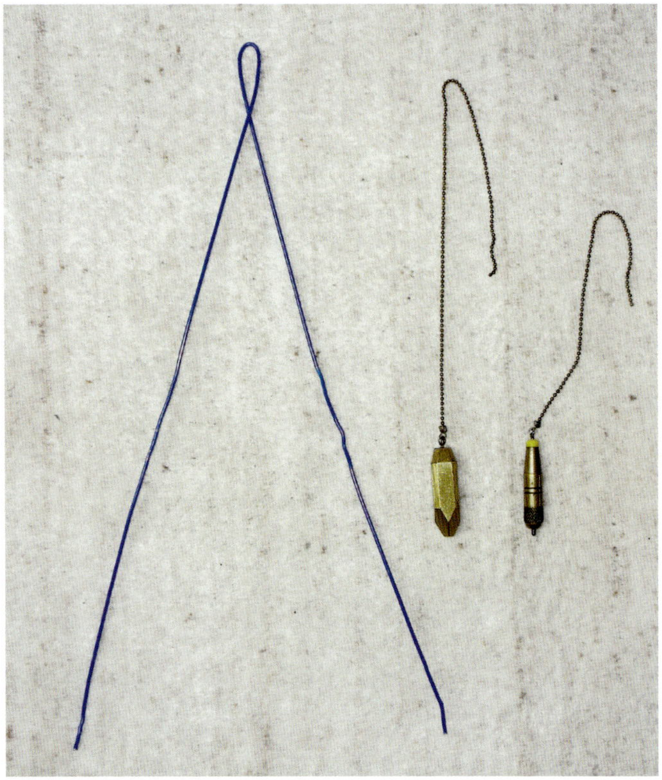

4-34 Wünschelrute und zwei Pendel.

- Als Wassersucher legt man selbst fest, wie dieses „Hilfsgerät" in der Neutralstellung sowie im Falle eines Wasserfundes reagieren soll.
- Die Neutralstellung ist dabei stets eine Phase der Konzentration und der inneren Spannung.
- Im Falle eines Wasserfundes kann man an sich selbst spüren, wie die Anspannung für einen kurzen Augenblick nachlässt.
- Dieser innere Wechsel von hoher Anspannung und darauffolgender Lockerung wird durch die Wünschelrute oder das Pendel sichtbar gemacht.

Bild 4-34 zeigt eine Wünschelrute, die aus einem Kleiderbügel gefertigt wurde. Das linke Pendel wurde aus einem Stück Messing gefeilt. Das rechte stammt von einem Dartpfeil ab. Eigentlich wird für ein Pendel aber nur irgendein Gewicht benötigt, welches an einer Schnur befestigt wird. Je schwerer das Pendel, desto weniger wird es durch Wind beeinflusst, aber umso langsamer spricht es an.

Reaktion der Wünschelrute

Die Neutralstellung bei einer Wünschelrute wird meistens als waagrechte Lage festgelegt.

> **Festlegung der Reaktion der Wünschelrute**
>
> Die Wasser suchende Person stellt sich darauf ein, dass die Rute nach unten schlagen soll, wenn eine Wasserader geortet wird. Den Rest erledigt die Intuition, also das Unterbewusste.

Je nach Stärke der Reaktion des Instrumentes wird dann eine Aussage über die Stärke der Wasserader abgeleitet. Sehr erfahrene Personen können auch die Tiefe der Wasserader in ganzen Metern abschätzen. Wenn eine Wasserader nicht zu tief im Untergrund liegt, kann diese Tiefenfeststellung erstaunlich genau sein.

Bild 4-35 zeigt die Wünschelrute in Neutralstellung. Der Metallbügel wird mit den Händen so gehalten, dass er sich krümmt und in Spannung versetzt. Es handelt sich nun um einen sehr labilen Kräftezustand. Die Rute muss konzentriert gehalten werden, weil sie aufgrund der hohen Spannung nur ungern in der waagrechten Lage verweilt.

Wassersuchende trainieren sich an, dass die Rute dann ausschlagen soll, wenn eine Wasserader gespürt wird. Das Unterbewusste setzt dies sogleich um. Sobald Wasser wahrge-

4-35 Eine Wünschelrute in Neutralstellung.

nommen wird, reagiert der Körper unbewusst und unmerklich. Die kleinste Reaktion der Hände reicht aber dazu aus, dass die Rute nach unten ausbricht.

Der labile Zustand während der Anspannung wurde nun verlassen. Die Rute hängt stabil nach unten, weil die Spannung in der Rute schlagartig nachgelassen hat. In unserem Inneren breitet sich ein Gefühl der Entspannung aus.

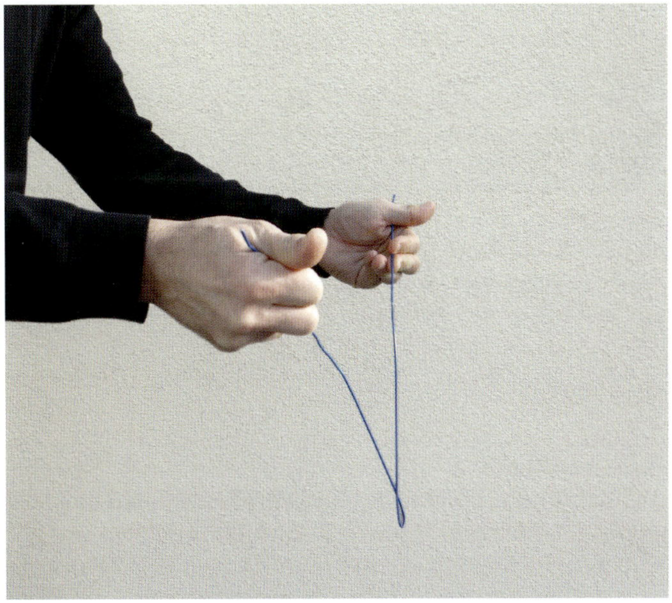

4-36 Phase der inneren Entspannung, durch die Rute sichtbar gemacht.

Reaktion des Pendels

Pendel werden auch häufig für die Wassersuche eingesetzt.

- In der Neutralstellung schwingt das Pendel üblicherweise vor und zurück.
- Sobald vom Unterbewussten Wasser gefühlt wird, beginnt das Pendel zu kreisen.
- Je nach Stärke des Schwunges und Durchmesser der Kreisbewegung können Aussagen über die Wasserader getroffen werden. Das erfordert natürlich sehr viel Erfahrung.

4-37 Das Pendel schwingt neutral vor und zurück. Die Suche nach Wasser kann beginnen (rot). Über der Wasserader beginnt das Pendel zu kreisen (blau).

Links- oder rechtsdrehendes Wasser

Die Begriffe „linksdrehendes" bzw. „rechtsdrehendes" Wasser haben ihren Ursprung in der Bewegungsrichtung des Pendels, das über einer Wasserader kreist. Wasser ist flüssig und kennt kein links oder rechts. Es bewegt sich irgendwie durcheinander. Die Wassermoleküle halten sich mit Sicherheit nicht an eine vom Menschen erdachte Bewegungsrichtung.

Verlässlicher Einsatz von Wünschelrute und Pendel

Wünschelrute und Pendel eignen sich hervorragend, um Probleme bei bestehenden Quellen oder Brunnen zu untersuchen. Vor allem folgende Fragestellungen können verlässlich geklärt werden:

- Der Brunnen oder die Quelle liefern immer weniger Wasser. Hat die Wasserader nachgelassen? Oder ist genug

4-38 Städte und Gemeinden beauftragen meistens Geologen mit der Aufspürung von lohnenden Wasservorkommen (Neumarkt im Mühlkreis, Oberösterreich).

Das heutige Leben wird maßgeblich durch Technik und Elektronik geprägt. In diesem Umfeld passiert es nur zu leicht, dass wir unsere natürlichen Fähigkeiten unterschätzen und mit der Zeit verlernen.

Wasser vorhanden und findet nicht in die Quellfassung oder in den Brunnen? (Zur Klärung dieser Frage sollte die Begehung in einer trockenen Zeit erfolgen.)

- Mein Nachbar errichtet hangaufwärts ein Gebäude mit Keller. Wird meine Quelle dadurch gefährdet?
- Mein Wasser weist eine schlechte bakteriologische Qualität auf. Ist eine seichte Wasserader dafür verantwortlich? (Bei dieser Fragestellung sollte die Begehung in einer nassen Zeit erfolgen.)
- Ich habe eine nasse Stelle im Wald entdeckt. Wie weit muss die Quelle hangaufwärts verlegt werden, um eine ausreichende Bodenüberdeckung zu erreichen?

Kann man die Wassersuche erlernen?

Die Fähigkeit, Wasser aufzuspüren, hat die Natur dem Menschen mitgegeben. Die Wassersuche mittels Wünschelrute oder Pendels kann man lernen. Kurse dazu werden immer wieder angeboten. Im Ort Großschönau im niederösterreichischen Waldviertel existiert auch ein Wünschelrutenweg, der bei unterschiedlichen Stationen die dortigen Wasseradern und Kraftfelder erklärt und sichtbar macht. Ruten oder Pendel kann man mitnehmen oder ausborgen und die beschriebenen Stationen dann durchprobieren.

Gute Wassersucher sind hervorragende Naturbeobachter. Sie entwickeln mit der Zeit ein Gespür dafür, wo Wasser gefunden werden kann. Unser gemeinsamer Spaziergang zu Beginn dieses Kapitels war demnach der erste Schritt in der Kunst, Wasser zu finden.

Wassersuche zu erlernen erfordert Fleiß und Übung

Beim Erlernen des Wassersuchens verhält es sich nicht anders als bei allem anderen, was man lernen möchte: üben, üben und nochmals üben. Aus Fehlern und aus Erfolgen soll und muss man lernen.

Ich selbst weise nur mäßige Begabung und Übungsfleiß auf. Immerhin reicht es bei mir dazu, sehr starke Wasseradern ausfindig zu machen. Geübte Wassersucher würden über diese hingegen wohl fast stolpern.

Geologen

Geologen verfügen in jedem Fall über das Fachwissen, Grundwasser aufspüren zu können. Wenn sich dazu noch Erfahrung und ein Gespür für die Gegend einstellen, werden ihre Hinweise erfolgreich sein. Bei Hausquellen und Hausbrunnen kommen Geologen eher selten zum Einsatz. Je größer die zu versorgende Einwohnerzahl, desto häufiger wird auf diese Fachleute zurückgegriffen.

5 Quellen

5-1
Hügel und Berge – die Heimat der Quellen.

Auf Quellen stoßen wir immer dann, wenn das Gelände hügeliger wird. Je steiler die Hangneigung, desto mehr werden die Brunnen von den Quellen abgelöst. In der Praxis kommt es freilich zu einem bunten Durcheinander dieser beiden Begriffe. So manche Menschen wissen gar nicht, dass sie eine Quelle besitzen, und bezeichnen sie einfach als Brunnen. Weitere Begriffe verwirren zusätzlich, z. B. „Quellbrunnen", „Schwelle" oder „Brunnstube" etc. Vor allem bei einem seichteren Brunnen fällt die Abgrenzung zu einer Quelle schwer. Handelt es sich nun um einen Brunnen oder um eine Quelle? Das folgende Kapitel wird hier sicher zu mehr Klarheit beitragen.

Wann liegt eine Quelle vor?

Dazu eine Auswahl an Merkmalen, um eine Quelle als solche zu erkennen:

- Als Quellen werden natürliche Grundwasseraustritte bezeichnet.
- Sobald der Schacht einen Überlauf aufweist, über den zumindest zeitweilig Wasser wegläuft, handelt es sich zweifelsfrei um eine Quelle.
- Wenn kein Überlauf vorliegt, aber Wasser in freiem Gefälle über die Verbraucherleitung wegfließt, liegt ebenfalls eine Quelle vor.

- Wenn kein Wasser sichtbar ausfließt, der Wasserstand in der Fassung aber fast bis zum Geländeniveau aufsteigt, handelt es sich auch um eine Quelle. In so einem Fall wird der Boden rund um den Schacht bereits vernässt sein.

Die eindeutigste Eigenschaft einer Quelle stellt aber ein fließendes Wasser dar. Im Bergland stoßen wir häufig auf ausgehöhlte Baumstämme, in die Quellwasser zur Erfrischung der Wanderer eingeleitet wird. Es rinnt auch im Winter, weil fließendes Wasser kaum einfrieren kann.

Die Menschen haben frei fließendes Wasser seit jeher geschätzt. In früheren Zeiten, als es noch kein Stromnetz gab, war die Wasserbeschaffung oft sehr schwierig. Vieh musste zu einer Quelle getrieben werden, Brunnenwasser mühsam mit der Handpumpe nach oben gefördert werden. Ein Wasser, welches frei zum Gebäude floss, war also ein Segen für die Menschen. Noch heute finden wir bei vielen Gebäuden in Bergregionen frei fließendes Wasser gut sichtbar vor.

Viele Quellen liefern mehr Wasser, als von den Menschen verbraucht wird. Nicht benötigtes Wasser läuft über eine Leitung davon und wird „Überwasser“ genannt. Überwasser wird gerne zur Speisung von Fischteichen verwendet. Das kalte Wasser eignet sich für die Aufzucht von Salmoniden (Forellen, Saiblinge). Karpfenfische wiederum bevorzugen wärmere Wassertemperaturen.

5-2 Versorgung einer Almhütte mit fließendem Wasser.

Fließendes Wasser aus einem kleinen Brunnen ist vielen Hausbesitzern heilig, auch wenn der praktische Nutzen in der heutigen Zeit oft fehlt.

5-3 Frisches Quellwasser im Innenhof eines Bauernhauses.

5-4 Ein kleiner Forellenteich, der vom Überwasser einer Quelle mit frischem Wasser versorgt wird.

Einteilung nach Kriterien im Untergrund

Wir Menschen sind grundsätzlich bemüht, komplexe Vorgänge in der Natur zu kategorisieren und zu ordnen. Wir tun uns dann bei weiteren Überlegungen einfach leichter. Also gehen auch wir diesen Weg und unterscheiden die Quellen nach ihrem Verhalten im Untergrund.

Schichtquelle

Im Untergrund wechseln durchlässigere und weniger durchlässige Schichten einander ab. Wenn eindringendes Niederschlagswasser auf eine stauende Bodenschicht trifft, wird es

5-5 Regenwasser sickert durch eine durchlässige Schicht. An einer undurchlässigen Schicht wird es gestaut, um danach talwärts zu fließen.

5-7 Ein gut erkennbarer Quellaustritt.

5-6 Im Blitzlicht des Fotoapparates glänzt das austretende Wasser. Ohne Zuhilfenahme des Blitzes würde man das sanft rieselnde Quellwasser im dunklen Bereich unter den Wurzeln kaum erkennen können.

5-8 Quellaustritt in einem künstlich hergestellten Graben.

am weiteren senkrechten Einsickern gehindert. Folglich sucht es sich einen anderen Weg entlang dieser stauenden Schicht hangabwärts. Wenn die stauende Schicht dann die Geländeoberfläche erreicht hat, tritt das Grundwasser an dieser Stelle in Form einer Schichtquelle aus.

Bild 5-8 zeigt eine Schichtquelle, die als kleines Bächlein aus dem Hang fließt. Tatsächlich wurde der Graben künstlich gezogen. Er stellt den ersten Schritt einer Quellfassung da. Mit

5-9 Diese Schichtquelle tritt kräftig aus dem lockeren Untergrund aus.

5-10 Eine Schichtquelle mit geringer Wasserschüttung.

wenig Aufwand könnte die Quellfassung fachgerecht fertiggestellt werden. Dies wird später noch Schritt für Schritt beschrieben.

Nachgraben einer Schichtquelle

Schichtquellen sollten nie an jener Stelle gefasst werden, an der sie austreten. Am besten graben wir der Wasser führenden Schicht nach und verfolgen sie weiter hangaufwärts. Eine ausreichende Überdeckung der Wasserader mit Boden ist besonders wichtig, weil wir wissen, dass „Boden der beste Filter" ist. Verunreinigungen von der Oberfläche her werden im Boden abgebaut. Je tiefer die Wasserader liegt, desto besser ist sie gegen mögliche Verunreinigungen der Geländeoberfläche geschützt. Das Nachgraben erfordert jedenfalls Geduld und Gespür. Die stauende Schicht darf nicht verletzt oder weggebaggert werden. Das Quellwasser könnte sich dann nämlich einen neuen Weg suchen und nicht mehr optimal gefasst werden.

Überlaufquelle

Ich kann mich noch gut an einen meiner ersten Arbeitstage als Berater in der Landwirtschaftskammer Oberösterreich erinnern. Eine Bäuerin beschrieb das Problem der Vernässung einer Wiese und schilderte auch den Ausgangspunkt des Problems: „In da Wiesn, do is a Schwö." Ich getraute mich damals nicht, ihr mitzuteilen, dass ich das Wort „Schwö", also „Schwelle", nicht kenne. So blieb die Beratung wohl erfolglos. Heute weiß ich, dass es sich bei der damals geschilderten „Schwelle" um eine sogenannte Stau- oder Überlaufquelle gehandelt hat. Schwelle ist ein Begriff aus dem Volksmund für diese Art der Quelle.

Wie entsteht diese Art der Quelle?

Wasser strebt hangabwärts und wird durch irgendein unterirdisches Hindernis am Weiterfließen gehindert. Das Wasser trifft also auf eine „Schwelle" im Untergrund. Diese kann

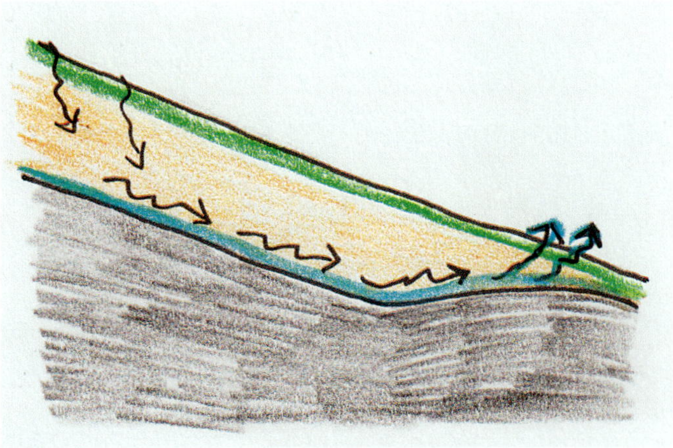

5-11 Die Wasserader wird durch eine Erhöhung der stauenden Schicht nach oben abgedrängt.

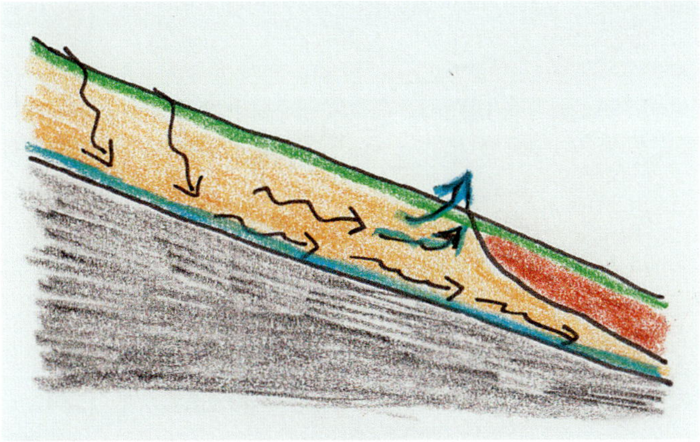

5-12 Die stauende Schicht verläuft regelmäßig talwärts. In der darüber liegenden Bodenauflage befindet sich ein dichter gelagerter Abschnitt (braun). Er wirkt wie eine Staumauer. Die Wasserader weicht teilweise nach oben aus.

5-13 Eine ungefasste Überlaufquelle; im Volksmund einfach „Schwelle“ oder Quellteich genannt.

5-14 Eine kräftige Überlaufquelle, deren Überwasser sofort ein kleines Bächlein bildet.

5-15 Das Überwasser dieser Quelle versorgt einen kleinen Fischteich. Eine zweite Quelle füllt den Teich ebenfalls. Ihr Rohr ragt aus dem Hang.

Kleine Teiche in der Landschaft weisen meist ein hohes Alter auf. Einst entsprang an diesen Stellen eine Überlaufquelle, die dann für die Fischhaltung oder als Viehtränke ausgebaut wurde.

von unten oder von oben her wirksam werden. Das gesamte Grundwasser oder Teile davon werden abgelenkt und treten an der Oberfläche als Quelle aus.

Nutzung für kleine Teiche

Früher wurden Überlaufquellen als einfache Teiche oder kleine Tümpel freigelegt. Von dort aus wurden dann Leitungen zum Haus verlegt. Diese äußerst einfache Art, eine Quelle zu fassen, wurde als „Quellteich“ bezeichnet. Das Wasser darin war oft kristallklar. Heute reicht ein Quellteich zum Zweck der Trinkwasserversorgung natürlich nicht mehr aus. **Bild 5-13** zeigt so einen Quellteich, der aber nur für Nutzwasserzwecke verwendet wird.

Eine Überlaufquelle kann auch von Wasser liebenden Bäumen, z. B. Weiden, bewachsen sein. Aufgrund der ständigen Nässe haben diese Bäume einen Standortvorteil, der sich in einem kräftigen Wuchs äußert. Dadurch können wir schon von Weitem die Quelle orten. In **Bild 5-16** ist so ein Fall abgebildet. Um diese kräftige Quelle fassen zu können, müssten wir den Baum, der genau über dem Wasseraustritt steht, samt

5-16 Überlaufquelle unter einem Wurzelstock.

Wurzeln entfernen. Besser wäre es aber in einem solchen Fall, die Quelle hangaufwärts zu verfolgen und erst dort zu fassen.

Spaltquelle, Felsquelle

Diese Art der Quellen finden wir überall dort vor, wo der Untergrund von Spalten oder Klüften durchzogen ist. Unter einem Spalt verstehen wir hier eine sichtbare größere Öffnung

5-18 Eine kräftige Spaltquelle in den Nördlichen Kalkalpen. Aus geologischer Sicht handelt es sich um eine Karstquelle.

5-17 Schema einer Spalt- bzw. Felsquelle.

5-19 Diese Felsquelle wurde freigelegt und mit einer Betonplatte nach oben hin abgedichtet.

und unter einer Kluft eine feinere Trennfläche in einem Gestein.

Das Einzugsgebiet des Wassers muss nicht zwangsläufig aus Fels bestehen. Spalte und Klüfte können auch in weicheren Gesteinsschichten aus verfestigten tonigen oder mergeligen Schichten vorkommen. Zu diesem Quellentyp kommt es dann, wenn sich das Wasser durch den Untergrund bis zu einer Schicht bewegt, die es am weiteren Durchsickern hindert. Das Wasser muss seine Richtung ändern und sucht sich einen neuen Weg in Spalten oder Klüften. So rinnt es dann dort entlang, bis es die Geländeoberfläche erreicht.

In **Bild 5-19** wird uns der Blick in eine Quellfassung einer Felsquelle gewährt. Zuerst wurde ein Loch in den Felsen gehauen. Danach wurde beiderseits Beton aufgetragen, um die Wände zu stabilisieren. Anschließend wurde eine Betonplatte als Schutz nach oben eingesetzt und ebenfalls mit Beton fixiert. Die Quelle ist nun seitlich und nach oben hin gut abgedichtet. Das Quellwasser strömt frei in den Quellsammelschacht ein.

Hangschuttquelle

Der Fuß vieler Berghänge wird von mächtigen Steinhalden gesäumt. Geologisch gesehen handelt es sich um eine sehr dynamische Zone. Immer wieder erfahren wir in den Nachrichten von mächtigen Felsstürzen, bei denen teilweise ganze Berghänge ins Tal abrutschen. Diese zunächst lockeren Felshalden werden nach und nach von Bäumen besiedelt. In weiterer Folge bildet sich auch eine dünne Humusschicht aus.

Bei einer Hangschuttquelle handelt es sich um ein Wasser, das zunächst durch den Grund des Schuttmaterials sickert und am Fuß desselben austritt. Rein von der Austrittsstelle her betrachtet ist der Unterschied zwischen einer Spalt-, Fels- und Hangschuttquelle nicht leicht auszumachen. Eine Differenzierung ist nur dann möglich, wenn man den gesamten Berghang betrachtet. Falls sich weiter oben steilere und glattere felsige Bereiche befinden und darunter eher ein flacheres Gelände, das von Steinen diverser Größe übersät ist, so wird es sich wohl um eine Hangschuttquelle handeln.

5-20 Schema einer Hangschuttquelle.

5-21 Diese Hangschuttquelle wurde mittels eines Rohres gefasst, welches zwischen die Steine vorgetrieben wurde. Es mündet in einen Quellsammelschacht.

5-22 Eine ungefasste Hangschuttquelle zwängt sich zwischen den großen Steinen aus dem Hang heraus.

Der Unterschied, ob es sich um eine Spalt-, Fels- oder eine Hangschuttquelle handelt, ist in der Praxis durchaus bedeutend. Im Falle einer Spalt- oder Felsquelle können wir den Standort nicht verändern. Nur dort, wo sich die Wasser führenden Spalte befinden, ist es uns möglich, die Quellfassung herzustellen. Im Falle einer Hangschuttquelle könnte man der Wasserader aber auch hangaufwärts nachgraben und sie an einer anderen Stelle fassen.

Verwerfungsquelle

Durch die Gebirgsfaltung könnten komplizierte horizontale und vertikale Kluftsysteme entstehen. Dies hat auch eine Auswirkung auf das Grundwasser.

Verwerfungsquellen werden im Vergleich zu anderen Quellarten nicht sehr häufig angetroffen. Wir stoßen auf solche Quellen, wenn Wasser von unten an die Oberfläche drängt, ohne dass sich in der Nähe ein höher liegendes Gelände finden würde. Solche Quellen haben ihren Ursprung oft

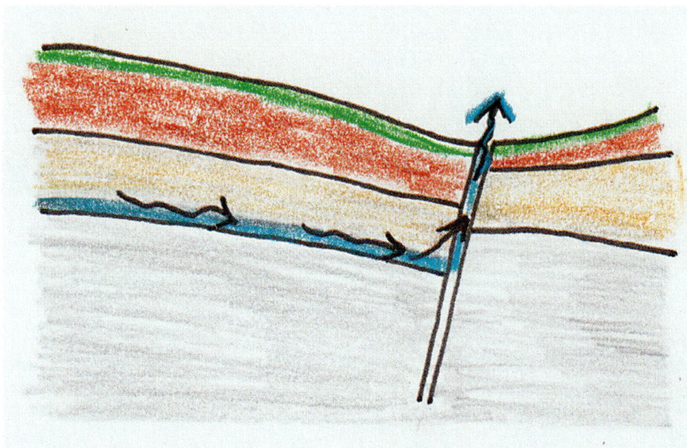

5-23 Schema einer Verwerfungsquelle.

Eine Verwerfungsquelle kann nur indirekt als solche bestimmt werden. In ihrer Umgebung kommen wenig höhere Geländeerhebungen vor. Unabhängig von Jahreszeit und Witterung fließt sie immer gleich stark.

Kilometer entfernt in einer höheren Region. Dort versickert Wasser und fließt entlang von Klüften weiter. Im Falle von vertikalen Verwerfungen muss das unter Druck stehende Wasser einen neuen Weg suchen. Wenn dieser nur nach oben weist, kommt das Wasser in Form einer Verwerfungsquelle an der Oberfläche an.

Komponenten einer Quellenanlage

Wir wissen nun, wie man einzelne natürlich austretende Quellen benennen kann. Nun befassen wir uns mit der technischen Seite einer Quellenanlage und sehen uns die Komponenten an, aus denen eine solche Anlage besteht.

Einzelne Quellfassung

Dabei können wir zwei grundlegende Arten von Quellfassungen unterscheiden (vergleiche **Bild 5-24**):

- Fassung mittels eines Schachtes (a). Das Wasser tritt von unten oder teils auch seitlich durch eine durchlöcherte Schachtwand in die Fassung ein. Hier handelt es sich also um eine „Schachtquelle".
- An der Oberfläche können wir den Quellsammelschacht b_1 erkennen. Das eigentliche Quellwasser wird aber über ein Rohr bzw. eine Drainageleitung b_2 aufgenommen und in den Sammelschacht eingeleitet. Wir nennen dieses System eine „Sickerleitungsquelle".

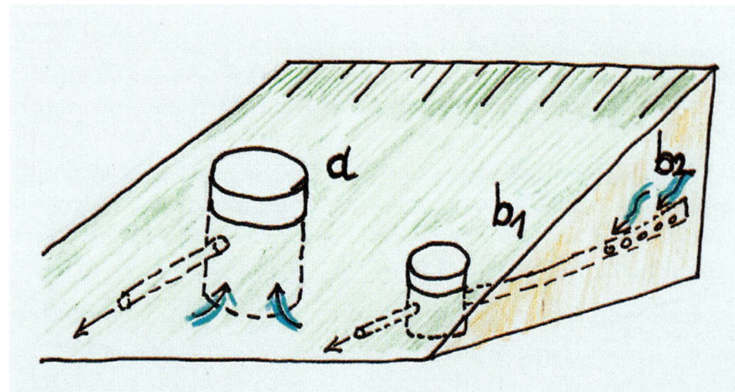

5-24 **Die einfachste Art, eine Quelle zu fassen: in Form einer Schachtquelle (a) oder in Form einer Sickerleitungsquelle, die immer aus einer Sickerleitung (b2) und einem Sammelschacht (b1) besteht.**

Kombination aus mehreren Quellfassungen

Es ist natürlich auch möglich, zwei Schacht- oder zwei Sickerleitungsquellen gemeinsam zu betreiben, oder auch eine Kombination aus diesen Fassungstypen. Solche Quellanlagen sind weit verbreitet und stellen zumeist ein Projekt in mehreren Schritten dar.

- Zunächst wird eine der beiden Fassungen errichtet. Mit der Zeit stellt sich heraus, dass nicht ausreichend Wasser gewonnen wird.
- So werden dann Überlegungen über eine zweite Quellfassung angestellt. Diese muss nicht unbedingt die gleiche Bauweise wie die erste Fassung aufweisen.

Mit der Zeit wird auch ein größerer Wasserspeicher benötigt, in den dann beide Quellen einspeisen. Mehrere Varianten für diese Konstellation sind denkbar (vergleiche dazu im Kapitel 8 Wasserspeicher).

Zwischenschaltung eines Quellsammelschachtes

In **Bild 5-25** werden eine Schachtquelle (a) und eine Sickerleitung (b_2) in einem gemeinsamen Quellsammelschacht (b_1) vereinigt. Dort lassen sich beide Quellen einzeln beobachten und beproben. Vom kleinen Quellsammelschacht führt eine einzige Leitung zum größeren Wasserspeicher c.

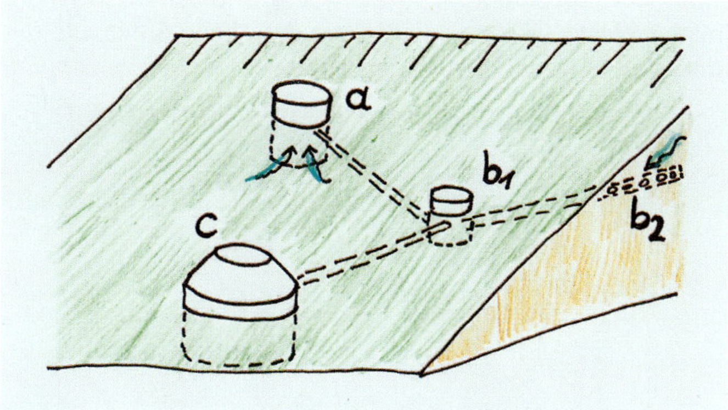

5-25 Kombination aus Quellfassungen und Wasserspeicher mit einem Quellsammelschacht.

Lösung ohne Quellsammelschacht

Häufig wird aber auf den Sammelschacht verzichtet. In diesen Fällen werden die Quellen (a) und (b_2) separat zum Wasserspeicher (c) abgeleitet (vergleiche **Bild 5-26**). So kann ein Zwischenbauwerk entfallen, was Arbeit und Kosten spart. Leider ist die Beobachtung der beiden Quellen in einem großen und hohen Wasserspeicher schwieriger als von einem Quellsammelschacht aus. Im Kapitel über Wasserspeicher werden dazu Bilder gezeigt.

Lösung ohne Quellsammelschacht und ohne getrennte Zuleitung zum Wasserspeicher

Diese Form der Anlage ist in der Praxis weit verbreitet. Zum Wasserspeicher (c) läuft nur eine einzige Zuleitung. Die einzelnen Leitungen der Quelle (a) und (b_2) wurden unterirdisch miteinander verbunden (vergleiche **Bild 5-27**).

Durch diese Maßnahme kann der Bau günstiger und einfacher als bei den vorherigen Anlagetypen hergestellt werden, da der Quellsammelschacht eingespart wird. Aber kein Vorteil ohne Nachteil! Nun ist uns eine einzelne Beobachtung und Beurteilung der Quellen nicht mehr möglich. Im Falle einer Trübung oder einer Verkeimung im Behälter können wir nicht mehr überprüfen, welche der beiden Quellen dafür verantwortlich ist.

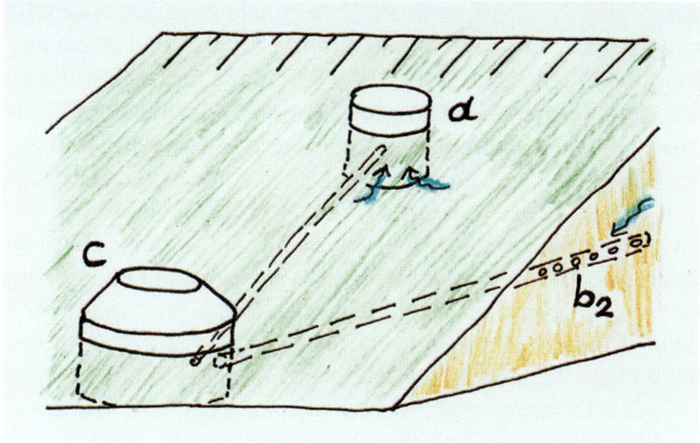

5-26 Kombination aus Quellfassungen und Wasserspeicher ohne Quellsammelschacht.

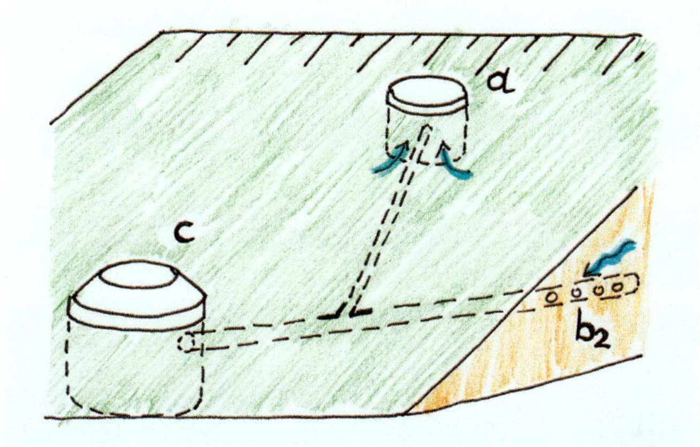

5-27 Hier wurde auf den Quellsammelschacht verzichtet.

Lösung ohne Sammelschacht nicht ratsam

Ich rate daher von diesem einfachen System ab. Bei der Kreuzung der beiden Quellleitungen sollte nachträglich ein Sammelschacht errichtet werden, auch wenn dies Kosten und Arbeit verursacht.

Schachtquelle im flachen Gelände

Wann wenden wir diesen Quellentyp an?

- Das Wasser drängt von unten vertikal nach oben.
- Das Wasser stammt aus einer breiten Wasserader mit einer guten Schüttung. Auch wenn die Schachtquelle nicht alles Wasser einfangen kann, haben wir noch immer genug.

Wenn eine Schachtquelle als Einzelquelle betrieben wird, ist ein Quellsammelschacht nicht erforderlich. Eine Beobachtung der Quelle ist ja über den Überlauf des Schachtes möglich. Dort können die Wasserschüttung und die Trübung überprüft oder eine separate Wasserprobe gezogen werden.

Bild 5-28 zeigt eine typische Schachtquelle zur Versorgung eines Bauernhofes. Die Quellfassung konnte am Fuß der Böschung errichtet werden, wo das Gelände noch ziemlich flach ist. So konnten die benötigten Materialien einfach zum Fassungsbereich transportiert werden. Dahinter steigt eine nicht bewirtschaftete Böschung auf. Sie bildet auf diese Weise ein wirksames, kleines „Wasserschutzgebiet".

Schachtquellen trifft man sehr häufig an. Häufig dienen sie gleichzeitig als Wasserspeicher und weisen daher einen entsprechend großen Durchmesser auf. **Bild 5-29** zeigt so einen Fassungstyp. Die Fassung ragt ausreichend hoch über das umgebende Gelände, wodurch ein guter Schutz gegen oberflächliches Wasser gewährleistet wird.

In **Bild 5-30** können wir den typischen einfachen Aufbau einer Schachtquelle erkennen. Sie besteht aus Betonringen, einer Verbraucherleitung (roter Pfeil) und einem Überlauf (blauer Pfeil). Das Wasser tritt über die offene Sohle, die mit grobem Kies bedeckt ist, in den Schacht ein.

5-28 Eine Schachtquelle am Fuß einer mehrere Meter hohen und steilen Böschung.

5-29 Schachtquelle im Wald mit stark fließendem Überlauf.

5-30 Blick in die Fassung einer Schachtquelle.

Innerer oder äußerer Überlauf

Der Überlauf muss nicht immer als separates Rohr aus dem Schacht stehen. Es ist auch möglich, außerhalb des Schachtes ein Drainagerohr in der Höhe des höchsten gewünschten Wasserstandes zu verlegen. Das Quellwasser kann innen nicht höher als außen steigen. Der Wasserspiegel im inneren und im äußeren Bereich ist ja immer gleich hoch.

In **Bild 5-31** können wir erkennen, dass das Wasser teilweise seitlich eintritt. An einer Stelle wurde die Schachtwand geöffnet, damit das Waser seitlich besser zufließen kann (roter Pfeil). Der Überlauf liegt für uns nicht sichtbar außerhalb des Schachtes in Form einer Drainage.

5-31 Teilweise seitlicher Wasserzutritt in eine Schachtquelle.

Quelle am besten mindestens 3 m tief fassen

Eine Quelle sollte mindestens 3 m Bodenüberdeckung aufweisen. Ab dieser Tiefe ist das Quellwasser vor Oberflächeneinflüssen gut geschützt.

Neubau einer Schachtquelle im flachen Gelände

Gehen wir nun gemeinsam den Neubau einer Schachtquelle Schritt für Schritt durch.

Planen der Baustelle

- **Baustelle einrichten:** Zunächst richten wir eine Baustelle ein, um alle Baustoffe rasch zur Hand zu haben. Lehm, Kies, Betonringe, Wasserschlauch und Drainageleitung sollten noch vor Baubeginn griffbereit vorhanden sein.
- **Gutes Wetter abwarten:** Für die Errichtung einer Quellfassung wäre trockenes Wetter optimal. Das Frühjahr oder der Frühsommer gelten als feucht und sollten eher vermieden werden. Spätsommer und Herbst weisen häufig längere trockene Perioden auf. Dies ist die bessere Zeit für Grabungsarbeiten in Wasser führenden Schichten.
- **Sicherheit:** Besonders beim Graben in feuchten Bereichen besteht die Gefahr, dass die freigelegte Bodenwand nachgibt und in die Grube stürzt. 1 m^3 Boden hat ein Gewicht von 1,6 t und kann einen Menschen erdrücken. Aus diesem Grund soll die Grube gestützt oder der Böschungswinkel so flach ausgeführt werden, dass keine Gefahr des Einbruches mehr besteht. Erfahrene Baggerfirmen wissen, wie man mit dieser Gefahr umgeht.

Schritt 1

- Der Bagger gräbt an der gewünschten Stelle einen Einschnitt. Durch die Geometrie des Greifarms entsteht eine eher große Grube. Vorsichtig tastet sich der Baggerfahrer in die Tiefe. Durch ein zu tiefes Graben könnte eine wasserstauende Schicht durchstoßen werden, worauf das Wasser weiter nach unten wegsickern würde.

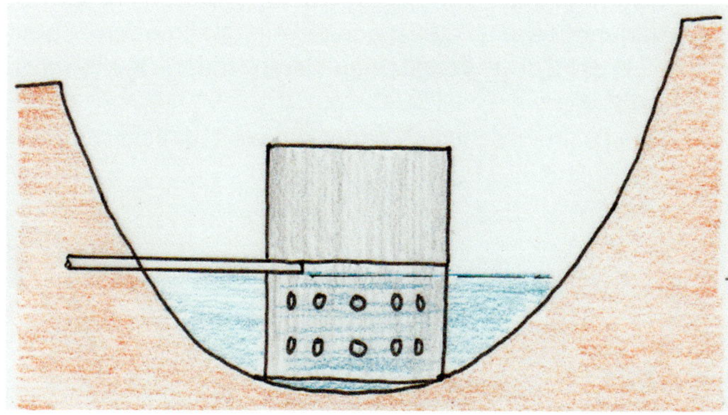

5-32 Schritt 1: Aushub, Versetzen der Ringe bis knapp über die erwartete Wasserhöhe, Montage der Verbrauchsleitung.

- Wenn die gewünschte Tiefe erreicht ist, wird der unterste Ring auf den nackten Boden gestellt. Falls wir einen gelochten Ring verwenden, kann das Wasser auch seitlich eintreten.
- Auf eine ausgleichende Kiesschicht verzichten wir, weil der Kies unter dem hohen Gewicht des fertigen Schachtes nachgeben und sich die Fassung verkanten würde. Also den ersten Ring einfach auf den Boden stellen.
- Die Schneide des Ringes sollte nach innen schauen. Im Kapitel „Brunnen" können wir dies in **Bild 6-3** betrachten.
- Den zweiten Ring können wir auf den ersten Ring noch lose aufsetzen, damit durch die Fuge auch noch Quellwasser eindringen kann.
- Danach verlegen wir die Verbraucherleitung und verspachteln die Öffnung in der Schachtwand mit Mörtel.

Ein Vorteil der Schachtquelle liegt darin, dass wir direkt auf das Wasser blicken können. Mögliche feine Sedimente, die den Zulauf behindern, können als solche erkannt und entfernt werden.

Betonfertigteile

Fachmärkte bieten eine große Vielfalt an Betonfertigteilen an. Gelochte und ungelochte Ringe sind in unterschiedlichen Durchmessern und Höhen erhältlich.

Schritt 2

Wir entscheiden uns, in diesem Fall kein Überlaufrohr einzubauen. Stattdessen regulieren wir die Höhe des Wasserstandes gleich über einen außenliegenden Drainageschlauch. Natürlich könnten wir zusätzlich noch ein Überlaufrohr in den Schacht einbauen. In diesem Beispiel wird darauf aber verzichtet.

- Wir legen den gelochten Standard-Drainageschlauch, den wir vom Hausbau her kennen, rund um den Schacht. Die beiden Enden leiten wir aus dem Hang aus. Über die Öffnungen des Drainageschlauches ziehen wir ein Insektengitter und befestigen es mit Kabelbindern. Somit wird der Zutritt von kleinen Tieren in den Quellbereich verhindert.
- Den Drainageschlauch bedecken wir ebenfalls mit Kies.

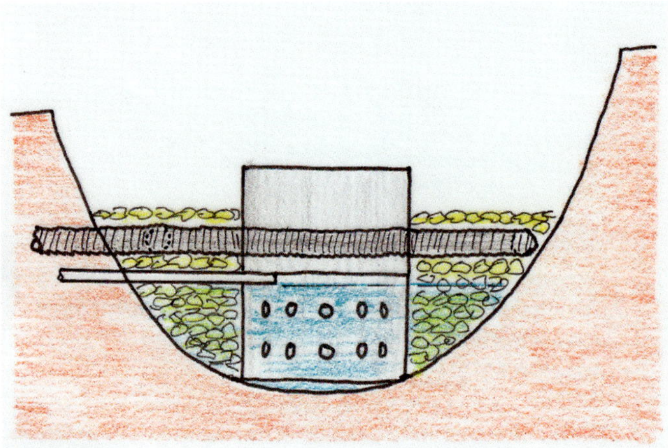

5-33 Schritt 2: Einfüllen des Kieses, Verlegen des Drainagerohres und Bedecken desselben mit Kies.

Schritt 3

- Nun versetzen wir die weiteren Schachtringe. Wir tragen auf die Oberkante des unteren Ringes immer dick Fliesenkleber auf und setzen danach den nächsten Ring. Der nach beiden Seiten austretende Fliesenkleber wird sauber verspachtelt. Dies wiederholen wir Ring für Ring.
- Über die schon bestehende Kiesschicht legen wir ein Vlies und schütten eine Lage Feinkies darüber.
- Danach verfüllen wir die Grube mit Lehm, den wir in einzelnen Lagen einbauen und verdichten.
- Da sich der verfüllte Bereich im Laufe der kommenden Monate noch setzen wird, verfüllen wir die Grube stark überhöht. Dafür müssen wir den Schacht vorher hoch genug über das Gelände geführt haben. Zum Glück sind Schachtringe in unterschiedlichen Höhen erhältlich. So können wir leicht einen weiteren Ring mit 25 oder 50 cm Höhe aufsetzen.
- Um zu vermeiden, dass sich Oberflächenwasser einen Weg unterhalb des Lehmschlages bis zur Kiesschicht bahnt, ordnen wir hangseitig noch eine Drainage mit einer Tiefe von 50–70 cm an. Sie sollte bis zur Oberfläche mit Kies gefüllt sein. Dann bietet sie einen einfachen, kostengünstigen und wirkungsvollen Schutz.

Das dichte Verfüllen der Baugrube gestaltet sich häufig schwieriger als angenommen. Oberflächenwasser besitzt wie jedes andere Wasser einen „kleinen Kopf". Dennoch muss es ferngehalten werden.

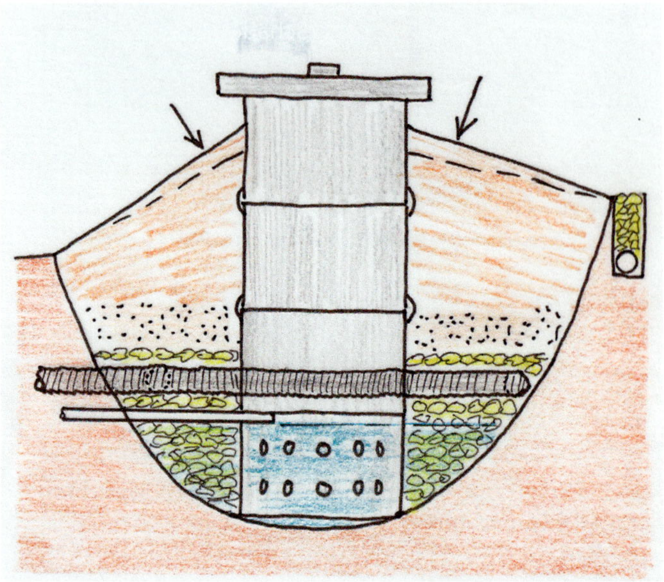

5-34 Schritt 3: feiner Kies über der groben Kiesschüttung. Darüber Anordnung eines Lehmschlages. Danach Verlegung einer hangseitigen Drainage als zusätzlicher Schutz gegen Oberflächenwasser.

Mit Wasseruntersuchung warten

Bis zur ersten Trinkwasseruntersuchung sollte rund sechs Monate gewartet werden. Die verwendeten Materialien waren ja nicht steril und die eingetragenen Keime müssen sich erst von selbst abbauen. Weiters benötigt der Lehmschlag Zeit, um sich setzen und verfestigen zu können.

Sanierung einer Schachtquelle im flachen Gelände

Bild 5-35 zeigt eine typische Schachtquelle inmitten einer Wiese. Wie viele ältere Quellen ragt sie nicht weit über das Geländeniveau hinaus. Der große Betondeckel weist in der Mitte

Warum Sanierung?

Wir entscheiden uns immer dann zu einer Sanierung, wenn die Anlage dem Grunde nach noch intakt ist. Es ist also noch nicht so weit, dass die komplette Quellfassung erneuert werden muss. Eine Sanierung ist meist rasch erledigt. Mit überschaubarem Aufwand können wir die Lebensdauer der Quellfassung stark verlängern. Einen Neubau erwägen wir erst dann, wenn die Betonteile oder Rohre bereits größere Schäden aufweisen oder wenn die Schüttung der Quelle zurückgeht.

5-35 **Eine typische alte Schachtquelle.**

eine Öffnung auf, in der ein kleinerer Betondeckel eingelassen ist.

Von außen gesehen präsentiert sich die Quelle als unscheinbar. Erst im Inneren gibt sie ihr Geheimnis preis. Nach dem Öffnen bietet sich uns ein Blick in ein 3 m tiefes, in den Fels gehauenes Loch (**Bild 5-36**). Es präsentiert sich ein wunderschöner Einblick in die unterirdische Welt von **Wasser führenden Klüften**. Das Wasser ist so klar, dass wir trotz des spärlichen Lichtes bis an den Grund blicken können. Das Foto wurde ohne Blitzlicht aufgenommen, da die Spiegelungen auf der Wasseroberfläche den Blick darunter verwehrt hätten. Diese Quelle stellt ein Kleinod dar, welches zum Glück mit einfachen Mitteln baulich verbessert werden kann.

In **Bild 5-37** sehen wir uns das Schema der Quelle an. Der Quellschacht liegt in einer schwach ausgebildeten Geländevertiefung. Unser Ziel soll sein, die alte Quelle über das Geländeniveau zu heben und zu erreichen, dass kein Regenwasser in unmittelbarer Nähe der Schachtringe einsickern kann.

5-36 **Einblick in ein Kluftwassersystem.**

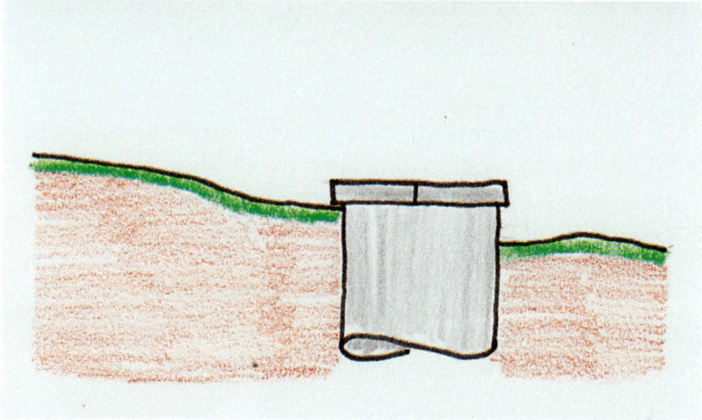

5-37 **Darstellung der Lage der alten Schachtquelle im Geländequerschnitt.**

Sanierungsschritte

- Wir nehmen zunächst die alte Abdeckung ab.
- Als Nächstes versetzen wir einen zusätzlichen Schachtring, den wir mit Mörtel mit dem alten Ring verkleben.
- Jetzt können wir die neue Schachtabdeckung aufsetzen.
- Danach graben wir den Boden rund um den Schacht mittels eines Baggers ab und bringen lageweise eine Schicht Lehm nach der anderen ein, um sie stückweise verdichten zu können. Ziel ist es, einen schönen Lehmkegel herzustellen.
- Hangseitig verlegen wir noch eine Drainage mit einer Tiefe von 50–70 cm, die bis an die Geländeoberfläche mit Kies gefüllt ist. Nun kann weder Regen- noch Oberflächenwasser in die Quellfassung gelangen.

5-38 Ergebnis der Sanierung: Erhöhung mittels neuen Ringes, neuer Deckel, Lehmschlag sowie hangseitige Drainage.

Materialaufwand

- 1 neuer Schachtring. Vielleicht ein zweiter, wenn wir den bestehenden alten Ring auch gleich erneuern.
- 1 neue Schachtabdeckung.
- 1 LKW-Fuhre Lehm.
- Kies und 20 m Drainageschlauch.

Schachtquellen halten 30 bis 50 Jahre lang. Spätestens jede zweite Generation ist demnach mit einer umfangreicheren Sanierung konfrontiert.

Zeitaufwand: Wenn alle Materialien vor Ort liegen, benötigen wir für die Sanierung nur einen ganzen Tag.

Kosten: in Summe 2500–3000 Euro.

- Materialkosten für Schachtring und Abdeckung.
- Baggerkosten.
- Der Lehm kostet nichts, aber der LKW-Transport ist zu zahlen.
- Ein paar Tonnen Kies sowie ein Drainageschlauch.

Nutzen: Wir haben ein gut saniertes Bauwerk zur Verfügung, welches wieder lange Jahre verlässlich funktioniert.

Schutz gegen Oberflächenwasser

Jeder Schacht, der der Trinkwasserversorgung dient, ist vor dem Zutritt von Oberflächenwasser zu schützen. Stellvertretend für alle weiteren im Buch behandelten Schachtbauwerke (Quellschächte, Brunnenschächte, Wasserspeicher etc.) gehe ich an dieser Stelle auf dieses Thema ein.

Unter Oberflächenwasser verstehen wir jenes Wasser, das zuerst als Regen auf die Erdoberfläche auftrifft. Ein Teil davon wird direkt an der Oberfläche ablaufen. Ein weiterer Teil sickert zunächst in den Boden ein. In der obersten Bodenschicht kann es dann als sogenanntes Hangwasser talwärts sickern. In jedem Fall handelt es sich um noch verunreinigtes Wasser. Erst nach einem längeren Aufenthalt im Untergrund werden sich die Keime im Wasser abgebaut haben.

5-39 Dem Quellbesitzer ist das Problem des Oberflächenwassers bekannt. Durch Abgraben des Geländes kann man es für eine gewisse Zeit ableiten.

Das Problem des Zutritts von Oberflächenwasser in den Quellschacht wird häufig unterschätzt. In einem ersten Schritt könnte man einen Graben um den Schacht ziehen und das Wasser ableiten, so wie dies in **Bild 5-39** getan wurde. Dafür ist aber ein kontinuierliches Gefälle hangabwärts nötig. Das Abgraben stellt nur eine Erstmaßnahme dar, weil sich solche Vertiefungen sehr rasch wieder mit Bodenmaterial füllen.

> **Lehmschlag**
>
> Ein Lehmschlag bietet in jedem Fall einen wirkungsvollen Schutz.

Lehm quillt auf und dichtet ab

Wenn Lehm nass wird, quillt er auf und lässt kein weiteres Wasser mehr durchsickern.

Der Regen muss zwangsläufig an den Schultern des Lehmschlages wegrinnen und danach dem Hanggefälle folgen. Jener Regen, der vom Lehmschlag hangaufwärts abgelenkt wird, fällt in die Drainage und wird dann abgeleitet. In trockenen Zeiten kann der Lehm aber Schrumpfrisse ausbilden, durch die ein erster Regenguss teilweise einsickern kann. Trotzdem ist Lehm das beste Material für die Abdichtung gegenüber unerwünschtem Wasserzutritt.

Das Oberflächenwasser sollte in der Theorie einem Lehmschlag seitlich ausweichen. In der Praxis kann ein Teil des Oberflächenwassers aber einen neuen Weg unter dem Lehmschlag hindurch in Richtung Schacht suchen (**Bild 5-41**). Sollte sich diese Vermutung bestätigen, könnte man das Oberflächenwasser schon rechtzeitig davor über eine Drainage ableiten.

Ein Beispiel dazu:
In **Bild 5-40** ist der Zutritt des Oberflächenwassers durch den erhöhten Schacht und den Lehmschlag bereits kaum mehr möglich. Hier könnte nur das Problem bestehen, dass das Oberflächenwasser unter dem Lehmschlag durchsickert und ihm nicht seitlich ausweicht, so wie es eigentlich beabsichtigt wäre. Als zusätzlichen Schutz gegen Regen- und Oberflächenwasser könnte noch eine Drainage zwischen Lehmschlag und Hang angeordnet werden (rote Linie). Eine Drainagetiefe von 50–70 cm wird wohl ausreichend sein.

5-40 Quelle mit Lehmschlag. Entlang der roten Linie könnte noch eine Drainage mit geringer Tiefe verlegt werden.

Die Quelle aus **Bild 5-40** ist in **Bild 5-41** nochmals als Skizze dargestellt. Wir sehen, wie das Wasser trotz eines Lehmschlages in den Schacht eintreten könnte.

Eine hangseitige Drainage mit einer Tiefe von 50–70 cm fängt das Oberflächenwasser wirkungsvoll ab, bevor es unter dem Lehmschlag durchsickern kann (**Bild 5-42**).

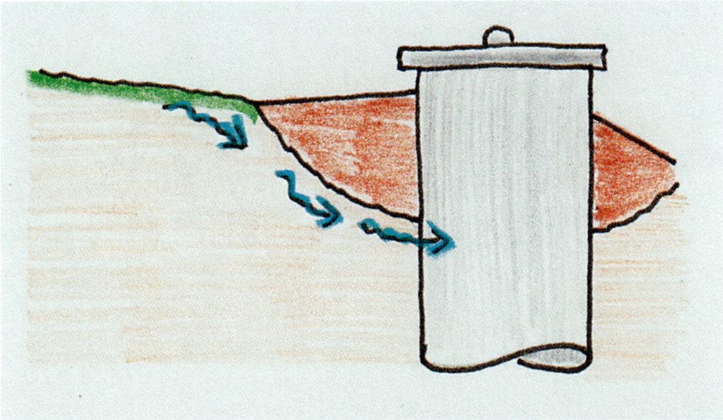

5-41 Oberflächenwasser kann sich auch unter einem Lehmschlag hindurch einen Weg in Richtung Quellschacht bahnen.

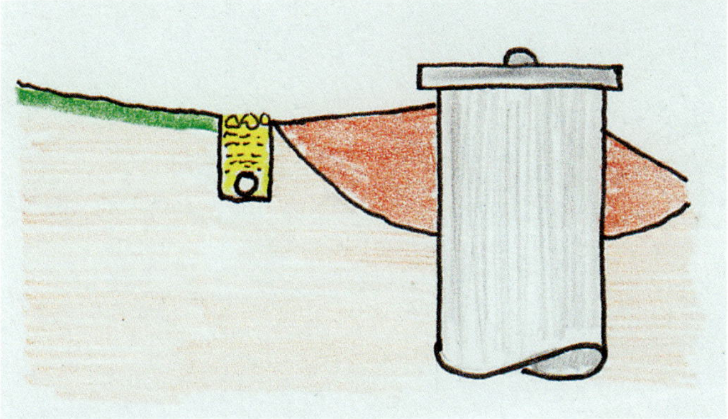

5-42 Lehmschlag und hangseitige Drainage.

Schachtquelle im steilen Gelände

Wann wenden wir diesen Quellentyp an?

- Das Wasser steigt von unten vertikal nach oben.
- Wir wissen, dass eine Sickerleitungsfassung auch möglich wäre, entscheiden uns aber für die Schachtquelle.
- Wir arbeiten lieber mit Schächten als mit Sickerfassungen.

Ein steiles Gelände im Sinne dieses Buches liegt bildhaft gesprochen dann vor, wenn z. B. ein abgestellter Kübel Wasser umzukippen droht. Sehr steil wird es dann, wenn wir manchmal auch die Hände für ein sicheres Vorankommen zu Hilfe nehmen müssten. Ein steiles Gelände setzt nicht unbedingt gebirgige Regionen voraus. Auch in flacheren Gegenden können Geländeeinschnitte vorkommen, die relativ steil sind. Genau dort entspringen häufig Quellen.

5-43 Ein steiler Geländeeinschnitt.

5-44 Eine Schachtquelle samt abwärts liegendem Pumpenhaus, unter dem sich der Wasserspeicher befindet.

5-45 Die Schachtquelle liegt nahe an einem Baum. Seine Wurzeln könnten bis zur Quelle vordringen.

5-46 Sauber verspachtelte Fugen im Inneren. Das hinunter rinnende Kondenswasser hinterlässt am Beton farbige Streifen.

Wir sehen uns nun eine Anlage im steilen Gelände an:

In **Bild 5-43** erkennen wir einen Geländeeinschnitt in einem eher flachen Abschnitt einer Wiese. Die Quellfassung in **Bild 5-45** liegt knapp unterhalb der Böschungsoberkante im kleinen Wald. Die gute Erreichbarkeit dieser steilen Stelle über die flache Wiese ließ es einst zu, dass die Quelle, der Quellbehälter und das Pumpenhaus in schwerer Betonbauweise errichtet werden konnten. Das steile Stück zwischen Pumpenhaus und Geländesprung beträgt gerade einmal 20 m. Obwohl die Quellfassung nur einige Meter von einem flacheren Wiesenstück entfernt ist, handelt es sich um eine Lage im steilen Gelände. In **Bild 5-44** wird deutlich, wie steil der Einschnitt im Gelände wirklich ist. Er weist eine Neigung von 30° bzw. von knapp 60 % auf.

Im Inneren des Schachtes gibt es baulich keinen Unterschied zu einer Schachtquelle im flachen Gelände. In **Bild 5-46** erkennen wir, dass die Ringe mit Mörtel verbunden und verspachtelt wurden. Wasser tritt über den sauberen Kies ein und läuft über den Überlauf in Richtung Wasserspeicher und Pumpenhaus.

In **Bild 5-47** ist eine weitere Schachtquelle in steilem Gelände abgebildet. Auch ein schönes Beispiel dafür, wie hoch ein Schacht aus dem Gelände ragen sollte.

5-47 Schachtquelle mit Edelstahl-Abdeckung.

Neubau einer Schachtquelle im steilen Gelände

Wir planen nun die Errichtung einer Schachtquelle auf einem Hang mit einer Neigung von 35°. Bei einer solchen Hangneigung müssen wir bereits teilweise unsere Hände zu Hilfe nehmen, um nicht abzurutschen.

Schritt 1

- Aufgrund der schwierigen Geländeverhältnisse haben wir uns zu Schachtringen mit einem geringen Innendurchmesser von 60 cm entschieden. Bei einer Höhe von 50 cm wiegt dieses Teil aber immer noch 180 kg. Zur Not könnten wir auch die 25 cm hohen Teile verbauen. Sie wiegen nur mehr 90 kg.
- Ein geländegängiger Bagger (auch „Spinne" genannt) gräbt eine Grube und legt die Wasser führende Schicht frei.
- Nachdem wir gesehen haben, wie das Wasser aus dem Hang fließt, bohren wir Löcher an einigen Stellen des ersten Ringes. Dort soll das Wasser dann leichter in den Schacht finden können.
- Der erste Ring wird vom Bagger in die Grube direkt auf den nackten Boden gesetzt.
- Nun folgt das Betonieren der Schachtsohle. Wir verzichten aber dort auf Beton, wo Wasser in den Schacht eindringen soll. Durch das Betonieren verhindern wir, dass Quellwasser unter dem Ring hindurchfließt und so für unseren Zweck verloren geht.
- Die Verbraucherleitung bringen wir übrigens eher knapp über dem Boden an. Im steilen Hang können wir ohnehin keinen hohen Wasserstand im Schacht erwarten.
- Bergseitig wird nun Kies eingebracht. Wir können durchaus aber auch faustgroße Steine verwenden.
- Talseitig betonieren wir einen kleinen Bereich vor dem Schacht ab. Die Staumauer sorgt dafür, dass sich das Wasser nicht einen Weg außen um den Schacht sucht, sondern rückgestaut wird. Nur so wird alles ankommende Quellwasser in den Schacht hineinfinden.

5-48 Schritt 1: Ausheben der Grube und Versetzen der ersten Schachtringe. Danach Anschluss der Verbrauchsleitung, Verkiesung im bergseitigen und Betonsperre im talseitigen Bereich.

Schritt 2

- Nun legen wir eine Drainage an den Rand der Grube und bedecken sie im bergseitigen Bereich mit Kies (gelber Bereich).
- Im talseitigen Bereich wird es reichen, wenn wir den Drainageschlauch einfach mit Bodenmaterial bedecken.
- Ein Vlies zwischen Drainageschlauch und dem darüber liegenden Material bietet eine zusätzliche Sicherheit gegen ein Verstopfen des Schlauches.
- Wir füllen den noch offenen Teil der Grube lagenweise mit dichtem Bodenmaterial auf.

▸ Den Abschluss bildet eine Schachtabdeckung aus Metall. Sie hat nur wenig Gewicht, wodurch sie uns zu Beginn die Montage und später das Öffnen und Schließen im steilen Gelände erleichtert.

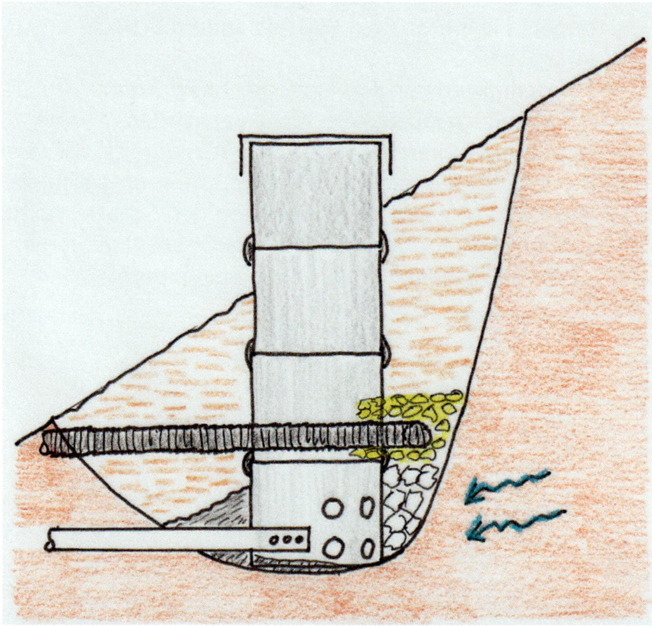

5-49 Schritt 2: Anordnung einer Drainage gegen Oberflächenwasser. Verkiesung bergseitig. Danach Verfüllung der Grube mit möglichst dichtem Bodenmaterial.

Problem der schweren Bauteile

Im steilen Bereich erweisen sich schwere Bauteile bald als gar nicht oder nur mit hohem Verletzungsrisiko einsetzbar. Beton hat als Schachtmaterial grundsätzlich viele Vorteile. Er ist beständig und gibt wegen seines hohen Gewichtes auch gegenüber einem Hangdruck nicht nach.

Leider sind Betonteile sehr schwer. Ein Betonring mit einem Durchmesser von 1 m, einer Wandstärke von 10 cm und einer Höhe von 1 m wiegt mehr als 700 kg. Für ein steiles Gelände eindeutig zu viel. Wir werden beim Schachtdurchmesser also Abstriche machen müssen, um Gewicht reduzieren zu können. In einem sehr unwegsamen und steilen Gelände werden wir wohl auf Betonfertigteile ganz verzichten müssen und uns nach einer Fassung aus Kunststoff oder Edelstahl umsehen müssen. Zunächst gehen wir aber davon aus, dass wir Beton einsetzen können.

Auf gleichmäßige Hangneigung achten

Die Herausforderung bei einer Schachtquelle im steilen Gelände stellt die Erreichbarkeit des gewünschten Standortes mit Baumaterialien und Maschinen dar. Die Bauweise unterscheidet sich aber kaum von der im flachen Gelände.

Ein besonderes Augenmerk im steileren Gelände sollte auf der Hangneigung liegen. Nach der Errichtung der Quellfassung sollte der Hang um die Anlage dieselbe Neigung wie vorher einnehmen. Dadurch wird gewährleistet, dass Oberflächenwasser rasch an der Quellfassung vorbei hangabwärts rinnen kann. **Bild 5-47** zeigt deutlich, wie das Gefälle des Hanges nach dem Versetzen der Quelle wiederhergestellt werden soll. Das Oberflächenwasser kann infolge der gleichmäßigen Hangneigung gut am Schacht vorbei hangabwärts fließen.

Lehmschlag im steilen Gelände

Die Anordnung eines Lehmschlages, der von allen Seiten in Richtung Schacht ansteigt, ist im steilen Gelände nicht realisierbar. Früher oder später würde sich der Lehm unter dem Einfluss der allgemeinen Hangneigung und der Witterung verformen und speziell an der talseitigen Stelle des Schachtes zu kriechen beginnen. So weisen Lehmhänge in der Natur auch maximal 30° Neigung auf. Ab höheren Neigungen werden sie instabil. Wir gestalten mit dem Lehm also nur die natürliche Hangneigung nach.

Sanierung einer Schachtquelle im steilen Gelände

Sehen wir uns nun gemeinsam an, wie man eine ältere Schachtquelle im steilen Terrain mit wenig Aufwand verbessern kann.

Als Beispiel dient uns eine Quellenanlage, die einst mit viel technischem Gespür geplant und errichtet wurde. Drei einzelne Schachtquellen sitzen am steilen Hang. Unten, wo es bereits feuchter ist, befindet sich ein dichter Wasserspeicher. Von dort aus wird das Wasser rund 50 Höhenmeter zu einem Haus gepumpt.

Die Quellschächte wurden einst richtig positioniert, weil die einzelnen Quellen nicht im feuchten Talboden, sondern im trockenen Hang gefasst wurden.

5-50 **Wasserspeicher links, eine der Quellfassungen rechts.**

Die dem Wasserspeicher am nächsten liegende, unterste Quellfassung liegt noch in einem weniger steilen Stück des Hanges. Der Schacht ragt ausreichend weit über das Gelände hinaus. Hier reinigen wir den Schacht nur vom Moos und montieren eine neue Abdeckung aus Metall. Örtliche Schlosser fertigen solche Teile rasch und günstig an. Details über Abdeckungen sind in Kapitel 7 angeführt.

5-51 **Der Quellschacht von Bild 5-50 aus anderer Perspektive betrachtet.**

Ansonsten müssen wir die unterste Schachtquelle nur einmal pro Jahr von Laub und von Bodenmaterial befreien.

Nun wenden wir uns den beiden höher liegenden Quellfassungen zu. In **Bild 5-52** sind sie mit blauen Pfeilen gekennzeichnet. Der rote Pfeil weist auf den Wasserspeicher hin.

5-52 **Die beiden höher gelegenen Quellfassungen wurden niedrig ausgeführt.**

5-53 **Die Quellfassungen im Hang mit 35° Neigung.**

In diesem Hangbereich ist die Neigung bereits größer. Von der Seite kann man die Steilheit des Hanges gut erkennen. Sie beträgt mehr als 35°. Dementsprechend schwieriger gestaltete sich einst die Herstellung dieser Quellfassungen. Nachträglich gesehen führt die niedrige Ausführung zu einem erhöhten Wartungsaufwand. Immer wieder müssen die Quellfassungen händisch von Bodenmaterial, welches sich rund um die Schächte anhäuft, befreit werden. Die Betondeckel liegen dank einer Moosgummidichtung satt und dicht auf, jedoch

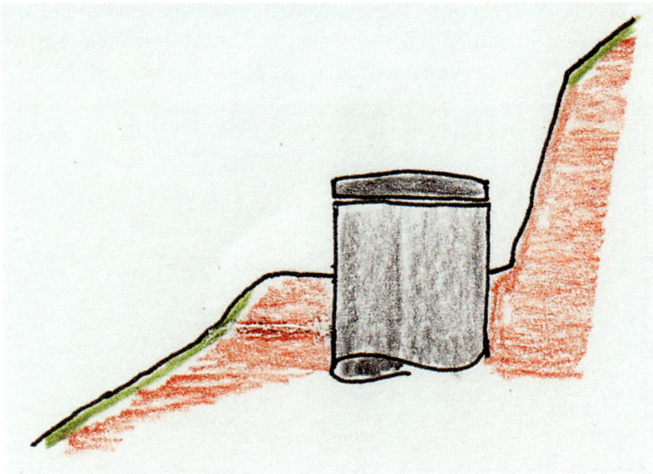

5-54 Einer der beiden Schächte von Bild 5-53 im Querschnitt.

lassen sie sich aufgrund ihres hohen Gewichts nur schwer anheben.

Sanierungsschritte

- Wir legen die beiden Quellfassungen, die 60 cm Innendurchmesser aufweisen, nun sauber frei, indem wir sie rundherum ein wenig ausgraben.
- Danach entfernen wir die alten Betondeckel. Aber Obacht auf Bandscheiben und Finger! So ein kleiner Betondeckel wiegt immerhin noch 70 kg!
- Wir spachteln Fliesenkleber dick auf den alten Schacht auf und setzen den neuen Betonring mit einer Höhe von 50 cm in das Kleberbett. Austretenden Fliesenkleber verspachteln wir innen und außen.
- Danach legen wir ein Drainagerohr rund um den Schacht und schneiden es nach ein paar Metern ab.
- Bergseitig füllen wir ein wenig Kies um das Rohr.
- Dann verfüllen wir den Rest der Grube mit Lagen aus dichtem Unterbodenmaterial. Natürlich wäre Lehm am besten dafür geeignet. Einen zum Schacht hin ansteigenden Lehmschlag können wir in diesem steilen Gelände nicht verwirklichen. Wir bilden nur die normale Hangneigung nach.
- Den Schacht verschließen wir mit einem leichten Metalldeckel.
- Den freiliegenden Drainageschlauch können wir noch mit Steinen abdecken, damit er gegen äußere Einwirkungen geschützt ist. Die Öffnung des Schlauches sichern wir mit einem Insektengitter gegen kleine Tiere ab. Das Gitter befestigen wir mit einem Kabelbinder.

Die Anordnung einer ebenen Arbeitsplattform würde die Arbeiten erheblich erleichtern. Die Plattform können wir aus einer Schaltafel und einigen Stützen leicht herstellen.

Nun müssen wir diese Quellanlage nur noch periodisch kontrollieren. Ich empfehle, dies mindestens zweimal pro Jahr zu tun.

Mithilfe dieser einfachen Sanierung konnten wir die alte Anlage erheblich verbessern.

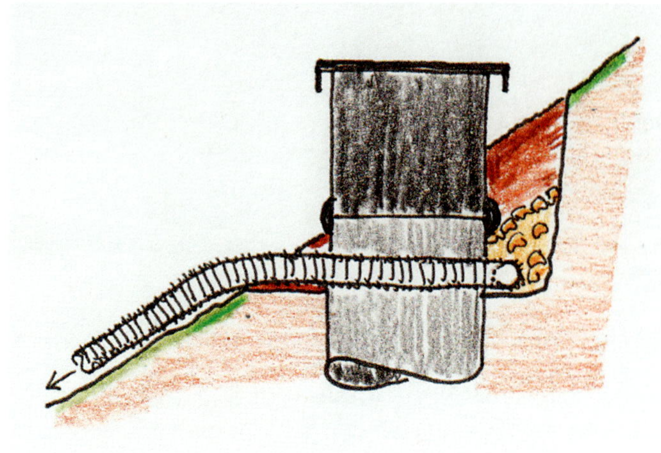

5-55 Sanierte Quellfassung im steilen Gelände.

Materialaufwand

- Je 1 neuer Schachtring je Quellfassung.
- 1 neue Schachtabdeckung je Quellfassung.
- Ein wenig Kies und 20 m Drainageschlauch.

Zeitaufwand: Wenn alle Materialien vor Ort liegen, benötigen wir für die Sanierung nur einen ganzen Tag.

Kosten: rund 300 Euro je Schacht.

- Materialkosten für Schachtring und Abdeckung.
- Ein wenig Kies sowie ein Drainageschlauch.
- Wenn die Sanierung innerhalb der eigenen Familie durchgeführt wurde, fallen keine Kosten für externe Arbeitskräfte an.

Nutzen: ein gut saniertes Bauwerk, welches wieder lange Jahre verlässlich funktionieren wird.

Unterirdische Schachtquelle

Eine Sonderform der Schachtquelle stellt die unterirdische Schachtquelle dar. Bei dieser Form der Fassung bleibt der Schacht sehr niedrig und wird mit Bodenmaterial überdeckt.

Man verzichtet auf einen Schacht, der über das Gelände ragt, weil er ansonsten ein Bewirtschaftungshindernis darstellen würde.

Auch bei Quellfassungen, die auf fremdem Grund errichtet wurden, sind solche Fassungen häufig anzutreffen. Die Betreiber der Quellfassung wollten dem Grundeigentümer damit ein Hindernis auf der Geländeoberfläche ersparen.

Dem Vorteil der besseren Bewirtschaftung steht leider der Nachteil gegenüber, dass man keinen Blick in die Fassung werfen kann. Nicht selten wird im Laufe vieler Jahre auch vergessen, wo die Quellfassung liegt.

Es spricht nichts gegen eine unterirdische Schachtquelle, wenn diese nach oben hin mit einer Lage Beton oder einer dicken Lehmschicht abgedichtet ist. Das Einsickern von Oberflächenwasser ist unbedingt zu vermeiden.

5-56 **Eine unterirdische Schachtquelle im Querschnitt. Sie ist nach vorne und nach oben hin abbetoniert.**

5-57 **Eine freigegrabene unterirdische Schachtquelle mit einer Betonabdeckung.**

In **Bild 5-57** wurde eine unterirdische Schachtquelle freigelegt. Die Bodenüberdeckung war nicht sehr groß. Im Falle einer Sanierung sollte sie mittels eines weiteren Betonringes erhöht und zu einer normalen Schachtquelle umgebaut werden.

Sickerleitungsquelle im flachen Gelände

Wann wenden wir diesen Quellentyp an?

- Es handelt sich um eine Wasserader mit schwachem Wasserfluss.
- Damit sich das Vorhaben lohnt, müssen wir das gesamte Wasser der Wasserader ableiten können.
- Wir wollen keine schweren Betonteile versetzen.

5-58 **Eine punktförmige Quelle, die mittels einer Sickerleitung gut zu fassen wäre.**

Eine Sickerleitungsquelle im flachen Gelände ist eigentlich nichts anderes als eine Drainage, die gegen Oberflächenwasser hin abgedichtet wird. Klingt doch einfach, oder? Das Problem liegt allerdings im Detail. Wasser hat bekanntlich einen sehr kleinen Kopf. Dies gilt natürlich auch für Regen- und Oberflächenwasser, welches sich gerne einen Weg in die Sickerleitung suchen würde.

Das Fassen von schwachen Wasseradern ist herausfordernd. Jeder Fehler führt dazu, dass der ohnehin schwache Wasserfluss nicht in die Quellfassung gelangt, sondern daran vorbeifließt.

Wenn eine Quelle so schön punktförmig wie in **Bild 5-58** austritt, lässt sich eine Sickerleitungsfassung ganz leicht und gut errichten. Es muss uns nur gelingen, allein das gewünschte Quellwasser aufzufangen und unerwünschte Regen- und Oberflächenwässer fernzuhalten.

Die Realität kann aber auch anders aussehen. Viele Gegenden verfügen über schwache Wasseradern, die noch dazu eher breit verlaufen. Das Wasser sickert gemächlich dahin und ist dementsprechend schwer einzufangen. In **Bild 5-59** können wir ein seltenes Schauspiel beobachten. Hier wird die Funktionsweise einer Sickerleitungsfassung sichtbar. Das schwach ankommende Wasser fließt in ein gelochtes Rohr in Richtung des eigentlichen Quellsammelschachtes ab. Bei dieser besonderen Quellfassung wurde ein Schacht über die Sickerleitung gestülpt. Normalerweise wird eine Sickerleitung ja mit Kies bedeckt, danach abbetoniert und schließlich verschüttet.

5-59 Wasser sickert in die gelochte Leitung. Die Löcher befinden sich auch an der Unterseite.

Erkennen einer Sickerleitungsquelle

Bestehende Sickerleitungsquellen sind im Gelände kaum als solche zu erkennen. Erst ein Blick in den Quellsammelschacht lässt erahnen, ob es sich um eine Sickerleitungs- oder um eine Schachtquelle handelt. Es kommt immer wieder vor, dass nicht einmal alle Personen in der Familie wissen, woher das Wasser im Quellsammelschacht stammt. Nur jene, die damals beim Fassen der Quelle beteiligt waren, werden darüber Kenntnis haben.

5-60 Quellsammelschacht einer Sickerleitungsquelle mit zwei Zuläufen.

Ein Blick in den Quellsammelschacht in **Bild 5-60** verrät uns, dass zwei Sickerleitungen einmünden. Ein Überlauf ist hier nicht vorhanden, weil durch die dünnen Zuleitungen ohnehin nur wenig Wasser im Schacht ankommt. Die Entnahme des Wassers erfolgt über die Leitung mit dem weißen Sieb.

Sickerleitungsquellen sollen frei rinnen

Ziel ist es jedenfalls, das Wasser ohne Rückstau aus der Sickerleitung ausrinnen zu lassen. Dazu sollte der Durchmesser der Sickerleitung nicht zu klein gewählt werden. Am besten verwenden wir einen handelsüblichen Drainageschlauch mit 10 cm Innendurchmesser. Dieser führt zum Quellsammelschacht. Vom Sammelschacht weg kann die Leitung dann einen erheblich kleineren Durchmesser aufweisen.

5-61 Der Überlauf (Metallrohr) sollte mindestens den gleichen Durchmesser wie die Sickerleitung (Tonrohr) aufweisen. In diesem Fall ist der Überlauf zu gering dimensioniert. Bei starkem Wasserzufluss kann es zu einem unerwünschten Rückstau in die Sickerleitung kommen.

Bild 5-61 zeigt, wie groß die Sickerleitung sein sollte. Das Zuleitungsrohr hat einen Durchmesser von rund 8–10 cm. So kann das Quellwasser ohne Rückstau in den Schacht fließen. Der Durchmesser des Überlaufes ist im Gegensatz dazu fast ein wenig gering dimensioniert. Wenn die Sickerleitung einmal sehr viel Wasser schüttet, könnte der Überlauf die Menge aufgrund seines geringen Durchmessers nicht mehr im gleichen Maße ableiten. Dann könnte es zu einem unerwünschten Rückstau im Sickerrohr kommen.

Neubau einer Sickerleitungsquelle im flachen Gelände

Wir bauen nun gemeinsam eine Sickerleitungsfassung. Unsere Wasserader führt eher wenig Wasser, welches sich auf eine längere und breitere Strecke verteilt. Wir werden die Sickerleitung so verlegen, dass die Wasserader auf einer Länge von 2 m gemächlich in den Drainageschlauch einsickern kann.

In unserem Beispiel wurde die Böschungsneigung im Winkel von 55° ausgeführt. Wir nehmen an, dass es sich um einen standfesten, eher sandigen oder steinigen Boden handelt. Im Falle eines Lehmbodens oder eines vernässten Bodens müssen wir den Winkel weiter reduzieren, z. B. auf 45°. Würden wir die Baugrube mit speziellen Grabenverbauelementen absichern, könnten wir natürlich auch steilere Böschungswinkel realisieren. In der Praxis wird dies bei kleineren Quellfassungen aber fast nie durchgeführt.

Gefahr durch Böschungseinbruch

Zur Errichtung dieses Quellentyps müssen wir in einer Wasser führenden Zone einen Graben ausheben. Je steiler die Wand des Grabens, desto höher ist das Risiko, dass die Grabenwand abrutscht. Wir alle kennen die Berichte aus den Zeitungen, wonach immer wieder Personen in Künetten verschüttet werden. Meist handelt es sich dabei um Kanalleitungen, die in Eigenregie durch den Garten verlegt werden.

- Wir flachen daher die Böschung unterhalb des kritischen Winkels ab!

Rasch bauen!

Aufgrund des zufließenden Quellwassers wird der Böschungsfuß durchfeuchtet und verliert somit an Halt. Ein Böschungsbruch passiert immer ohne Vorwarnung. Je länger die Baugrube offen ist, desto größer ist das Risiko eines Böschungsbruches.

Sickerleitungsquellen werden mit der Zeit durch Feinteile verlegt. Aus diesem Grund sind sie alle 30 bis 40 Jahre auszutauschen.

Schritt 1

- Der Bagger beginnt mit der Grabung und arbeitet sich von einer tiefer liegenden Stelle hangaufwärts voran. So kann auftretendes Wasser immer gleich in der Künette hangabwärts ausfließen, wodurch die Baugrube nicht zu stark vernässt.
- Sobald wir die gewünschte Tiefe (am besten mindestens 3 m) erreicht haben, legen wir die Sickerleitung ein. Sie besteht aus einem Stück gelochten Rohres, das

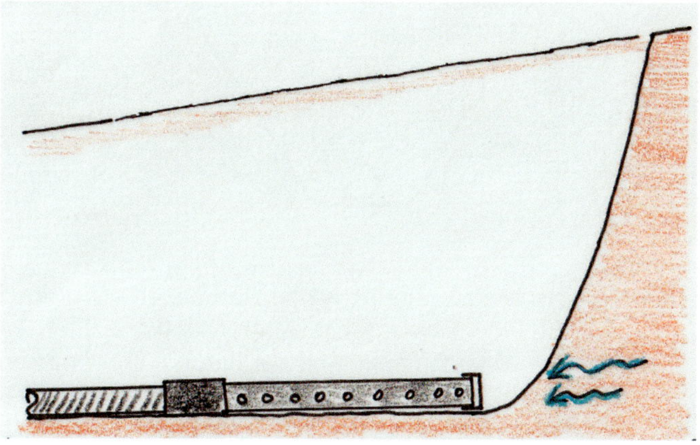

5-62 Schritt 1: Graben ausheben. Einlegen des Sickerrohres, das zuvor mittels einer Muffe mit einem ungelochten Schlauch verbunden wurde.

mittels einer Verbindungsmuffe mit einem ungelochten Schlauch verbunden ist.
- Das gelochte Rohr wird am offenen Ende mit einer Kappe verschlossen, damit später kein Kies in das Rohr gelangen kann.

Als Sickerrohr können wir folgende Rohre verwenden:
- Einen handelsüblichen Drainageschlauch,
- ein Rohr, in das seitlich und oben Löcher mit 1 cm Durchmesser gebohrt werden,
- spezielle Quellfassungsrohre aus dem Fachhandel.

Beim Blick in Längsrichtung ist die Staumauer gut erkennbar. Die Kunststofffolie muss nicht sehr genau verlegt werden. Sie soll nur verhindern, dass beim Schritt 3 Beton in den Kies gelangt.

Im Fachhandel können wir auch diverse Verbindungsstücke zur dichten Verbindung von Rohren unterschiedlichen Durchmessers bestellen.

Alle Bauteile griffbereit haben

Muffe, Kappe, gelochtes Rohr, ungelochten Schlauch und Säge für Ablängen der Rohre griffbereit halten, damit wir die Leitungen rasch verlegen können.

Schritt 1 wird in **Bild 5-63** aus einer anderen Blickrichtung dargestellt. Wir blicken nun entlang der Grubensohle zur Sickerleitung.

5-63 Schritt 1: Nun die andere Blickrichtung. Sickerleitung als runder Kreis dargestellt. (Bild links).

5-64 Schritt 2: Betonieren einer kleinen Staumauer und Bedecken des Drainagerohres mit Kies. Darüber eine Kunststofffolie (Bild rechts oben).

5-65 Schritt 2: Betonstaumauer von vorne. Darüber die strichliert gezeichnete Kunststofffolie (Bild rechts unten).

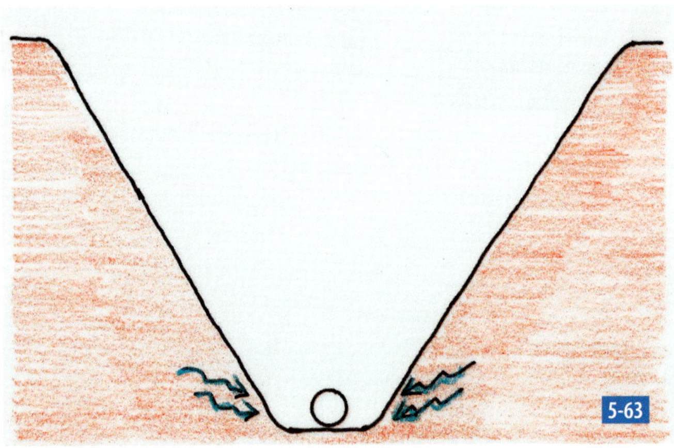

Schritt 2

- Nun betonieren wir eine kleine Staumauer. Wir ordnen eine niedrige provisorische Abgrenzung aus Brettern oder Ziegelsteinen an, damit der Beton auf der nassen Grubensohle nicht wegläuft. Jetzt formen wir zwischen der Abgrenzung aus stichfestem Beton einen kleinen Hügel. Die Muffe zwischen gelochter und ungelochter Leitung liegt nun unter Beton.
- Nach ein bis zwei Stunden können wir die Abgrenzung entfernen und die Sickerleitung bereits mit einem gewaschenen Drainagekies mit der Korngröße 16/32 mm bedecken.
- Über die Kiesschicht legen wir nun eine nicht zu dünne Kunststofffolie.

Schritt 3

- Wir betonieren die Quellfassung mit einer dünnen Schicht Beton ab. Dabei versuchen wir, eine Mulde zu formen. Die Flanken sollten ein wenig höher als die Mitte sein.
- Wenn die Betondecke eine gewisse Festigkeit aufweist, legen wir ein Drainagerohr in die Betonmulde und be-

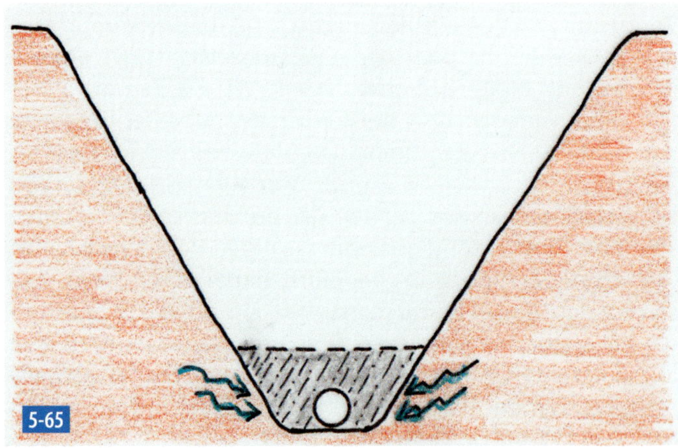

Gewaschener Kies oder Granitbruch

In Gegenden mit einem sauren Bodenmilieu kann anstatt eines kalkhältigen Kieses auch gewaschener Granitbruch verwendet werden. Kalkhältiger Kies könnte sich mit der Zeit nämlich zersetzen. Die Körnung des alternativen Materials sollte nicht zu klein sein, weil Bruch weniger Hohlraum als runder Kies aufweist.

decken es mit ein wenig Kies. Möglicherweise einsickerndes Oberflächenwasser wird an der Betondecke in Richtung Mitte gelenkt und vom Drainageschlauch abgeleitet.

- Nun können wir die Baugrube bereits mit einer ersten Lage Bodenmaterial wieder verfüllen, damit die seitlichen Grubenwände nicht einbrechen können. Wir verdichten das Material aber erst, wenn die Betondecke ausgehärtet ist.
- Am Folgetag ist die Betondecke ausgehärtet und die Grube kann lagenweise verfüllt werden. Wir bringen so viele Lagen auf, dass am Ende ein Hügel aus Bodenmaterial entsteht. Wir erreichen damit, dass das Oberflächenwasser tendenziell von der frisch verfüllten Baugrube weggeleitet wird. Außerdem setzt sich das neu eingebrachte Bodenmaterial mit der Zeit, wodurch der Hügel ohnehin niedriger wird.

In **Bild 5-68** bietet sich uns ein einmaliger Einblick in die Funktionsweise einer Sickerleitungsquelle. Da in diesem Fall nur ein Fischteich versorgt wird, wurde die Baugrube nie

Kein Abbetonieren in lehmiger Umgebung nötig

In Gegenden mit lehmigem Untergrund kann auf die Betondecke über der Sickerleitung verzichtet werden (vergleiche dazu das Praxisbeispiel am Ende dieses Kapitels). Die dünne Betondecke ersetzen wir durch eine dicke Lehmschicht. Ihre Oberseite wird ebenfalls als Mulde geformt, weil auch hier ein Drainageschlauch zur Ableitung des Oberflächenwassers aufgelegt wird. Eine Quellfassung, die mit Lehm abgedichtet wird, kann sofort bis oben hin ganz verfüllt werden. Nur Beton benötigt eine gewisse Aushärtungszeit.

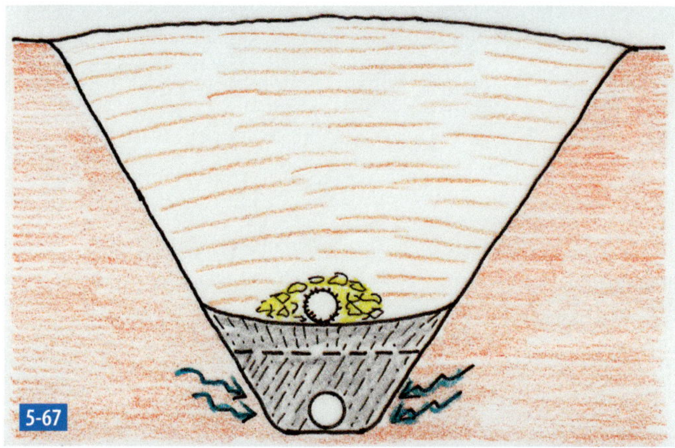

Quellfassung in Karte eintragen

Nicht immer ist klar, wie eine Quelle vor Jahrzehnten tatsächlich gefasst wurde. Vielleicht kann sich noch jemand aus der älteren Generation an Details erinnern. Wenn die Lage gänzlich unbekannt ist, könnte die Quellfassung auch mittels Wünschelrute oder Pendels ausfindig gemacht werden.

Wir lernen nun aus diesem Umstand und zeichnen die Lage der neuen Quellfassung in eine Skizze ein. Vielleicht haben wir auch einen Auszug aus der Katastermappe, in die wir die Quellfassung lagegenau eintragen können.

Wir können die Quellfassung natürlich auch in der Natur markieren. Leider sind Markierungen aller Art oft nur ein paar Jahre lang gut sichtbar.

5-66 Schritt 3: Betondecke über der gelben Kiesschicht. Darüber liegt der Drainageschlauch, der einsickerndes Oberflächenwasser ableitet (Bild links unten).

5-67 Schritt 3: Hügel als Abschluss der verfüllten Baugrube (Bild links oben).

5-68 Sickerleitungsfassung im Bau-Schritt 1.

5-69 Der rote Pfeil zeigt die Länge der Wasserader. Der blaue die Höhe.

verfüllt. Die Arbeit blieb sozusagen bei Schritt 1 stehen. Der untere Grubenbereich steht von alleine senkrecht. Danach wurde die Grube sehr flach ausgeführt, um ein Einfallen der Böschung zu verhindern. Die gewölbte rote Linie zeigt an, wie hoch wir das Gelände eigentlich hätten auffüllen müssen, um die Grube wieder ordnungsgemäß zu schließen.

Die Wasser führende Schicht weist eine Höhe rund 50 cm und eine Länge von 2 m auf. Zwei gelochte blaue Rohre (hellblau und dunkelblau) sind mittels einer Muffe miteinander verbunden. Sie bilden so gemeinsam eine Sickerleitung. Die hellblaue Sickerleitung wurde mittels einer weiteren Muffe mit einem dichten Rohr verbunden.

Sanierung einer Sickerleitungsquelle im flachen Gelände

Sickerleitungsquellen können mit der Zeit in der Leistung nachlassen, weil die Kiesschicht durch Sedimente verstopft wird. Die Lebensdauer beträgt rund 30 bis 40 Jahre. Danach ist sie zu erneuern. Sollte Oberflächenwasser in die Sickerleitung gelangen und das Quellwasser verunreinigen, könnten wir zusätzliches Bodenmaterial über den Fassungsbereich schütten. Wir erreichen dadurch eine größere Bodenüberdeckung und somit einen besseren Schutz für die Sickerleitung.

Wenn Oberflächenwasser seitlich in den Bereich der Sickerleitungsquelle eintreten sollte, könnten wir eine Drainage anordnen, um damit Oberflächenwasser vom Fassungsbereich fernzuhalten. In **Bild 5-42** wurde dieses Prinzip schon anhand einer Schachtquelle vorgestellt.

Sickerleitungsquelle im steilen Gelände

Wann wenden wir diesen Quellentyp an?

- Es handelt sich um eine Wasserader mit schwachem Wasserfluss.
- Damit sich das Vorhaben lohnt, müssen wir das gesamte Wasser der Wasserader ableiten können.
- Wir können nur leichte Materialien an die Baustelle transportieren. Große und schwere Betonteile scheiden daher aus.

Im steilen Gelände ist der Einsatz von Maschinen häufig nicht möglich und auch nicht unbedingt nötig. Sickerleitungsquellen liegen dort häufig nicht sehr tief im Hang. Auch die Quellsammelschächte fallen schmaler als im flachen Gelände aus. Steiles Gelände ist häufig auch bewaldet. Die Bäume erweisen sich als zusätzliches Hindernis, leicht zum Quellstandort gelangen zu können. Aus diesen Gründen erhöht sich die „Handarbeit" im steilen Gelände.

5-70 Wir sehen nur den Quellsammelschacht. Die Sickerleitung liegt in einer Tiefe von rund 1,5 m.

Beim Blick in den Quellsammelschacht in **Bild 5-71** erkennen wir die Zuleitung von der Sickerfassung, weiters die Leitung zum Wasserspeicher (blau) sowie den Überlauf (rot).

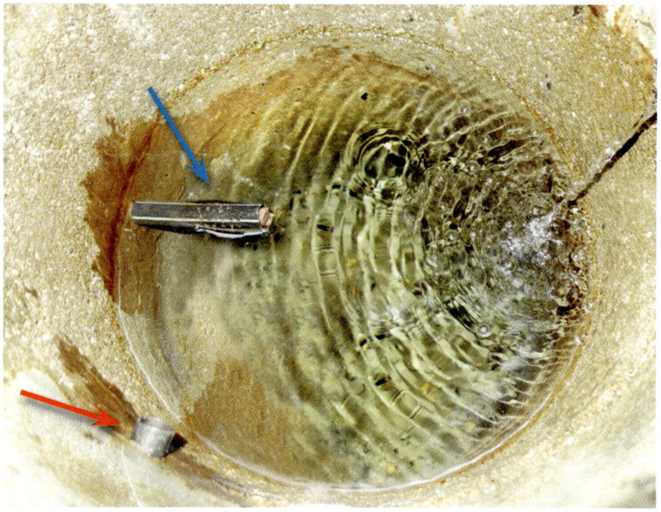

5-71 Die Löcher, die in die Leitung zum Wasserspeicher gebohrt wurden, sollen das Sieb ersetzen.

Neubau einer Sickerleitungsquelle im steilen Gelände

Wir beachten auch hier die Gefahrenhinweise und die Tipps zur Vorbereitung des Baus, wie sie bereits auf den vorderen Seiten dieses Kapitels beschrieben wurden.

Die Skizzen für Schritt 1 bis 3 sind als Systemskizzen zu verstehen. In der Natur werden die Fassung und der Quellsammelschacht wohl nicht so eng beieinander liegen. Es verbliebe ja kaum Platz, um ordentlich arbeiten zu können. Die Situation in **Bild 5-72** spiegelt die Anordnung in der Realität wider. Zwischen der Sickerleitung und dem Sammelschacht besteht ein ausreichender Abstand.

5-72 So wird eine Sickerleitungsquelle tatsächlich im steilen Gelände liegen.

Schritt 1

- Wir heben die Grube für den Quellsammelschacht aus und danach auch einen schmalen Schlitz hangaufwärts. Wir führen Grube und Schlitz so schmal wie möglich aus, weil das steile Gelände jeden Handgriff erschwert. Der steile Hang sorgt aber auch dafür, dass über der Quellfassung rasch eine gute Bodenüberdeckung vorhanden ist.
- Wir verschaffen uns einen Überblick über die Wasserader. Danach schneiden wir ein Kunststoffrohr (Polyethylen) in der richtigen Länge ab und bohren mit dem Akkuschrauber Löcher seitlich und oben in das Rohr. Die untere Seite des Rohres soll intakt bleiben, damit das Wasser gut in Richtung Quellsammelschacht weiterrinnen kann.
- Wir versetzen nun den ersten Schachtring des Quellsammelschachtes direkt auf den nackten Boden.
- Die Leitung zum Wasserspeicher wird über ein Loch, das wir in den Schacht gebohrt haben, von außen in

Die Arbeit am steilen Hang kann durch eine ebene Arbeitsplattform erheblich erleichtert werden. Die Plattform kann aus Holzbrettern und einigen Stützen rasch hergestellt werden.

den Schacht geschoben. Der verbliebene Spalt wird mit Mörtel verschlossen.

- Dann versetzen wir das mit Bohrungen versehene Kunststoffrohr im Bereich der Wasserader. Das hangseitige Ende wird mit einer Kappe verschlossen. Am talseitigen Ende befestigen wir eine provisorische Ableitung aus Drainageschlauch. Das Quellwasser soll darin abfließen können, damit die Baugrube möglichst trocken bleibt.
- Wir betonieren nun eine Staumauer, die das Quellwasser im gegrabenen Schlitz nach hinten zurückstaut, damit es leichter in das Rohr finden kann. Eine niedrige Abgrenzung aus Brettern oder Ziegelsteinen verhindert, dass der Beton ausläuft. Wenn der Beton härtet, wird sie wieder entfernt.
- Dann betonieren wir noch die Sohle des Schachtringes. Der spätere Quellsammelschacht soll ja kein Wasser über eine undichte Sohle verlieren. Wir können auch ein Fertigteil verwenden, das bereits über einen Boden verfügt. Dadurch erhöht sich aber das Gewicht.

Schritt 2

- Die weiteren Ringe des Sammelschachtes kleben wir mit Fliesenkleber zusammen. Austretender Kleber wird innen und außen sauber verspachtelt.
- Wir haben bereits zwei Öffnungen in einen Schachtring gemeißelt. Eine für die Einleitung des Quellwassers, eine weitere für den Ablauf des Überwassers.
- Danach füllen wir gewaschenen Drainagekies über das Fassungsrohr und bedecken den Kies mit einer Folie oder einem Vlies.
- Den provisorischen Drainageschlauch haben wir nun bereits entfernt. Wir schieben ein Stück flexiblen Drainageschlauch vom Inneren des Quellsammelschachtes durch die Öffnung in der Schachtwand bis hin zum Quellfassungsrohr. Dort verbinden wir beide Leitungen mit einer Muffe. Nun rinnt das Quellwasser schon in den Schacht.
- Die Öffnung im Schacht verschließen wir mit Mörtel.

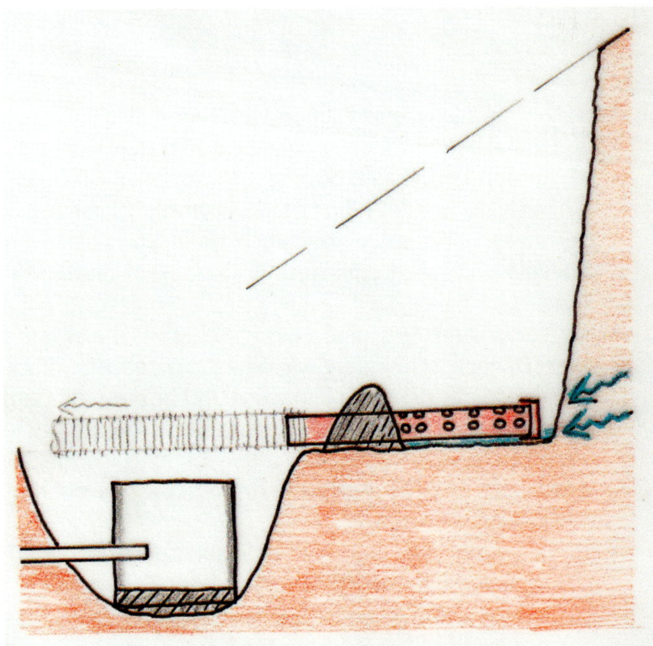

5-73 Schritt 1: provisorische Verlängerung des Sickerleitungsrohres mittels eines flexiblen Drainagerohres über die Baugrube hinaus (linkes Bild).

5-74 Schritt 2: Verkiesen des Fassungsrohres. Abdeckung mit Vlies. Versetzen der weiteren Schachtringe. Überlauf montieren. Sickerleitungsrohr mittels flexiblen Schlauches in die Fassung einleiten (rechtes Bild).

Schritt 3

- Über Folie bzw. Vlies bringen wir eine dünne Betonschicht auf (graue Farbe). Ihr Gefälle sollte nach vorne fallen.
- Über dem Beton bringen wir eine Lehmschicht ein (dunkelbraune Farbe). Sie dient als zusätzlicher Schutz gegenüber Oberflächenwasser.
- Nun sind wir fast fertig. Die Grube wird noch lageweise bis zum ursprünglichen Geländeverlauf verfüllt. Wenn

wir Setzungen erwarten, überhöhen wir die Auffüllung ein wenig.

- Abschließend verschließen wir den Schacht noch mit einem leichten Metalldeckel.

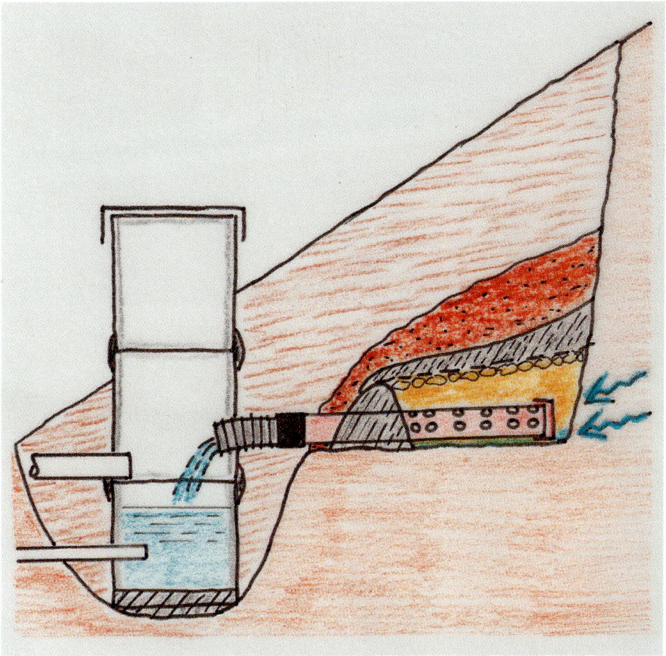

5-75 Schritt 3: Abbetonieren des Fassungsbereiches. Darüber Lehmschlag anordnen. Lagenweises Verfüllen der Grube. Ursprüngliche Hangneigung wiederherstellen.

Sanierung einer Sickerleitungsquelle im steilen Gelände

Im Laufe der Jahre wird die Kiesschüttung mit immer mehr Feinmaterial oder auch Wurzeln verlegt, wodurch immer weniger Wasser in das Rohr findet. Als Sanierung kommt daher nur ein Austausch der alten Fassung in Frage. Der Sammelschacht kann weiterhin bestehen bleiben. Er sollte auf Undichtheiten hin untersucht werden, die dann abzudichten sind. Auch die alte Abdeckung sollte bei dieser Gelegenheit durch eine neue ersetzt werden.

Kombination aus Schacht- und Sickerleitungsquelle

In der Praxis kann es zu unterschiedlichen Kombinationen aus Quellfassungsarten und Wasserspeichern kommen. Es werden nun einige davon vorgestellt:

Wann wenden wir diesen Quellentyp an?

Die Schachtquelle lieferte zu wenig Wasser. Daher haben wir uns entschlossen, mittels einer Sickerleitungsfassung eine zusätzliche Wasserader zu erschließen und in den Schacht einzuleiten.

Kombination aus einer Schachtquelle und einer Sickerleitungsquelle

In **Bild 5-76** sehen wir eine sehr ergiebige Quelle, die ihr Wasser aus zwei Komponenten bezieht. Zum einen tritt Wasser über die Kiessohle ein, zum anderen liefert eine Sickerleitung über ein Rohr ebenfalls Wasser. Über den Überlauf wird viel Wasser abgeleitet. Gut sichtbar ist auch die Saugleitung der Pumpe.

5-76 Schachtquelle und Sickerleitungsquelle.

Manchmal muss man genau in die Fassung schauen, um zu erkennen, ob eine Kombination aus unterschiedlichen Arten von Quellfassungen vorliegt. Nicht zuletzt aufgrund der Dunkelheit in tieferen Schächten entzieht sich eine kleine weitere Zuleitung gern unserem Blick.

Von außen ist eine Kombination ebenfalls nicht erkennbar. **Bild 5-77** zeigt einen ganz normalen Quellschacht in Ortbetonbauweise.

Erst im Inneren erkennen wir, dass es sich um eine Kombination aus Schachtquelle und Sickerleitungsquelle handelt. Das Wasser tritt über die Kiessohle ein. Rechts im **Bild 5-78** liefert eine Sickerleitungsquelle weiteres Wasser in die Schachtquelle.

5-77 Schacht einer kombinierten Quelle.

5-78 Schachtquelle mit Überlauf über ein Standrohr. Rechts erkennen wir den Zulauf einer Sickerleitungsquelle.

5-79 Beim roten Pfeil sprudelt das Wasser der Sickerleitungsquelle in die Schachtquelle.

5-80 Der Zulauf aus der zweiten Schachtquelle ist nun gut erkennbar.

5-81 Eine zusätzliche Leitung einer Sickerleitungsquelle (blauer Pfeil).

Kombination aus einer Schachtquelle und zwei Sickerleitungsquellen

In **Bild 5-79** werfen wir einen Blick in eine mächtige Schachtquelle. Trotz des 3 m hohen Wasserstandes können wir die Kiessohle klar und deutlich erkennen. Oben im Bild sehen wir einen Schwimmer. Wenn er nach unten sinkt, öffnet sich eine Leitung, die Wasser aus einer weiteren Schachtquelle eintreten lässt. An den Wellen und den Luftblasen erkennen wir, dass gerade Wasser eintritt.

Bild 5-80 erlaubt uns einen genaueren Blick aus einem anderen Winkel. Nun erst können wir den Zulauf aus der zusätzlichen Schachtquelle gut erkennen.

Bei einem genaueren Blick entdecken wir, dass noch eine weitere Leitung in die Schachtquelle einmündet. Dies war auf den ersten Blick nicht zu sehen. Sie stammt von einer Sickerleitungsquelle in rund 20 m Entfernung.

In der Vergrößerung wird aber alles klar. Neben der Pumpenleitung entdecken wir den Zulauf der weiteren Quelle.

Nachteile von kombinierten Anlagen
Im Falle eines Problems im Trinkwasser, z. B. einer Keimbelastung, können wir nur das Wasser der Sickerleitungsquelle separat beproben. Im Schacht selbst herrscht ja eine Mischung aus unterschiedlichen Wässern vor. Wir können also nur das Wasser einer zugeleiteten Quelle mit dem Mischwasser im Schacht vergleichen. Folgende Schlüsse sind dann möglich:

- Wenn das Mischwasser im Schacht ein bakteriologisches Problem aufweist, das Wasser der Sickerleitungsquelle aber in Ordnung ist, wird die Verkeimung eher von der Schachtquelle stammen.
- Besteht ein bakteriologisches Problem sowohl im Mischwasser des Schachtes als auch in der Sickerleitungsquelle, ist die Ursache der Verkeimung noch unklar. Sie könnte von der Sickerleitungsquelle alleine oder von der Sickerleitungsquelle und der Schachtquelle gleichzeitig stammen.

Spaltquelle, Felsquelle

Wann wenden wir diesen Quellentyp an?

Spaltquelle: Der Spalt ist so groß, dass wir ein Quellfassungsrohr direkt hineinschieben können (vergleiche Praxisbeispiel am Ende des Kapitels).

Die Abgrenzung zwischen diesen beiden Begriffen kann nur unscharf erfolgen. Wir einigen uns auf folgende Abgrenzung, die einer wissenschaftlichen Prüfung vielleicht nicht standhalten wird:

- **Spaltquelle:** Hier tritt das Wasser aus einem Spalt aus, der so groß ist, dass wir ein Fassungsrohr direkt hineinschieben können.
- **Felsquelle:** Das Wasser tritt aus Klüften aus, die jedoch so schmal sind, dass man nicht einmal mit seinen Fingern hineintasten kann. Diese Klüfte müssen von außen gefasst werden, weil man ja kein Rohr einschieben kann.

5-82 Ein deutlich sichtbarer vertikaler Spalt, aus dem die Quelle zutage tritt.

5-83 Horizontaler Spalt im Schlier.

Beim Betrachten der nächsten Bilder wird der Unterschied schon deutlicher.

In **Bild 5-82** läuft das Quellwasser direkt aus einem „Schlierspalt“ aus. Es ist trüb, weil die Kluft soeben mit einer kleinen Schaufel geöffnet wurde. Unter Schlier versteht man tonige, mergelige und sandige Ablagerungen. Lockere und feste Schichten können sich im Schlier laufend abwechseln. Diese Quelle könnte einfach dadurch gefasst werden, dass ein schlankes Rohr in den Spalt geschoben wird.

Bild 5-83 zeigt ebenfalls einen schönen Wasser führenden Spalt im „Schlier".

5-84 Blick in die Fassung einer Felsquelle.

Bild 5-84 wurde ebenfalls in einer Gegend aufgenommen, die einen Untergrund aus verfestigtem Schlier besitzt. Dieser sogenannte „Schlierstein" weist viele schmale Klüfte auf. Hier liegt nach unserer Definition also eine Felsquelle vor. Die Fassung wurde aus Beton vor Ort geschalt. Das Wasser in der Fassung ist durch eben erfolgte Reinigungsarbeiten getrübt.

Neubau einer Spaltquelle

Im Vergleich zu einer Schacht- oder Sickerleitungsquelle gestaltet sich die Fassung einer Spaltquelle einfacher, weil der Quellaustritt nur an einer kleinen Stelle stattfindet.

Schritt 1

- Wir gehen von einem bestehenden Spalt aus.
- Dann graben wir vorsichtig in den Hang hinein und verfolgen dabei das Ziel, einen kleinen geschützten Bereich für die Quellfassung im steilen Hang schaffen zu können.

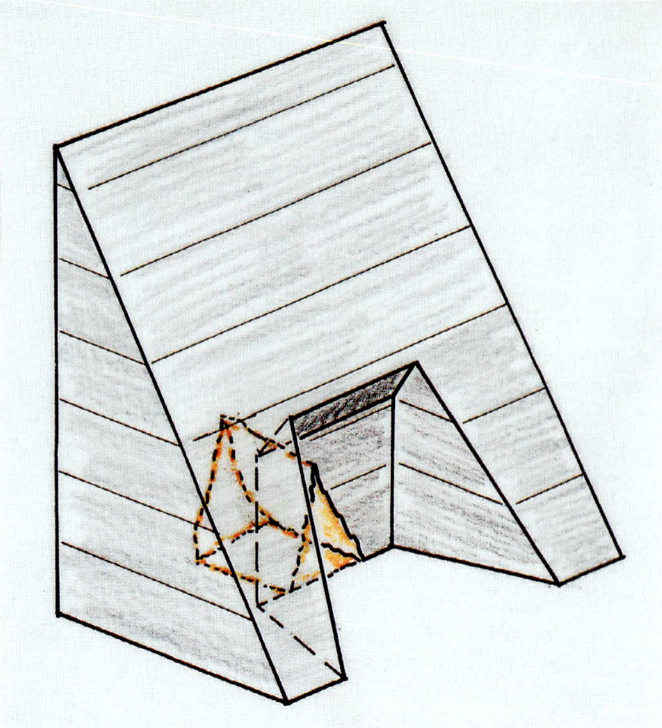

5-85 Schritt 1: Herstellung einer Öffnung für die Quellfassung. Der Wasser führende Spalt ist strichliert dargestellt.

Schritt 2

- Nun schieben wir ein stabiles Rohr in den Spalt. Es kann aus dickwandigem Kunststoff oder Edelstahl bestehen. Ein Betonrohr würde sich auch eignen, kommt heute aber wegen seiner Unhandlichkeit kaum mehr in Frage.
- Zum leichteren Wassereintritt könnten wir noch einige Löcher in den hinteren Rohrbereich bohren. Das meiste Wasser wird aber auch ohne unser Zutun von allein in die hintere Öffnung des Rohres finden.
- Danach schlichten wir im Bereich der Spaltöffnung grobkantige Steine um das Rohr. Runde Steine gelangen nämlich allzu leicht ins Rollen und wären daher zu instabil.
- Darüber legen wir ein Vlies.
- Wir schneiden das Quellfassungsrohr in der gewünschten Länge ab und verbinden es mittels einer Verbindungsmuffe mit einer flexibleren Leitung, die wir zum Quellsammelschacht führen.

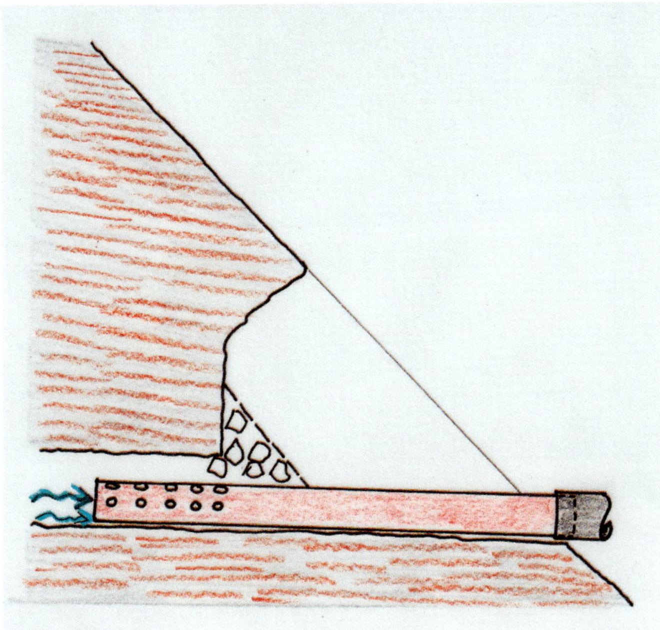

5-86 Schritt 2: Einschieben des Rohres in den Spalt. Abdeckung der Spaltöffnung mit Steinen. Anordnung eines Vlieses über die Steine.

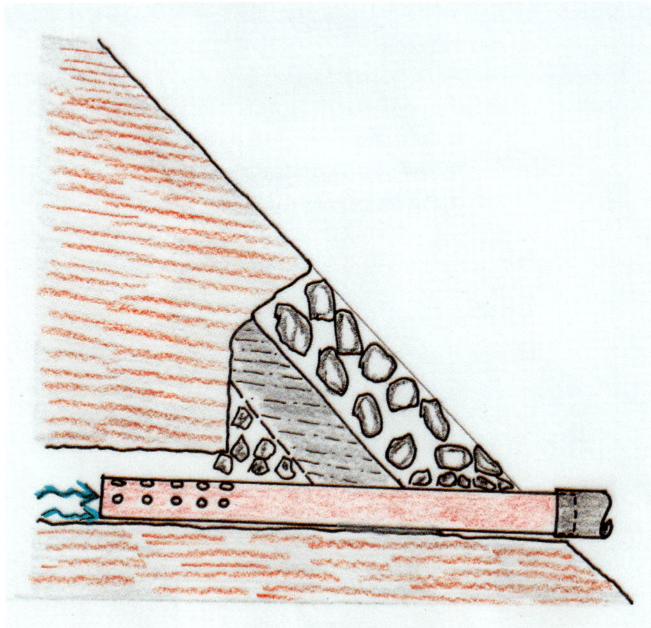

5-87 Schritt 3: Abbetonieren der Quellfassung. Verschluss der restlichen Öffnung mit Steinen.

Schritt 3

- Die Öffnung um den Spalt muss nun mit einer Schicht Beton versiegelt werden.
- Der Beton soll auch ein wenig unter das Rohr fließen, damit Quellwasser dort nicht durchsickern kann. Sollte die Wasserführung der Quelle stärker als der notwendige Bedarf sein, können wir bei der Versiegelung der Öffnung auch ungenau arbeiten. Selbst wenn nicht alles Quellwasser in das Rohr findet, bleibt noch genug für uns übrig.
- Nach dem Abbinden des Betons werden nochmals große kantige Steine in die Felsöffnung gelegt. Über das Rohr legen wir aber nur kleine Steine, damit es nicht beschädigt wird.

Bau einer Spaltquelle als Folge einer Hangabgrabung

Im Zuge eines Kelleraushubes auf einem Hanggrundstück kann auch einmal eine Spaltquelle freigelegt werden. Auf diese Weise ist es sehr einfach, sich seine eigene „Hausquelle" zu errichten. Wir leiten diese Quelle also nicht direkt über die hangseitige Drainage des Hauses ab, sondern fassen sie und leiten sie separat ab. Im Garten könnten wir dann ein kleines

5-88 Quellsammelschacht im Keller eines Gebäudes.

Becken aufstellen, welches von nun an mit fließendem Wasser versorgt wird. Den Abfluss des Beckens leiten wir dann wieder in jene Drainage ein, in die wir die Quelle ohnehin auch ohne Zusatznutzen hätten ableiten müssen.

In **Bild 5-88** sehen wir einen Quellsammelschacht, der sich im Keller eines Hauses befindet. Als das Gebäude einst in den Hang hineingebaut wurde, traf man auf einen Wasser führenden Spalt. Im Zuge der Kellererrichtung wurde diese

Spaltquelle fachgerecht gefasst und dient nun auch zur Wasserversorgung des Hauses.

Sehen wir uns das Schema dazu in **Bild 5-89** an: Das Zuleitungsrohr in den Sammelschacht wurde dicht ausgeführt. Der Bereich zwischen Kellermauer und Hang wurde verfüllt. Anfallendes Oberflächenwasser wird durch eine dichte Rinne (1) abgeleitet. Gegen Hangwasser schützt eine Drainage (2), die das Wasser seitlich ableitet. Überschüssiges Quellwasser verlässt den Keller über eine Rohrleitung, die dann in eine Drainage mündet.

5-89 Die Quelle von Bild 5-88 im Querschnitt.

Sanierung einer Spaltquelle

Im Vergleich zu anderen Quelltypen lassen sich Spaltquellen rasch und leicht sanieren. Das Wasser tritt ja nur an einer relativ kleinen Stelle aus.

Eine Verbesserung im Inneren des Spaltes können wir nicht herbeiführen. Wir konzentrieren uns daher auf den sauberen und dichten Abschluss des Spaltes und auf den Quellsammelschacht.

Sanierung des Quellsammelschachtes

Der Sammelschacht in **Bild 5-90** liegt unmittelbar neben einer Felswand. Er ist niedrig und wurde durch erodiertes Bodenmaterial immer wieder bedeckt.

Dieser Sammelschacht kann mit wenig Aufwand verbessert werden.

- Wir fertigen eine rechteckige Schalung aus Holzbrettern an, die aus einem inneren und einem äußeren Bereich besteht.
- Danach bohren wir in die Oberseite des alten Schachtes ein paar Löcher und stecken Eisenstäbe hinein.
- Die neue Schalung wird nun auf den alten Schacht aufgesetzt. Danach gießen wir das Innere der Schalung mit Beton aus. Die Eisenstangen sorgen für eine stabile Verbindung des alten und neuen Betons.

5-90 Intakter, aber zu niedriger Quellsammelschacht.

- Zum Abschluss bringen wir noch einen neuen Metalldeckel an.
- Sollte sich ein alter Quellsammelschacht aber in einem sehr schlechten Zustand befinden, tauschen wir ihn am besten ganz aus.

Sanierung des Quellfassungsbereiches

Bild 5-91 gestattet uns einen Blick in eine Spaltquelle. Hier ist der Fassungsbereich in Ordnung. Das Betonrohr ist dicht, stabil und hält eine Ewigkeit.

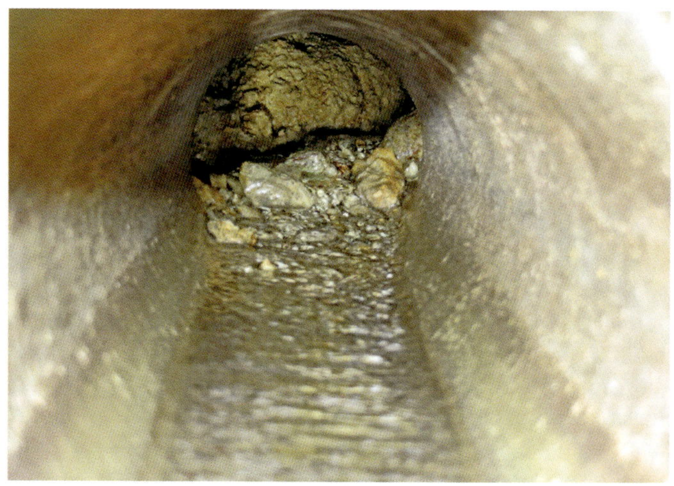

5-91 Blick zum Ausgangspunkt der Quellfassung.

Es kann durchaus vorkommen, dass im Bereich des Spaltes, den wir als Quelle nutzen, auch weitere Spalte oder Klüfte vorhanden sind. Durch diese könnte vielleicht Oberflächenwasser in den Hauptspalt eindringen. Wir untersuchen also die Umgebung im Bereich des Hauptspaltes und verschließen andere Spalte bzw. Klüfte mit dünnflüssigem Beton oder Lehm.

Wir können eine solche Sanierung in **Bild 5-92** nachvollziehen.

- Das Fassungsrohr besteht aus Metall. Beim Eintreiben in den Spalt ist es an zwei Stellen gebrochen, ohne dass dies bemerkt wurde. Durch diese Löcher trat in weiterer Folge Oberflächenwasser ein.
- Die Klüfte oberhalb des Rohres wurden danach mit dünnflüssigem Beton ausgegossen.

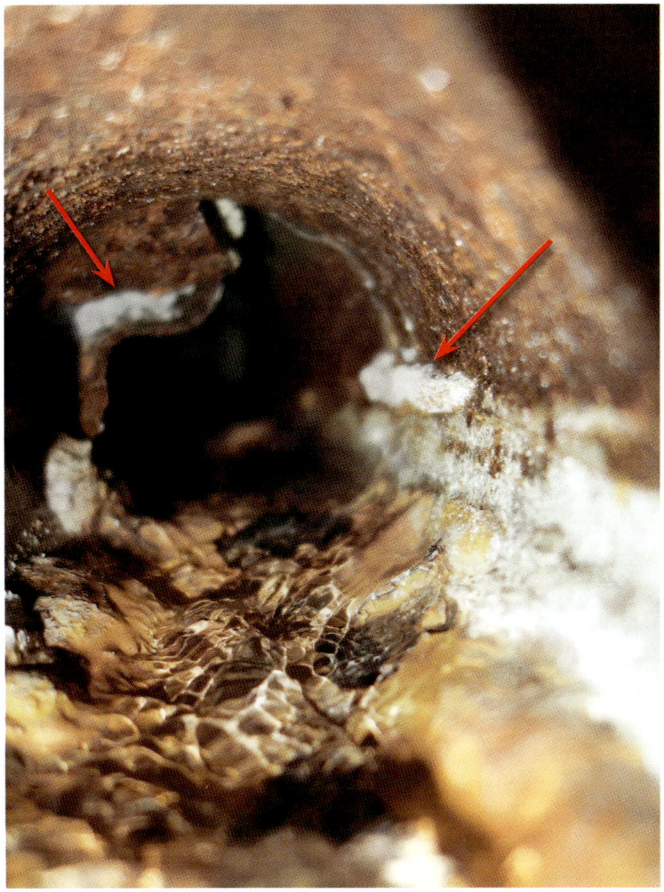

5-92 Die Löcher im Fassungsrohr wurden durch Beton versiegelt (rote Pfeile). Im Rohr haben sich harmlose Sedimente abgelagert.

- Der Beton drang bis zu der gebrochenen Stelle vor und härtete dort aus. Nun ist das Rohr dicht.
- Irgendwann wird das Fassungsrohr aber ganz zu erneuern sein, weil das Metall im Laufe der Jahre durchrostet.

Neubau einer Felsquelle

Wann wenden wir diesen Quellentyp an?

- Die Klüfte sind so klein, dass wir ein Quellfassungsrohr nicht direkt hineinschieben könnten.

Der Unterschied zum Neubau einer Spaltquelle besteht lediglich darin, dass das Rohr nicht in einen breiten Spalt geschoben werden kann, sondern vor den schmalen Klüften endet.

Die größte Herausforderung beim Neubau einer Felsquelle besteht darin, die Arbeitsmaterialien an die meist unzugängliche Stelle zu transportieren.

Schritt 1

- Unser Ziel ist es, eine Öffnung zu schaffen, in die wir die Quellfassung anschließend hineinlegen können. Dort wird sie dann gut geschützt sein.
- Das Ausbrechen des Materials für die Öffnung ist mühsam, zahlt sich aber aus.

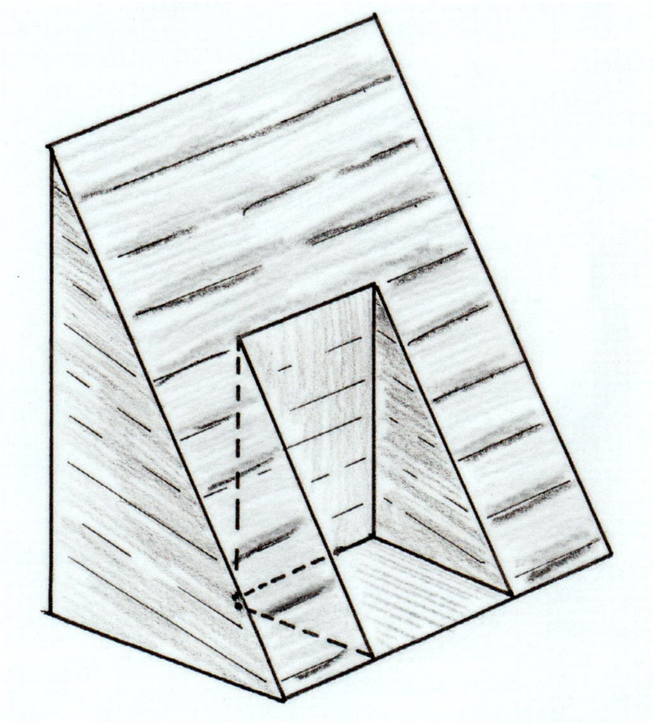

5-93 Schritt 1: Anfertigung einer Öffnung im Felshang.

Schritt 2

- Wir stellen eine Holzschalung in die Öffnung. Zwischen der inneren und äußeren Schalung sollte der Abstand mindestens 10 cm betragen.
- Knapp über dem Boden bohren wir je eine Öffnung in die beiden Schalungen. Im Fachmarkt gibt es Bohrkronen zur Bereitung von Steckdosenöffnungen im Holz. So eine verwenden wir auch hier.
- Sodann stecken wir das Quellrohr durch die Öffnungen. Es sollte aber nicht bis zum Fels geschoben werden.
- Über eine Muffe haben wir das Rohr mit einem flexiblen Schlauch verbunden. Diesen führen wir hangabwärts zu einem Sammelschacht.
- Nun wird Beton in die Schalung eingebracht. Wir warten einen Tag lang, bis er ausgehärtet ist.

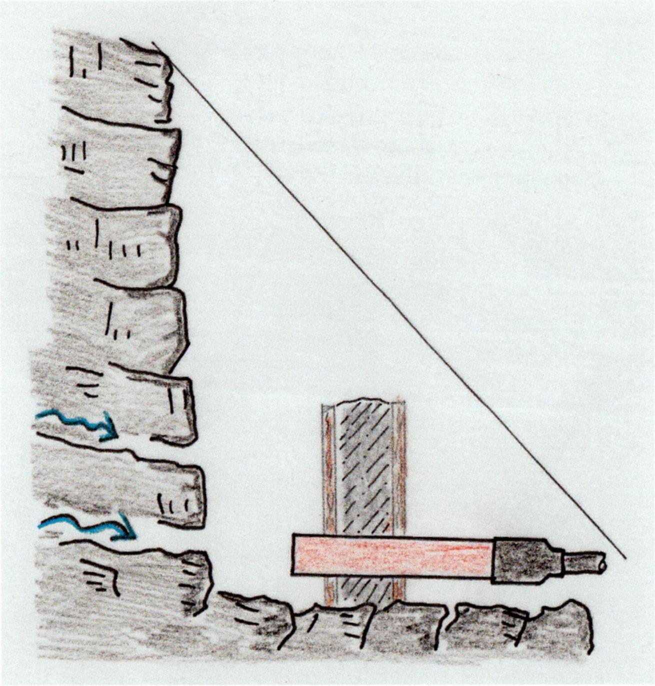

5-94 Schritt 2: Einfüllen von Beton in die Schalung.

Schritt 3

- Nachdem der erste Betonabschnitt hart ist, wird die Holzschalung entfernt.
- Danach hinterfüllen wir den Hohlraum zwischen Beton und Fels mit groben Steinen.
- Wir bedecken diese mit einem Vlies.
- Auf das Vlies bringen wir eine Betondecke auf.
- Den Auslauf des Rohres betten wir dabei auch in Beton, um ihn gegen mechanische Einwirkungen zu schützen.
- Zum Abschluss könnten wir die verbliebene Öffnung im Fels noch mit größeren und kantigen Steinen verschließen.

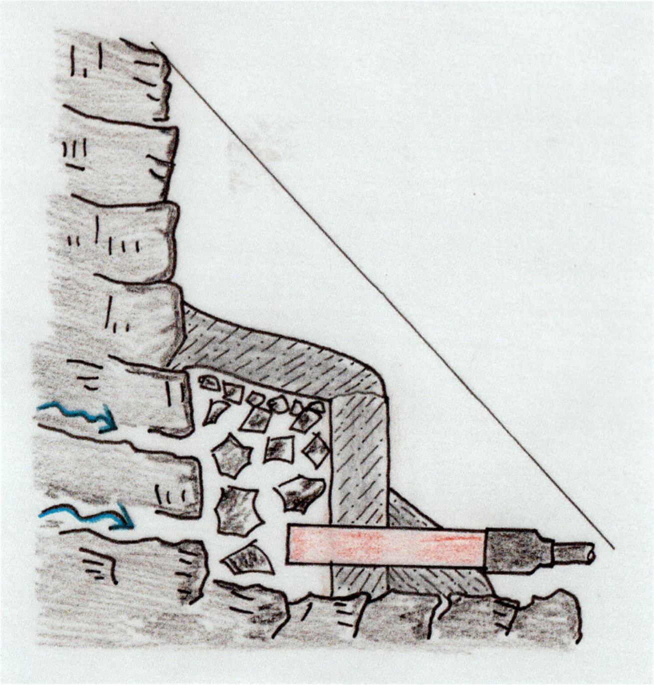

5-95 Schritt 3: Abbetonieren der Quellfassung.

Sanierung einer Felsquelle

Wir gehen die Sanierung anhand zweier Praxisbeispiele durch.

Beispiel 1

Die Felsquelle in **Bild 5-96** nimmt Wasser aus Klüften des Felshanges auf. Bei den Quelleneigentümern entstand immer wieder der Eindruck, dass Oberflächenwasser in den Fassungsbereich eindringen könne. Der Quellsammelschacht liegt rund 1 m vom Hang entfernt. Er ist zwar alt, aber dicht gegenüber Oberflächenwasser. Um auch ihn zu verbessern, könnten wir ihn wenig erhöhen und einen neuen Deckel samt neuer Dichtung anbringen.

Aufgrund des Verdachtes, dass Oberflächenwasser in das Fassungsrohr eintreten könnte, entschlossen sich die Eigentümer, den Fassungsbereich neuerlich mit Beton zu versiegeln.

5-96 Die Felsquelle vor der Sanierung.

5-97 Das gut sichtbare Quellfassungsrohr.

- Aus diesem Grund wurde der Hang im Bereich des Fassungsrohres nochmals freigelegt und von Humusbestandteilen gesäubert.
- Dünnflüssiger Beton wurde in breitere Fugen direkt eingebracht.
- Danach wurde der Bereich um das Fassungsrohr großflächig abbetoniert.
- Das Rohr wurde ebenfalls rundum einbetoniert, damit es gegen Beschädigungen geschützt ist. Der abbetonierte Bereich in **Bild 5-98** ist rot umrandet und kaum vom echten Fels zu unterscheiden.
- Nach dem Aushärten des Betons wurde die Quellfassung auf Dichtheit überprüft, indem Wasser über diesen betonierten Bereich geschüttet wurde. Im gleichzeitig geöffneten Sammelschacht konnte kein zusätzliches Wasser beobachtet werden. Die neue Fassung ist daher dicht.

Dünnflüssiger Beton eignet sich gut, um schmale Spalte im Fels zu verschließen und den Zutritt von Oberflächenwasser zu verhindern.

5-98 Dichtheitsprüfung mittels ausgeschütteten Wassers.

Beispiel 2

Als nächstes Beispiel betrachten wir eine alte Fassung, die einst durchaus innovativ errichtet wurde. Anstatt Ortbeton zu verwenden, wurde ein Beton-Schalstein als Fassung eingesetzt.

Durch seine vorgegebene Form passt der Schalstein aber nicht genau in die einst gegrabene Öffnung im Hang. Über den Schalstein wurde eine Betonplatte mit 50 x 50 cm gelegt, die auch keine Sicherheit vor seitlich eintretendem Oberflächenwasser bot.

Wir können diese Fassung nur dadurch verbessern, indem wir sie gänzlich erneuern.

- Wir entfernen zunächst den alten Schalstein.
- Danach säubern wir die Öffnung im Fels von kleineren Steinen.
- Nun können wir auch wieder einen Schalstein einsetzen. Der Bereich des eintretenden Wassers wird mit grobkantigen Steinen ausgefüllt und nach oben hin mit einem Vlies abgedeckt.

5-99 Der Beton-Schalstein wurde einst mit einer Betonplatte von 50 x 50 cm abgedeckt (rot umrandet).

- Der seitliche Zwischenraum zwischen Schalstein und Fels wird ausbetoniert.
- Nun legen wir eine Betonplatte über den Schalstein und decken ihn auf diese Weise ab.
- Die Oberfläche der Quellfassung wird anschließend abbetoniert.
- Die Betondecke soll auf der Oberseite als Mulde ausgebildet werden, in die ein Drainageschlauch gelegt wird. Dadurch wird Oberflächenwasser wirkungsvoll abgeleitet.
- Den Drainageschlauch bedecken wir mit ein wenig Kies und verfüllen danach die Grube.

Quellsammelschacht

Ein Quellsammelschacht ist ein wichtiger, aber einfacher Anlageteil. In der Praxis wird ihm aber meist zu wenig Aufmerksamkeit geschenkt.

Ein Quellsammelschacht dient folgenden Aufgaben:

- Zwischenstück zwischen Quellrohr und Leitung zum Wasserspeicher: Die Quelle wird mittels eines Rohres oder Drainageschlauches in den Sammelschacht eingeleitet. Von dort führt dann ein flexibler Wasserleitungsschlauch zu einem Wasserspeicher.
- Im Schacht kann die Quelle frei ausrinnen und wird nicht zurückgestaut.
- Zu viel ankommendes Wasser wird in einem Überlauf abgeleitet.
- Sandfang: Im Schacht werden Sedimente der Quelle zurückgehalten, indem sie sich am Boden ablagern.
- Beobachtung der Wassermenge und der Trübung ist möglich.

Bild 5-100 zeigt das nun Geschilderte in einem Schema. Quellzulauf (1), Leitung zum Wasserspeicher (2), der Überlauf (3) steckt in einer zweiten Leitung. Er kann gezogen werden. Der Boden weist ein Gefälle in Richtung Mitte auf (4).

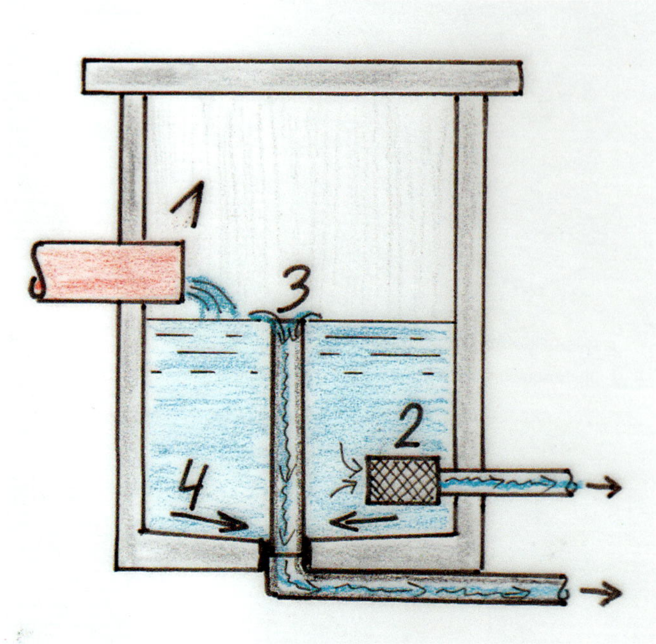

5-100 Schema eines Quellsammelschachtes.

Wir sehen schon, dass ein Quellsammelschacht ein wichtiger Bestandteil einer Anlage ist. Er kann aus unterschiedlichen Materialien gefertigt werden.

Beton

Beton wird mit Abstand am häufigsten für Quellsammelschächte eingesetzt.

Vorteile von Beton

- Haltbar und widerstandsfähig;
- günstig;
- überall erhältlich;
- Selbstbau möglich.

Nachteile von Beton

- Hohes Gewicht;
- bei nicht fachgerechter Ausführung undicht;
- nicht beständig gegenüber sauren Wässern.

In **Bild 5-101** blicken wir in einen schönen Schacht aus Beton, der über zwei Quellzuflüsse mit Wasser versorgt wird. Der eine besteht aus einem Drainageschlauch, der andere aus einem Wasserleitungsschlauch. Der Überlauf ist als Standrohr ausgeführt, das in einem Abflussrohr steckt. Wenn man es anhebt, fließt das ganze Wasser aus dem Schacht. Dabei wird gleich das am Boden abgelagerte Feinsediment ausgeschwemmt. Die Verbraucherleitung ist mit einem Sieb versehen.

Einen weiteren Quellsammelschacht aus Beton zeigt **Bild 5-102**. Tritteisen erleichtern den Einstieg. Der Überlauf wird über das Standrohr bewerkstelligt. Wenn man es anhebt, rinnt das Wasser über die Öffnung am Boden ab und man kann in den Schacht einsteigen.

5-101 Gut gepflegter Quellsammelschacht aus Betonringen.

5-102 Quellsammelschacht mit Trittstufen.

5-103 Begehbarer Quellsammelschacht – ein Kunstwerk aus Ortbeton.

Kleine Tiere fühlen sich von Quellen magisch angezogen, diese dienen ihnen als beliebtes, feuchtes Versteck.

Beton lässt sich vielfältig verarbeiten. Mithilfe von Schalungen kann man aus ihm jede erdenkliche Form gießen. **Bild 5-103** zeigt so ein Kunststück aus Beton. Dieser alte Sammelschacht wurde garantiert von guten Fachleuten errichtet. Er weist einen Sandfang auf und verfügt auch über einen Trockeneinstieg. Das bedeutet, dass der Schacht trockenen Fußes betreten werden kann.

Kunststoff

Quellsammelschächte aus Kunststoff werden immer häufiger und immer günstiger angeboten.

Quellsammelschächte aus Kunststoff sind auf dem Vormarsch. Sie werden dem Sammelschacht aus Beton mit der Zeit den ersten Rang ablaufen.

Vorteile von Kunststoff

- Rasch versetzbar;
- leicht und gleichzeitig stabil, daher besonders vorteilhaft in steilem Gelände;
- standardmäßig dichter Deckel vorhanden;
- dichte Anschlüsse für Rohre bereits vorhanden;
- Überlauf stets als Standrohr ausgeführt.

Nachteile von Kunststoff

- Wenig Erfahrung bezüglich der Haltbarkeitsdauer;
- teurer als Beton;
- weniger widerstandsfähig gegenüber starken Einwirkungen (umstürzender Baum etc.).

5-104 **Moderner Quellsammelschacht aus Kunststoff. Die Entlüftung bringt frische Luft in den Schacht, wäre aber nicht unbedingt nötig.**

Am Markt sind qualitativ gute Produkte erhältlich. Die **Bilder 5-104** und **5-105** zeigen ein weit verbreitetes Modell. Die Entlüftung, die aber nicht zwingend erforderlich ist, ragt gut sichtbar aus dem Deckel empor. Die Abdeckungen weisen ein großes, am äußeren Rand verlaufendes Gewinde auf und lassen sich leicht abschrauben. Die sechs Rippen auf der Abdeckung dienen dazu, dass die Hände beim Zu- oder Aufschrauben einen Halt finden und nicht abrutschen.

5-105 **Ein schöner und sauberer Quellsammelschacht.**

Auch im Inneren präsentiert sich dieser Fertigschacht als gut durchdacht (**Bild 5-105**). Die Leitungsdurchlässe sind dicht angeflanscht. Auf der einen Seite fließt das Wasser in den Schacht. Auf der anderen fließt es über ein Sieb in die Zuleitung zum Wasserspeicher. Das Standrohr weist in einer gewissen Höhe eine Öffnung auf (roter Pfeil). Bis dorthin kann das Wasser im Schacht steigen. Das Standrohr steckt im Grundablass und lässt sich ziehen. Bei äußerst hohem Wasserandrang kann das Wasser auch über das Insektengitter in das Standrohr fließen (blauer Pfeil).

In **Bild 5-106** ist ein ähnlicher Schacht abgebildet. Im Inneren bemerken wir nur einen Unterschied zum vorhergehenden Schacht. Das Standrohr ist mittig eingesetzt. Das nicht benötigte Quellwasser fließt über zwei Löcher im Rohr ab (rote Pfeile). Für viel Wasserandrang gibt es noch ein weiteres Loch (blauer Pfeil).

5-106 **Mittiges Standrohr mit Einlauföffnungen.**

Bei gezogenem Standrohr fließt alles Wasser über den Grundablass ab. Das Gefälle des Behälterbodens fällt zur Mitte hin ab. Somit kann abgelagertes Sediment besser ausgeschwemmt werden.

Kunststoffschacht Marke Eigenbau

Deckelfässer aus Polyethylen wie in **Bild 5-108** eignen sich für den kostengünstigen Selbstbau eines Quellsammelschachtes. Sie sind in mehreren Größen erhältlich.

5-107 Leerer Schacht bei gezogenem Standrohr.

5-108 Deckelfass hier ohne Metall-Spannring.

Das Deckelfass in **Bild 5-109** wurde händisch in einem unwegsamen und steilen Gelände versetzt.

Zwei Quellen münden in den Schacht. Das Quellwasser fließt über ein weißes Sieb in die Leitung, die zum Wasserspeicher führt. Überwasser kann über das Standrohr ablaufen. Eine innovative, einfache und gute Lösung!

Die Verwendung eines Deckelfasses hat jedoch auch einen Nachteil: Der relativ weiche Kunststoff kann durch den umgebenden Boden ein wenig verformt werden.

5-109 Es herrscht gerade Schneeschmelze, wodurch viel Wasser anfällt. Die helle Schicht rührt von Kalkablagerungen her.

Edelstahl

Ein Quellsammelschacht aus Edelstahl wird bei Hausquellen eher selten verwendet, obwohl das Material perfekte Eigenschaften aufweist. Es ist leicht, stabil und sehr lange haltbar. Grund für die geringe Verwendung ist der relativ hohe Preis.

Bild 5-110 zeigt einen besonders hochwertigen Sammelschacht aus Edelstahl. Er verfügt über einen Deckel mit Gasdruckfederbein und einer beständigen Beschichtung im Inneren.

Von den beiden Anschlüssen für Quellzuläufe wird nur einer genutzt. Jeder Zulauf mündet in eine Hälfte des Schachtes. Es sind auch zwei Überläufe mittels zweier Standrohre eingebaut.

5-110 Sammelschacht aus Edelstahl.

5-111 Blick ins Innere.

5-112 Hangschuttquelle in einem steilen Wald.

Ein Edelstahlbehälter kann auch von einer örtlichen Schlosserei hergestellt werden. **Bild 5-112** zeigt einen dieser Art. In den Schacht mündet das Wasser einer Hangschuttquelle ein. Die Abdeckung verfügt innen über eine dicke Moosgummidichtung. Auf den Schacht und auf die Abdeckung wurden Laschen aufgeschweißt. Durch diese werden Schrauben gesteckt und mit Muttern festgezogen. So wird die Abdeckung gut fixiert.

Holz

Holz würde sich rein theoretisch gut als Werkstoff für Quellsammelschächte eignen. Bei der richtigen Wahl des Holzes (z. B. Lärche) wäre es beständig, hätte wenig Gewicht und eine hohe Festigkeit. Durch Nut-Feder-Verbindungen könnten einzelne Bretter dicht miteinander verbunden werden. Holz quillt unter Wassereinfluss auf und würde so kleinste Fugen abdichten.

Leider erweist sich Holz als ideale Aufwuchsfläche für Bakterien. Aus diesem Grund soll es nur für Nutzwasserzwecke Verwendung finden.

Ein Beispiel für die Verwendung von Holz sehen wir in **Bild 5-113**. Es handelt sich um eine Schachtquelle in unweg-

5-113 Eine Schachtquelle aus Holz.

5-114 Durch diese große Öffnung beim Überlauf können Tiere leicht in die Quellfassung eindringen.

samem Gelände. Dort hat das leichte, aber stabile Material große Vorteile. Diese Fassung ist gegen seitliches Oberflächenwasser absolut dicht. Die Verfärbungen stammen von Pilzen und Bakterien. Von diesem Holzschacht aus wird das Wasser zu einer Viehtränke geleitet.

Froschklappen

Viele Quellfassungen oder Quellsammelschächte verfügen über einen Überlauf. Die Öffnung im Freien ist unbedingt gegen das Eindringen von Tieren zu schützen. Wir könnten dies dadurch erreichen, dass wir ein Fliegengitter über den Auslauf stülpen, welches wir dann mit einem Kabelbinder am Rohr befestigen.

Besser ist es aber, eine Froschklappe zu montieren. Der Begriff „Froschklappe" kann leicht in die Irre führen. Man müsste diesen Bauteil eher als „Tierklappe" bezeichnen. Durch nicht abgesicherte Überläufe gelangen durchaus auch Mäuse, Salamander, Kröten und Molche in die Quelle. Tiere lieben Verstecke und tun alles, um diese erreichen zu können.

Eine Froschklappe wird direkt an der Auslauföffnung des Überlaufes befestigt. Sie öffnet sich, sobald Wasser im Rohr gegen die Klappe drückt. Wenn kein Wasser kommt, wird sie durch ihr Eigengewicht gegen die Öffnung gedrückt und schließt sie dadurch ab.

Eine Froschklappe ist also ein wichtiger, beweglicher Bestandteil einer Quelle und muss von Zeit zu Zeit gesäubert

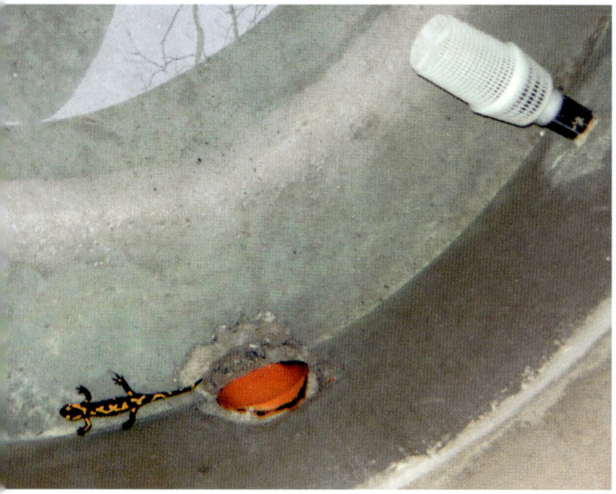

5-115 Zum Glück wurde dieser schöne Feuersalamander rechtzeitig im Quellsammelschacht entdeckt und in die Freiheit entlassen (oben links).

5-116 Dieser Molch wurde aus einer Schachtquelle gerettet und danach wieder ausgesetzt (oben rechts).

und gewartet werden. Nur so kann sie über Jahre hinweg einwandfrei funktionieren.

Die kommenden Bilder geben einen kleinen Überblick über unterschiedliche Froschklappen.

5-117 Eine hochwertige Froschklappe aus dem Fachhandel. Sie ist auf einer Wasserleitung montiert.

5-118 Eine weitere hochwertige Froschklappe für die Montage auf einem Rohr mit 10 cm Innendurchmesser.

5-119 Diese sehr schöne Froschklappe wurde selbst geschweißt und zusammengesetzt.

5-120 Eine Standard-Froschklappe aus dem Fachmarkt.

5-121 Eine kleine, aber wirkungsvolle Froschklappe aus Kunststoff.

Wasserteilung

Es kann vorkommen, dass Quellwasser von mehreren Haushalten gleichzeitig genutzt wird. Rasch stellt sich die Frage, wie man das Wasser gerecht aufteilen könnte.

Ich empfehle, die Teilung so früh als möglich anzuordnen, am besten noch im Bereich des Quellsammelschachtes. Von dort laufen dann die unterschiedlichen Leitungen zu den einzelnen Haushalten. Somit ist jeder Haushalt für seine Leitung selbst verantwortlich. Nur die Quelle und der Sammelschacht stehen unter gemeinsamer Verwaltung.

Schriftliche Verträge bei Gemeinschaftsanlagen

Wasser wird im Allgemeinen nur bei Gemeinschaftsanlagen geteilt. Es sollte unbedingt ein schriftlicher Vertrag ausgefertigt werden, in dem die Rechte und Pflichten genau geregelt sind. Spätestens in der nächsten Generation weiß niemand mehr genau über die einstigen Zusammenhänge Bescheid. Im Falle von Unstimmigkeiten kann man nachlesen, was einst vereinbart wurde. Die Art der Kostenaufteilung für Sanierungs- und Erneuerungsarbeiten sowie für Trinkwasserbefunde sollte ebenfalls im Vertrag geregelt sein.

5-122 **Wasserteilung aus Beton.**

Die Wasserteilung kann auf unterschiedliche Arten und Weisen bewerkstelligt werden.

In **Bild 5-122** sehen wir ein Beispiel aus Beton. Das Quellwasser aus dem Sammelschacht wird von unten in das Verteilerbauwerk eingeleitet und fließt nach oben aus. Gerecht teilt es sich in zwei Wasserströme auf.

Während sich die Wasserteilung in **Bild 5-122** am Boden befindet, wurde jene in **Bild 5-123** in Form einer frei stehenden Säule betoniert. Die Verteilung kann bequem im Stehen geöffnet und gewartet werden. Eine sehr innovative Lösung.

5-123 **Frei stehende Säule zur Wassertrennung mit einer klappbaren Abdeckung.**

Wasserteilungen aus Metall sind zumeist geschickte Einzelanfertigungen von örtlichen Schlossereien. In **Bild 5-124** sehen wir ein besonders schönes Beispiel dafür. Auch wenn die Oberfläche bereits korrodiert ist, wird das Wasser gerecht aufgeteilt.

5-124 **Wasserteilung aus Metall.**

Quellsammelschächte können ebenfalls gleich zur Wasserteilung genutzt werden. In **Bild 5-125** ist eine besonders einfache, aber wirkungsvolle Methode dargestellt. Ein Haushalt erhält Wasser über die Leitung mit dem weißen Sieb. Zwei an-

5-125 Wasserteilung in einem Quellsammelschacht aus Kunststoff.

dere Haushalte beziehen das Überwasser aus jeweils einem abgewinkelten Rohrstück.

Einfluss der Umgebung

Die Umgebung einer Quelle hat einen großen Einfluss auf ihre Wasserqualität und Wassermenge.

Vegetation Wald

Ein Wald stellt ein sehr gutes Einzugsgebiet für Quellen dar. Er benötigt jedoch selbst viel Wasser für einen gesunden und kräftigen Wuchs. Die Wurzeln der Bäume suchen ebenfalls nach Quellwasser und können die Wasserschüttung der Quelle speziell in trockeneren Jahreszeiten verringern.

5-126 Schachtquelle im Wald.

Zu Bäumen und Sträuchern Abstand halten

Bäume sollten mindestens so weit von der Fassung entfernt sein, dass ihre Krone nicht über die Fassung reicht. Eine Distanz von 5 m zur Fassung sollte auch bei kleinen Bäumen und Sträuchern immer eingehalten werden. Diese Empfehlung ist aber nur als Mindestabstand zu betrachten. Ein paar Meter mehr werden sicher auch nicht schaden.

5-127 Diese Wurzeln können die Sickerleitungsfassung beschädigen.

5-128 Diese Schachtquelle liegt gerade noch weit genug vom Wald entfernt.

Bild 5-127 zeigt eine typische Situation. Der Baum scheint weit genug von der Quellfassung entfernt zu sein. In Wirklichkeit haben die Wurzeln sie aber bereits erreicht. Im Laufe der Zeit werden sie dort so stark wachsen, dass sie die Anlage beschädigen können.

Weitere Tipps:

- Die Quellfassung sollte laufend von Laub befreit werden.
- Nach Möglichkeit sollten Mauslöcher im Nahbereich der Quellfassung verschlossen werden. Mauslöcher wirken wie ein Sieb im Boden, durch welches dann Oberflächenwasser rasch eindringen kann.
- Wildtiere sollten vom Nahbereich einer Quelle ferngehalten werden. Oft hilft es, Unterholz zu entfernen, um den Bereich für Wild weniger attraktiv zu machen, weil dieses dann weniger Versteckmöglichkeiten vorfindet.

5-129 Mauslöcher im Waldboden.

Quellen im Wald nicht einzäunen

Quellen im Wald sollten nie eingezäunt werden. Wild kann durch einen Sprung über den Zaun in den Quellbereich gelangen. Eine hohe Schneelage würde das Überspringen des Zaunes nochmals begünstigen. Aufgrund des kleinen umzäunten Bereiches kann das Wild keinen Anlauf für einen weiteren Sprung mehr nehmen. Es müsste im Quellbereich ausharren und könnte dann auch hier verenden.

Vegetation Wiese

Eine gut gepflegte Wiese stellt ebenfalls ein sehr gutes Einzugsgebiet dar. Ein guter Grasbestand fördert eine aktive Humusschicht, die das Regenwasser bereits sehr gut reinigen kann. Im Bereich der Quelle sollte auf die Düngung verzichtet werden. Dieser düngungsfreie Abstand kann unterhalb der Quelle gering ausfallen. Hangaufwärts sollte man den Abstand so wählen, dass ausgebrachter Dünger auch bei stärkeren Regenfällen nicht zur Quelle gelangen kann. Nach Möglichkeit sollte die Quelle nicht in einer Senke liegen. Wenn dies doch der Fall sein sollte, finden Sie im Kapitel „Brunnen" weitere Hinweise, wie ein Schutz gegenüber Oberflächenwasser aussehen könnte.

5-130 Quellfassung auf einer Wiese.

5-131 Ein gutes Einzugsgebiet für die Quelle: eine Wiese mit kräftigem Wuchs und starker Humusauflage.

5-132 Quelle in der Weide.

Weidetiere von der Anlage fernhalten

Weidetiere sind grundsätzlich neugierig und werden von Quellbauwerken magisch angezogen. Vielleicht ergäbe sich ja die verlockende Möglichkeit, sich am Bauwerk ein wenig zu kratzen!

Die Hufe der Weidetiere verursachen eine Schwächung der Grasnarbe. Ihre Ausscheidungen können daher leichter in den Untergrund gelangen. Aus diesen Gründen ist die Umzäunung großzügig zu gestalten. Wohl wissend, dass das Entfernen des Wiesenfutters innerhalb des umzäunten Areals einen zusätzlichen Arbeitsaufwand bedeutet.

In **Bild 5-133** wurde nicht nur der Quellsammelschacht, sondern auch der Bereich der Sickerleitungsfassung abgezäunt. Vom Grundsatz her richtig gemacht! Trotzdem sollte der Abstand der Umzäunung noch größer gewählt werden.

5-134 Die Weide liegt hangabwärts der Quellenanlage.

Vegetation Weide

Weiden werden im Allgemeinen dort angelegt, wo eine Bewirtschaftung als mähbare Wiese nicht sinnvoll ist. Also finden wir Weiden meist an steileren Hängen. Genau dort entspringen aber oft Quellen.

5-133 Das Weidevieh kann den Bereich der Sickerleitung nicht betreten (roter Pfeil).

Die Weide in **Bild 5-134** verläuft hangabwärts der Quellenlage. Hangaufwärts, also aus der Richtung der zuströmenden Wasseradern, wird keine Weidehaltung vorgenommen. Dies stellt die beste Lösung dar, die sich aber nicht in jeder Situation umsetzen lassen wird.

Bei den Einzugsgebieten Wiese und Weide ist besonderes Augenmerk auf den Schutz der Quelle und der Wasserader zu legen. Die Aufschrift auf der Tafel in **Bild 5-135** ist durchaus zu beherzigen.

5-135 Tafel zur Kennzeichnung eines Wasserschutzgebietes für eine öffentliche Wasserversorgung.

5-136 Quelle in einem Acker.

Vegetation Acker

Quellen in Äckern finden wir eher selten vor, weil die Schächte dort ein Bewirtschaftungshindernis darstellen. Bestehende Quellen in Äckern wurden einst auf Wiesen errichtet.

Im Rahmen von Grundzusammenlegungsverfahren wurden die alten Grenzen aufgehoben, um größere Grundstückseinheiten zu schaffen. Ab dann lagen die Quellen im Acker.

Die Schachtquelle in **Bild 5-136** ist ordnungsgemäß über das Gelände hochgezogen. Auch weist sie einen Lehmschlag auf, der zum Schacht hin ansteigt. Der Wiesenstreifen rund um die Quelle ist aber ein wenig zu schmal. Der Acker mit dem noch jungen Getreide sollte noch ein paar Meter von der Quelle weggerückt werden.

Wiesenstreifen rund um Quelle anlegen

Eine Quelle inmitten eines Ackers sollte immer durch einen ausreichend großen Wiesenstreifen geschützt werden.

Straßen, Leitungsbauten

5-137 Vor allem im Bereich von seichten Wasseradern ist erhöhte Vorsicht geboten.

Im Kapitel über Brunnen sind Hinweise zum Einfluss von Grabungsarbeiten in der Nähe von Brunnen dargestellt. Die dortigen Ausführungen gelten auch für Quellen.

Unsere Gesellschaft wird durch Strom, Gas, Wasser, Kanal, Glasfaser immer stärker „vernetzt". Durch die ständigen Grabungsarbeiten können seichtere Wasseradern beeinträchtigt werden.

Gelände

Die Lage der Quelle und ihrer Anlageteile im Gelände kann sich auf die Qualität des Wassers auswirken. Im Kapitel über Brunnen finden sich dazu die Hinweise, die gleichermaßen auch für Quellen gelten.

Eigenschaften der Quelle kennenlernen

Wasserschüttung

„Unter der Wasserschüttung der Quelle wird das Wasservolumen pro Zeiteinheit verstanden, also Liter pro Minute oder Liter pro Stunde etc."

Das Schüttungsverhalten einer Quelle sagt viel über die Tiefe und Eigenschaft einer Wasserader aus.

Je stabiler die Wasserschüttung, desto besser! Dann dürfen wir annehmen, dass die Wasserader eher tief im Untergrund verläuft. Je rascher die Schüttung nach einem stärkeren Regen ansteigt, desto höher wird wohl der Anteil des Oberflächenwassers im Quellwasser sein.

Wir verwenden ein kleines, sauberes Gefäß zum Messen der Schüttung. Wir halten es unter den Quellzulauf und messen die Zeit, bis das Gefäß voll ist. Wenn wir dies zu unterschiedlichen Jahreszeiten und Witterungsbedingungen durchführen, bekommen wir rasch ein Gefühl für die Eigenschaft der eigenen Quelle. Am besten tragen wir Datum, Witterungsverhältnisse und Schüttung immer in ein kleines Heft ein.

5-138 In diesem Wasserspeicher lässt sich die Schüttung leicht messen. Einfach ein Gefäß unter den Zulauf halten und die Zeit bis zum Vollfüllen messen.

Zulaufrohr für Probennahme verlängern

Manchmal ist es nicht möglich, ein Gefäß unter den Zulauf zu halten, weil dieser ungünstig liegt. In einem solchen Fall verlängern wir den Zulauf durch ein weiteres Rohr. Dieses Rohr kann auch sehr dünnwandig sein und in das Zulaufrohr der Quelle ein wenig eingeschoben werden. So sollte es dann funktionieren!

5-139 Auch hier kann die Schüttungsmessung problemlos durchgeführt werden. Der Zulauf ragt gut in den Schacht hinein, sodass man leicht ein Gefäß darunter halten kann.

Trübung

Die Trübung einer Quelle kann auf zwei Ursachen zurückgeführt werden.

- Trübung im Quellwasser: Es kann vorkommen, dass die Quelle bei Regenwetter Schwebstoffe mit sich führt. Wir sollten die Ursache für die Trübung finden oder eingrenzen. Hier nur ein paar Hinweise für mögliche Ursachen:
  - Oberflächenwasser gelangt in die Quellfassung;
  - Mauslöcher über der Quellfassung;
  - morsche Wurzelstöcke bei der Quellfassung;
  - zu seichte Fassung der Quelle;
  - Ursache liegt nicht im Bereich der Quellfassung, sondern die Trübung stammt aus der zufließenden Wasserader.

  Wenn Sie das Kapitel über Quellen durchgelesen haben, sollten Sie bereits viele Hinweise auf mögliche Ursachen und deren Verbesserung erhalten haben.
- Trübung „nur" im Quellsammelschacht: Mit der Zeit können sich Sedimente am Boden des Quellsammelschachtes ablagern. Aufgrund der dortigen Wasserbewegung werden sie immer wieder aufgewühlt. Eine periodische Reinigung wird diese Trübung verringern.

5-140 Glasklares Wasser in einem Quellsammelschacht.

5-141 1,5 m glasklarer Wasserstand in einer alten Schachtquelle. Ganz unten sind Holzbretter erkennbar, auf die der erste Ring gestellt wurde.

5-142 Wasser mit leichter Trübung in einem Quellsammelschacht.

5-143 Diese Felsquelle in der „Böhmischen Masse“ wurde als Schachtquelle gefasst. Wir blicken durch 1,5 m klares Wasser direkt auf die Felsen mit ihren schmalen Klüften.

5-144 Der Wasserstand im Kunststoffbehälter beträgt 2 m. Am Grund können wir abgelagertes Sediment beobachten, welches ursprünglich aus der Quellfassung stammt. Es verursacht keine Trübung, weil es wohl einen sandigen Charakter hat und sich nicht im Wasser löst.

Praxisbeispiel: Bau einer Sickerleitungsquelle

5-145 Beim Betonieren der Staumauer dient die Schaufel der temporären Schalung. Der Stein fixiert das Rohr in seiner Lage.

5-146 Nach dem Verkiesen wird der Stein vom Rohr wieder entfernt.

5-147 Auf den Kies legen wir ein Vlies. Darüber folgt das Drainagerohr.

5-148 Nachdem das Drainagerohr mit Kies bedeckt ist, wird die Quellfassung mit möglichst viel Lehm verfüllt.

5-149 Hier eine Sickerleitung für einen kleinräumigen Wasserzutritt. Die Steine dienen als Hilfsschalung, damit der Beton nicht wegfließt.

5-150 Die Fassung ist verkiest. Nun folgen noch das Vlies, das Drainagerohr und die Verfüllung mit Lehm.

Praxisbeispiel: Erneuerung einer alten Spaltquelle

5-151 Arbeitsplattform wegen einer Hangneigung von 45°. Das Fassungsrohr ragt gerade aus dem Hang. Die Ableitung des Wassers erfolgt quer zum Hang.

5-152 Beim Graben zeigt sich, dass der breite Spalt eine Kurve macht. Das neue Fassungsrohr ragt daher schräg aus dem Hang.

5-153 Wir verschließen die Öffnung. Brett und Ziegelstein dienen als temporäre Schalung.

5-154 Der Gartenschlauch dient aufgrund des starken Wasserandranges als Bypass. Nach dem Aushärten des Betons entfernen wir ihn wieder.

5-155 Nun ein sehr enger Spalt, der annähernd quer zum Hang verläuft. Das Rohr kann bündig eingeschoben werden.

5-156 Der schmale Spalt ist schnell zubetoniert. Weil der anstehende Hang im Weg ist, muss die Quelle über einen Bogen aus dem Hang ausgeleitet werden.

6 Brunnen

Wir treffen Brunnen umso häufiger an, je flacher das Gelände wird. In gebirgigen Regionen liegen die Brunnen also stets im Tal. In hügeligen Regionen wechseln sich Brunnen und Quellen ab. Dort weisen Brunnen häufig eine große Tiefe auf. In sehr flachen Regionen trifft man nur mehr Brunnen an. Vor allem in der Nähe großer Flüsse kommen hohe Grundwasserstände vor. Dort weisen Brunnen eine verhältnismäßig geringe Tiefe auf. Im Vergleich zu Quellen wirkt ein Brunnen ein wenig langweilig auf uns. Aufgrund der fehlenden Wasserbewegung fehlt das „lebendige Element". Das führt oft dazu, dass auf ihn vergessen wird. Er erweckt erst dann wieder unser Interesse, wenn es irgendein Problem mit dem Wasser oder der Pumpe gibt. Brunnen sind Bauwerke, die angemessen gepflegt werden müssen. Nur weil sich ihr größter, nämlich unterirdischer Teil unseren Blicken entzieht, dürfen wir ihre Pflege und Wartung nicht vernachlässigen.

Wann liegt ein Brunnen vor?

Im Gegensatz zu einer Quelle läuft Wasser aus einem Brunnen nicht selbstständig aus. Der Wasserspiegel liegt mehr oder weniger tief unter dem Gelände und kann nur durch eine elektrische Pumpe gefördert werden. Handpumpen werden nur für kleine Brunnen mit wenig Wasserverbrauch, z. B. im Garten, eingesetzt.

Schachtbrunnen aus Betonringen

Bild 6-3 zeigt die wesentlichen Punkte eines Schachtbrunnens, der mittels Betonfertigteilen angefertigt wurde.

- Der Durchbruch für die Leitung ist dicht ausgeführt.
- Die Leitung wird auf einem Stahlträger befestigt, der den Betonring nicht durchstoßen sollte, um mögliche Undichtheiten zu vermeiden.

6-1 Die Heimat der Brunnen. Je weiter unten im Tal, desto mehr Brunnen trifft man an.

6-2 Ein Brunnen weist im Gegensatz zu Quellen keinen Überlauf auf.

- Die Schachtringe werden so gesetzt, dass die Fuge eine nach außen fallende Neigung aufweist. Das erschwert den Zutritt von Sickerwasser.
- Die Pumpe sitzt ausreichend tief im Grundwasser. Sie sollte nicht zu stark sein und den Wasserspiegel nicht zu heftig senken. Der Sog des zuströmenden Grundwassers sollte möglichst gering sein.
- Der unterste Ring muss nicht unbedingt gelocht ausgeführt sein. Wenn er jedoch Löcher aufweist, kann das Grundwasser auch seitlich eintreten.

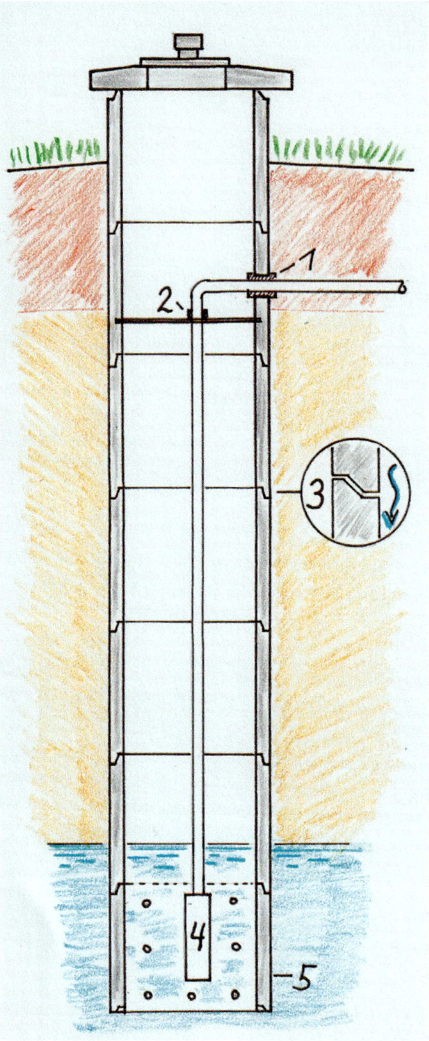

6-3 System des Schachtbrunnens aus Betonringen.

6-4 Blick in einen modernen Brunnen aus Betonfertigteilen.

6-5 Schacht mit Steighilfen.

Wir werfen nun einen Blick ins Innere eines solchen Brunnens. Es handelt sich um einen tadellos angelegten Schacht, der aus einzelnen Ringen mit 1 m Höhe zusammengesetzt wurde. Die Ringe wurden mit Mörtel zusammengeklebt und die Fugen gut verspachtelt. Die Spuren an der Wand stammen vom Kondenswasser.

Die Steighilfen aus Aluminium in **Bild 6-5** erleichtern den Einstieg in den Schacht.

Neubau eines Schachtbrunnens aus Betonringen

Wir gehen den Neubau eines Brunnens anhand von drei Schritten gemeinsam durch. Die Blickrichtung wurde so gewählt, dass die Ausmaße der Baugrube in der Längsbewegung des Greifarmes des Baggers deutlich werden.

Schritt 1

- Der Bagger gräbt eine Grube, bis er das Grundwasser erreicht. Es wird eine Pumpe bereitgestellt, die das Grundwasser laufend wegpumpt, während der Bagger sich weiter in die Tiefe vortastet.
- Der erste Ring wird mittels einer Kette am Baggerarm befestigt und abgesenkt. Wir achten auf die richtige Seite, damit die Fuge später eine von innen nach außen fallende Neigung aufweist.

Sicherheitshinweise!

Die Wartung des Brunnens erfordert es, ihn periodisch betreten zu müssen. Das kann lebensgefährlich sein! Die größte Gefahr entsteht durch Sauerstoffmangel. Vor dem Einsteigen ist der Schacht daher ordentlich durchzulüften. Ihn nur eine Zeit lang zu öffnen, reicht nicht aus.

- Wir öffnen den Brunnen und spritzen mit einem Schlauch, auf dem eine herkömmliche Düse angebracht ist, Wasser in die Tiefe. Durch den zerstäubten Wasserstrahl wird ein Luftwirbel erzeugt, der die alte Luft im Schacht gegen neue austauscht.
- Bei seichteren Brunnen wird auch ein elektrischer Laubbläser genug Luftwirbel erzeugen, um frische Luft ganz nach unten zu bringen.
- Die Person, die in den Brunnen einsteigt, muss mit einem Klettergeschirr gesichert sein.
- Über dem Brunnen muss ein Dreibein samt Seilzug stehen. Zumindest zwei starke Helfer stehen beim Dreibein, um die Person im Brunnen im Notfall sofort bergen zu können.

Wir sehen schon, dass wir auf jeden Fall auf der sicheren Seite liegen, wenn wir Wartungsarbeiten im Brunnen an eine Fachfirma vergeben.

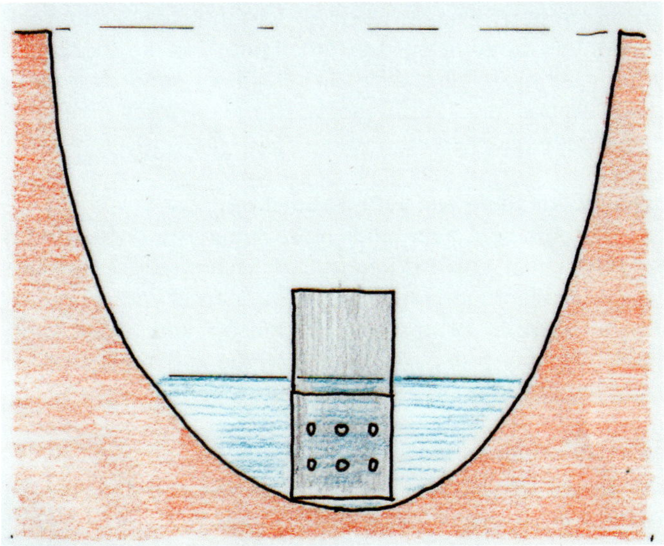

6-6 Die Grube ist beeindruckend groß.

- Wir lassen den Schachtring direkt auf den Boden stellen und verzichten auf eine Ausgleichsschicht aus Kies. Unter dem Gewicht der Ringe würde der Kies später nachgeben und der Schacht verkanten.
- Nun senken wir den nächsten Ring ab und setzen ihn ohne Mörtel auf den ersten Ring auf.

Schritt 2

- Jetzt lassen wir den Bereich des Grundwassers mit gewaschenem Kies (Körnung 16–32 mm) verfüllen. Die Kiesschicht schütten wir ein wenig über den höchsten zu erwartenden Wasserstand auf.
- Nun tragen wir auf die Oberkante des zweiten Ringes Fliesenkleber dick auf. Danach wird der dritte Ring aufgesetzt. Das austretende Klebermaterial wird innen und außen sauber verspachtelt. Wir verwenden keinen Bauschaum zum Verkleben der Ringe, denn mit der Zeit würde eine solche Verbindung wieder undicht werden.
- Danach schüttet der Bagger Aushubmaterial auf die Kiesschicht und verdichtet es mit der Schaufel.
- Abwechselnd wird ein neuer Ring versetzt und gleich danach wieder Aushubmaterial eingefüllt. Dadurch wird die verbliebene Grubenwand immer besser abgestützt.
- Sobald die Höhe der Pumpleitung erreicht ist, bohren wir ein Loch in die Schachtwand und führen die Leitung durch. Mittels einer speziellen dichten Rohrdurchführung aus dem Fachmarkt oder mittels Mörtels schließen wir das Loch um die Leitung.

Schachtbrunnen werden häufig fehlerhaft hergestellt. Dies könnten wir unter Berücksichtigung einiger logischer Tipps leicht vermeiden.

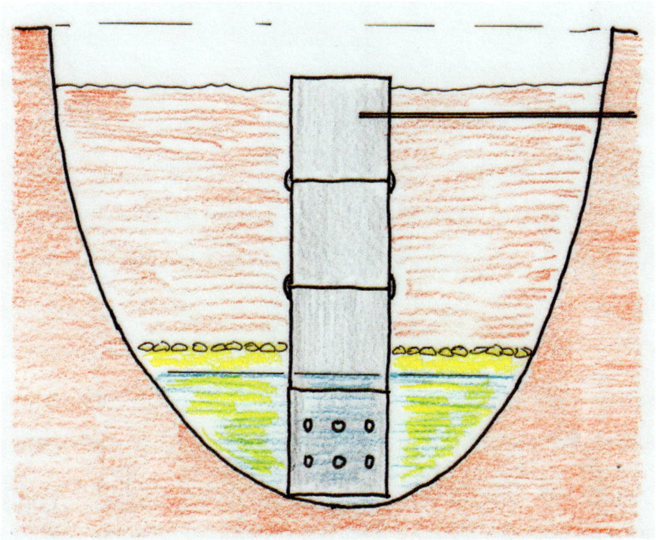

6-7 Von der Baugrube geht nun keine Gefahr mehr aus.

Schritt 3

Dem Abschluss schenken wir nun viel Aufmerksamkeit.

- Zunächst setzen wir den letzten Ring in das Fliesenklebeberbett.
- Darauf montieren wir eine moderne Schachtabdeckung. In Kapitel 7 ist dazu alles erklärt.
- Der obere Bereich der großen Grube muss von uns nun mit möglichst dichtem Bodenmaterial, am besten mit Lehm, verschlossen werden. Wir bauen das Material lageweise ein und verdichten es laufend.
- Wir führen den Lehmschlag sehr hoch zum Schacht hin aus. Mit der Zeit setzt sich die Baugrube, womit der Lehmschlag wieder flacher wird.

Mit erster Wasseruntersuchung zuwarten

Bis zur ersten Wasseruntersuchung warten wir am besten noch ein halbes Jahr. So lange kann es dauern, bis sich die Bakterien, die während des Baus eingetragen wurden, abgebaut haben.

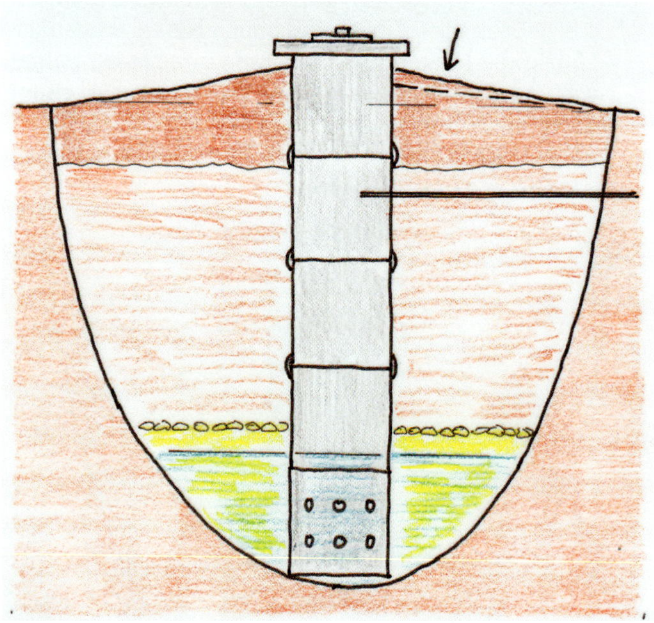

6-8 Die Neigung des Lehmschlages wird sich mit der Zeit abflachen, weil sich das Material in der Baugrube setzt.

Aufgrund der Geometrie des Greifarms ist eine von einem herkömmlichen Bagger gegrabene Grube ungefähr so lang, wie sie tief ist. Grubenwände sind auf jeden Fall instabil und können jederzeit ohne Vorwarnung einbrechen.

Sicherheitshinweis!

Arbeiten in Baugruben sind unbedingt Fachfirmen zu überlassen. Zu groß ist die Verletzungsgefahr durch einstürzende Grubenwände.

6-9 Ein Bagger beim Versetzen eines Schachtringes, in diesem Fall aber für einen Abwasserkanal.

Sanierung eines Schachtbrunnens aus Betonringen

In den meisten Fällen lässt sich ein Schachtbrunnen mit wenigen Mitteln ordentlich verbessern. Häufig sind die Rohrdurchführungen nicht ganz dicht. Regenwasser kann dort einsickern. Manchmal dringt Regenwasser auch durch die Fugen der einzelnen Ringe ein.

Schacht vor allem von außen abdichten

Ein Verschmieren von undichten Fugen im Inneren des Schachtes hält das drückende Oberflächenwasser nur kurz ab. Die Abdichtung einer offenen Fuge muss immer von außen erfolgen. Ein Lehmschlag hilft hier am wirkungsvollsten. Dazu muss der Brunnen aber zuerst von außen bis zu einer Tiefe von rund 1 m freigelegt werden.

Fall 1: Brunnen im Garten

Der obere Bereich des Schachtbrunnens wurde einst nur wenig über das Geländeniveau hochgezogen. Das Gelände selbst neigt sich zum Schacht hin. Regenwasser konnte leicht in den Brunnen eindringen.

6-10 Geländeneigung zum Brunnen hin.

Wir wollen nun erreichen, dass das Regenwasser künftig vom Brunnen wegläuft.

- Wir erhöhen aus diesem Grund den bestehenden Schacht. Neue Ringe können wir in unterschiedlichen Höhen kaufen. Ich empfehle, einen Ring mit mindestens 50 cm Höhe zu verwenden. Die Schächte werden mittels Fliesenklebers verbunden.
- Nun heben wir den bestehenden Boden ab und graben uns 1 m in die Tiefe.
- Am besten legen wir die Rohrdurchführung von außen frei und verputzen sie außen und innen sorgfältig mit Mörtel.
- Danach bringen wir lageweise Lehm ein und verdichten ihn Schicht für Schicht. Wir lassen den **Lehmschlag** zum Schacht hin ansteigen, damit das Regenwasser künftig vom Brunnen wegläuft.

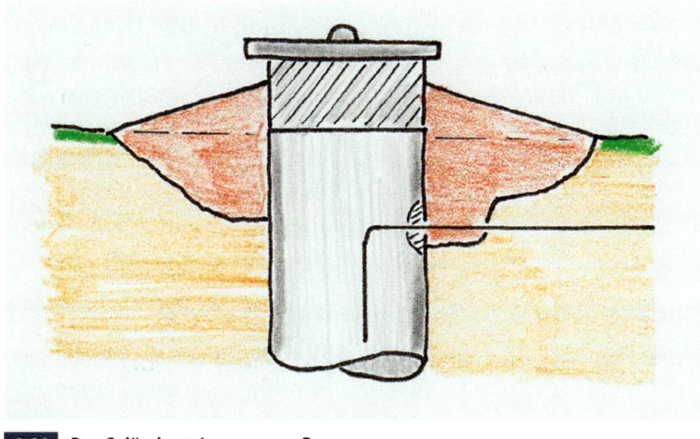

6-11 Das Gelände steigt nun zum Brunnen an.

In **Bild 6-12** können wir die Herstellung eines Lehmschlages mitverfolgen. Ein motorbetriebener **Stampfer** kann in Baumärkten ausgeliehen werden. Er erleichtert die Verdichtungsarbeit enorm.

6-12 Ein fast fertiger Lehmschlag.

Fall 2: Brunnen im gepflasterten Bereich

Immer wieder liegen Brunnen in gepflasterten Bereichen, z. B. dem Vorplatz oder der **Gred**, der gemauerten oder gepflasterten Umfriedung des Hauses. Wenn die Fugen des Pflasters einst nicht mit Beton vergossen wurden, kann Oberflächenwasser leicht eindringen. Da die Pflastersteine meist auf einer Unterlage von kleinen Steinchen liegen, sucht sich das Wasser unter den Steinen hindurch einen Weg zum Brunnenschacht.

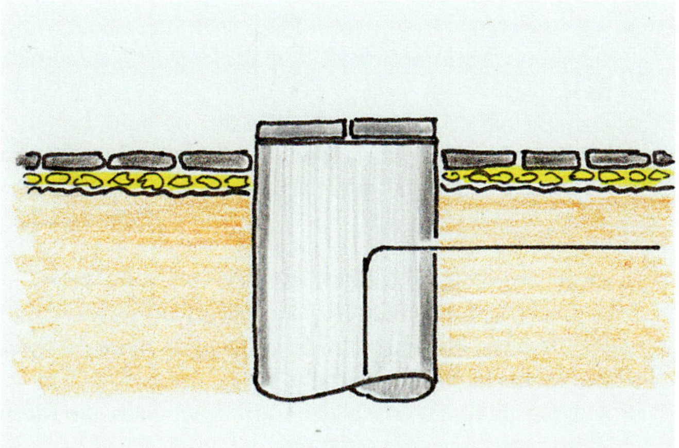

6-13 Das Regenwasser sickert durch die Ausgleichsschicht aus Steinchen (gelb) zum Schacht.

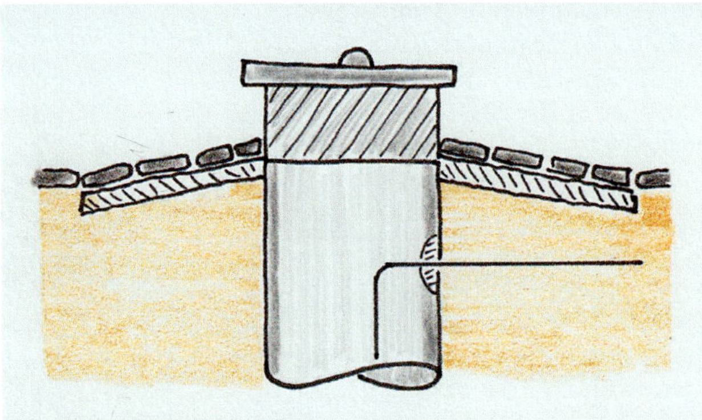

6-14 Regenwasser kann nun nicht mehr zum Schacht sickern (Bild ganz oben).

6-15 Ein richtiges Kunstwerk! (Bild oben)

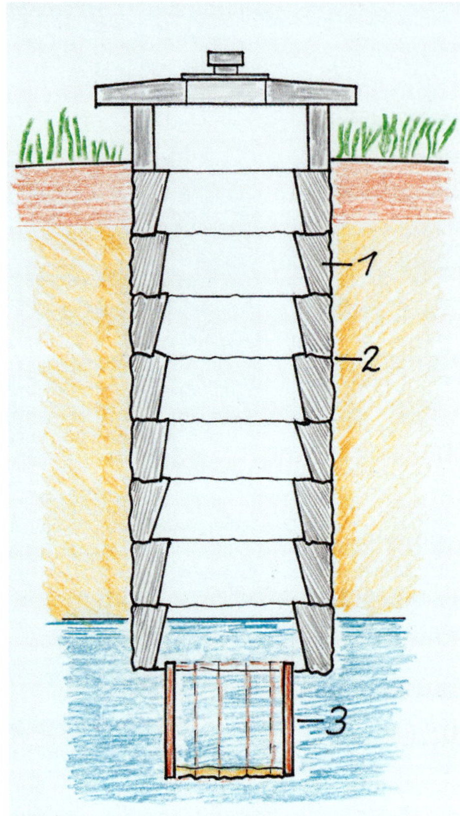

6-16 Querschnitt durch einen Ortbetonbrunnen.

Wir versuchen wiederum, das Regenwasser durch eine Veränderung der Geländeneigung vom Brunnen wegzuleiten, und gehen in folgenden Schritten vor:

- Wir versetzen einen neuen Ring samt Abdeckung und schließen die unter Umständen undichte Rohrdurchführung.
- Danach heben wir das alte Pflaster ab und bereiten ein Bodenniveau vor, dessen Gefälle beim Schacht am höchsten ist und danach rundherum 1 m weit leicht abfällt.
- Auf dieses neue Bodenniveau betonieren wir nun eine rund 10 cm hohe Schicht, die ebenfalls vom Brunnen wegfällt. Unter dem Beton verzichten wir auf die übliche „Sauberkeitsschicht", weil in dieser ja wieder Wasser zum Schacht sickern würde.
- Auf die neue Betonschicht können wir nun die alten Pflastersteine wieder auflegen.

Ein besonders schönes Beispiel eines sanierten Schachtbrunnens zeigt **Bild 6-15**. Der neue Betonring wurde zusätzlich mit einer Betonschale versehen. In der Holzschalung wurden Erhebungen angebracht, die später in Form einfacher Ornamente gut zur Geltung kommen. Die Betonabdeckung wurde ebenfalls in Eigenregie hergestellt.

Das Pflaster um den Brunnen ist ganz dicht verfugt. Oberflächenwasser kann hier nicht mehr eindringen.

Schachtbrunnen aus Ortbeton

Ortbetonbrunnen wurden früher häufig errichtet. Wegen des hohen Arbeitsaufwandes sind Neuerrichtungen heute sehr selten.

- Die einzelnen Elemente wurden mittels einer kegelförmigen Schalung hergestellt.
- Nur eine entsprechende Überlappung der einzelnen Abschnitte garantiert eine dichte Fuge.
- Im Bereich des Grundwassers wurde nur mehr wenig betoniert. Stattdessen senkte man einen Schacht aus Lärchenholz ab. Das Grundwasser tritt über die Fugen und die Sohle des sogenannten **Lärchenholzbottichs** ein.

In **Bild 6-17** blicken wir in den Schacht eines äußerst sorgfältig hergestellten und sehr tiefen Ortbetonbrunnens. Die Fugen sind gänzlich dicht.

Anders verhält es sich beim Brunnen in **Bild 6-18**. Dieser weniger tiefe Brunnen weist einen erstaunlich hohen Wasserstand auf. Anscheinend wurde der Grundwasserspiegel während der Arbeiten laufend mit einer Schmutzwasserpumpe abgesenkt, um die Errichtung des Brunnens überhaupt erst zu ermöglichen. Nachdem diese Pumpe abgestellt wurde, füllte sich der Brunnen mit Wasser. Für das Auge bietet sich jedenfalls ein interessanter „glasklarer" Blick in die Tiefe.

Neubau eines Schachtbrunnens aus Ortbeton

Diese Art von Brunnen wird immer wieder in Eigenregie errichtet. Professionelle Firmen führen diese zeitaufwendige Methode nicht mehr durch. Für den Eigenbau ist sie jedoch noch immer interessant.

6-17 Ein sehr tiefer Ortbetonbrunnen.

6-18 Ein Brunnen mit sehr hohem Wasserstand.

- Wir stellen eine Schalung mit rund 50 cm Höhe in eine vorbereitete Grube, die 20 cm mehr Radius als die Schalung aufweist. Die Schalung ist nach oben hin ein wenig verjüngt. Sie besteht aus mehreren Teilen, die zusammengesteckt werden können. Vielleicht finden wir auch eine Schalung aus biegsamem Blech.
- Der Bereich zwischen Schalung und seitlicher Grubenwand wird dann mit Beton vergossen.
- Tags darauf graben wir den nächsten Abschnitt nach unten. Die einzelnen Abschnitte sollen sich ein wenig überlappen, damit zwischen ihnen keine offenen Fugen entstehen.
- Danach stellen wir die Schalung in die Grube und verfüllen den Spalt zum Boden hin erneut. Auf diese Art und Weise können wir uns pro Arbeitstag rund 50 cm in die Tiefe vorarbeiten.

Eine zeitaufwendige, aber günstige Art, sich einen Brunnen selbst zu bauen. Ein Brunnen aus Schachtringen hingegen kostet mehr, ist aber in ein bis zwei Tagen fertig versetzt.

Die Herstellung eines Ortbetonbrunnens kostet viel Zeit, aber nur wenig Geld. Wichtig ist, dass die stufenförmigen Abschnitte mit rund 5 cm Überlappung betoniert werden.

Sanierung eines Schachtbrunnens aus Ortbeton

Die Sanierung erfolgt auf gleiche Art und Weise wie bei einem Schachtbrunnen aus Betonringen.

Fugen verspachteln

Immer wieder wird versucht, einen Ortbetonbrunnen nur durch das Verspachteln offener Fugen zwischen den einzelnen Elementen abzudichten. In meiner Praxis habe ich allerdings häufig festgestellt, dass sich das Oberflächenwasser dennoch einen Weg in den Brunnen sucht. Zusätzlich zum Verspachteln ist ein Lehmschlag anzuordnen oder die Oberfläche rund um den Brunnen abzudichten.

Schachtbrunnen aus Steinen

Wir kommen nun zu meinem Lieblingsbrunnen. Bei keinem anderen Brunnentyp gibt es so viel zu sehen und zu entdecken wie bei einem alten Steinbrunnen.

Herstellung

Wie haben es die damaligen Brunnenbauer geschafft, einen Schacht aus Steinen zu errichten? Zunächst wurde ein rechteckiger Schacht bis zum Grundwasser gegraben. Dies geschah in Handarbeit und ohne Abstützung der Schachtwand. Die Wand musste sich also selbst tragen.

Im Grundwasserbereich wurde dann der sogenannte **Holzbottich** versenkt. Das Wasser trat auf der Sohle oder zwischen den einzelnen Brettern in den Bottich ein. Danach wurden beginnend von unten Steine nach oben geschlichtet. Die Steine wurden so verlegt, dass sie sich ineinander verkeilen konnten. Der Raum zwischen den rund angeordneten Steinen und dem rechteckigen Bodenschacht wurde laufend hinterfüllt, im Idealfall im oberen Bereich des Brunnens mit gutem Lehm.

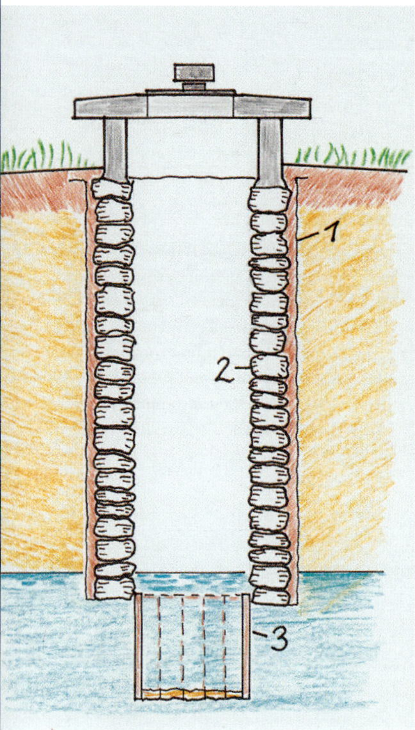

6-19 (1) Hinterfüllung aus Lehm, (2) Steine, (3) Lärchenholzkäfig, auch „Holzbottich" genannt.

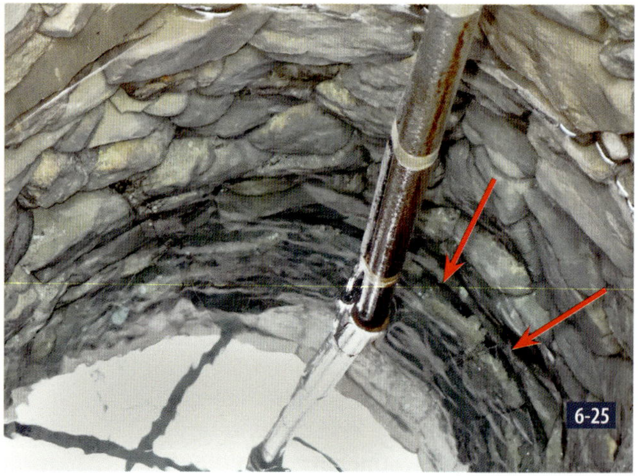

6-20 Obwohl die Steine rund sind, verlieren sie nicht den Halt.

6-21 Diese Steine sind rauer und eckiger als in Bild 6-20.

6-22 Brunnen aus Ziegelsteinen.

6-23 Lagen aus langen Steinen wechseln sich mit Lagen aus runden Steinen ab. Der Holzbottich ist von oben gut zu erkennen.

6-24 Ein Blick in ein wunderbar klares Wasser.

6-25 Der obere Rand des Holzbottichs (rote Pfeile).

Rolle der Hinterfüllung hinter den Steinen

Die Qualität der Hinterfüllung ist ausschlaggebend dafür, ob der Brunnen gegen Oberflächenwasser dicht ist oder nicht. Je mehr Lehm hinter den Steinen eingebracht wurde, desto dichter ist der Brunnen gegen seitlichen Wasserzutritt.

Nun einige Beispiele für die große Vielfalt der Steinbrunnen:

Wir blicken nun genauer in den Brunnen (vergleiche **Bild 6-25**). 2 m unter dem Wasserspiegel können wir sogar den oberen Bereich des Holzbottichs erkennen (rote Pfeile).

Dieser alte, vergessene Steinbrunnen in **Bild 6-26** mit seiner Handpumpe birgt ein kleines Geheimnis.

In seinem Inneren ist der Holzbottich sehr gut zu erkennen. Das Lärchenholz hebt sich mit seiner dunklen Farbe vom Stein ab. Die Sohle des Bottichs wurde seit ewigen Zeiten nicht mehr gesäubert und ist mit Sediment bedeckt. Als Gartenbrunnen könnte dieser alte Brunnen noch saniert und verwendet werden.

6-26 Steinbrunnen mit Handpumpe.

6-27 Blick auf den Holzbottich. Der obere Rand wurde rot markiert.

Neubau eines Schachtbrunnens aus Steinen

Auf die Neuerrichtung wird nicht eingegangen, weil die Steine mittlerweile durch andere Materialien abgelöst wurden. Eine Schachtherstellung von unten nach oben wird ebenfalls nicht mehr durchgeführt.

Sanierung eines Schachtbrunnens aus Steinen

Die Sanierung unterscheidet sich nicht wesentlich von der eines Schachtbrunnens aus Betonringen oder Ortbeton. Unser Ziel sollte jedenfalls sein, den oberen Bereich des Brunnenschachtes zu stabilisieren.

Sanierungen im Bereich des Bodens und des Holzbottichs sollen immer durch Brunnenbaufirmen erfolgen. Häufig kommt folgende Variante zum Einsatz:

- Zunächst wird der Boden von abgelagertem Sediment gesäubert.
- Dann wird ein Rohr mit 1,5–2 m Länge und einem größeren Durchmesser (z. B. mindestens 60 cm) auf den Boden gestellt.
- Der Ringraum zwischen Rohr und Schachtwand wird anschließend mit Kies verfüllt.
- Abschließend erfolgt die Entfernung des alten Holzbottichs, indem Brett für Brett gezogen wird. Der Kies füllt den entstehenden Leerraum sofort aus. Anstatt des Holzbottichs wird die Brunnenwand nun durch eine 1,5–2 m hohe Kiessäule gestützt.

Fall 1: Steinbrunnen im Garten – Sanierung mittels Lehmschlages

Unser Beispielbrunnen erweist sich als undicht. Oberflächenwasser kann durch die oberen Steinlagen in den Brunnen gelangen.

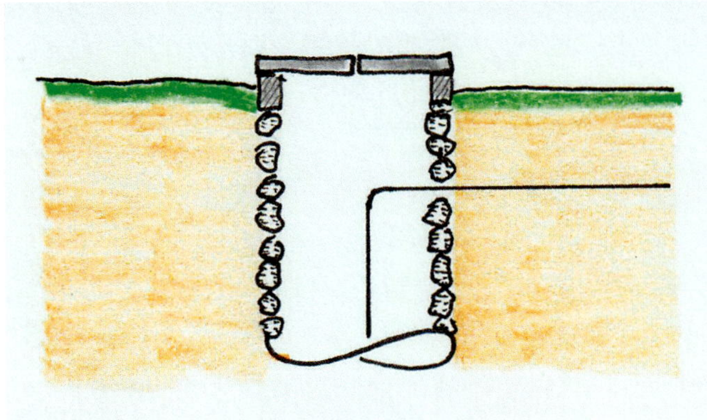

6-28 Oberflächenwasser kann zu diesem niedrigen Steinbrunnen zufließen und zwischen den Steinen in das Innere sickern.

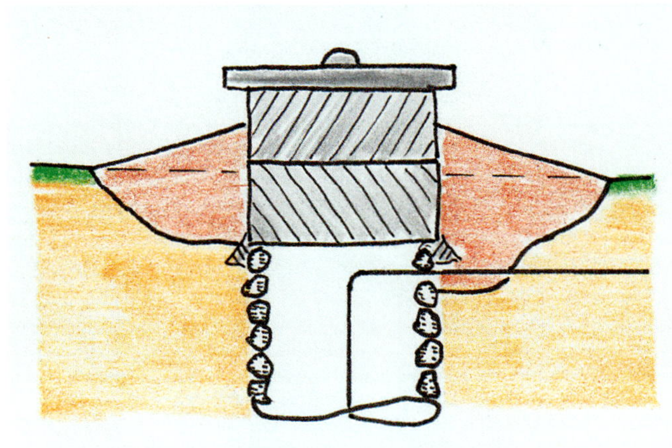

6-29 Der fertig sanierte Steinbrunnen.

- Wir entfernen zunächst die Steinlagen bis zu einer Tiefe von 50 cm. Am besten gehen wir so vor, dass wir eine Grube rund um den Brunnen ausheben und ihn danach erst abtragen.
- Auf die erste nun verbleibende Steinlage bringen wir eine Schicht Mörtel auf. Wir mörteln auch ein wenig seitlich, um den obersten Steinen Halt zu geben.
- Danach setzen wir einen Schachtring ins Mörtelbett und decken ihn aus Sicherheitsgründen so zu, dass er insbesondere von Kindern nicht geöffnet werden kann.
- Am kommenden Tag ist der Mörtel ausgehärtet. Nun versetzen wir den zweiten Ring. Er wird natürlich dicht mit Fliesenkleber auf den ersten aufgesetzt.
- Nun montieren wir die Abdeckung (siehe Kapitel 7).
- Am Ende wird die Grube lageweise mit Lehm verfüllt. Die Rohrleitung binden wir in den Lehmschlag ein, damit auch dort kein Oberflächenwasser in den Brunnen einsickern kann.

Fall 2: Steinbrunnen im Garten – Wassereintritt trotz Sanierung

Den folgenden Fall habe ich immer wieder in der Praxis beobachtet: Ein alter Steinbrunnen wurde irgendwann im oberen Bereich mit einer Betonschale versehen. Man erhoffte sich dadurch eine höhere Stabilität der Brunnenwand und eine

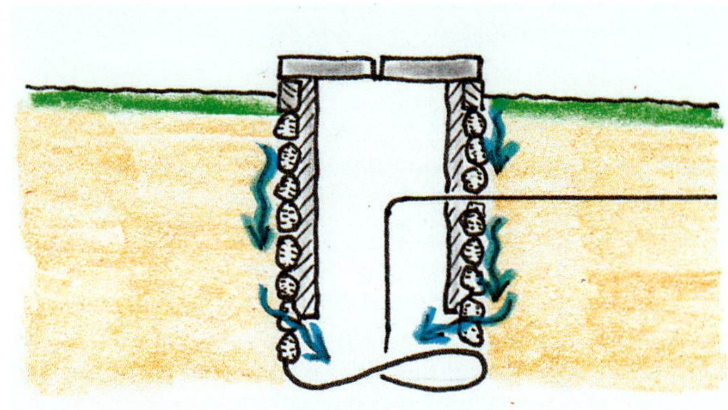

6-30 Die Betonschale hat dem Steinbrunnen Stabilität gegeben. Gegenüber Oberflächenwasser kann sie dennoch wirkungslos sein.

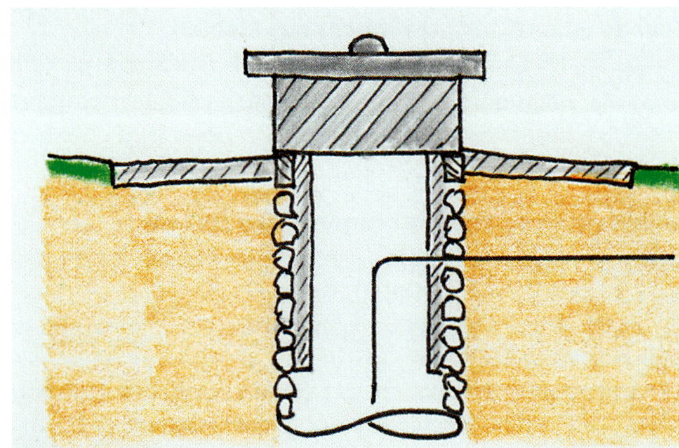

6-31 Der fertig sanierte Brunnen.

Dichtheit gegenüber Oberflächenwasser. Manchmal kann es aber vorkommen, dass Regenwasser auf der Hinterseite der Betonschale in den Fugen der Steine hinabsickert und am Ende des betonierten Bereichs nach unten tropft.

Wir greifen nun zum einzigen wirksamen Mittel. Wir leiten das Oberflächenwasser so weit vom Brunnen weg, dass es nicht mehr zum Schacht zurücksickern kann. Dazu gibt es zwei Möglichkeiten. Entweder ein Lehmschlag, wie es zuvor

6-32 Brunnenerhöhung mittels Schalungssteinen aus Beton.

beschrieben wurde, oder ein oberflächlicher Betonkranz. Diese Methode betrachten wir hier genauer:

- Weil der Brunnen nicht ausreichend hoch über das Gelände ragt, versetzen wir einen zusätzlichen Schachtring samt Abdeckung.
- Wir heben den Humus ab und bereiten den Untergrund für die Betonschicht vor. Das Gefälle des Untergrundes muss beim Schacht ein wenig höher als am Außenrand des künftigen Betonkranzes sein. Ansonsten würde Oberflächenwasser unter der Betonschicht zum Schacht vordringen können.
- Danach betonieren wir einen Kranz um den Brunnen. Der Beton liegt direkt am Untergrund auf. Würden wir den Beton auf eine Schicht Kies aufbringen, könnte Regenwasser in der Kiesschicht unbemerkt zum Brunnen sickern.
- Das Gefälle der Betonschicht neigt sich ebenfalls vom Brunnen weg.

In **Bild 6-32** können wir die Erhöhung des Schachtes gut erkennen. Der Durchmesser dieses alten Steinbrunnens war so groß, dass ein passender Betonring nicht erhältlich war. Daher wurde er mit Schalungssteinen aus Beton erhöht. Die Steine wurden zunächst verlegt und dann mit Beton ausgegossen. Eine gute und praktische Lösung!

Bohrbrunnen

Heute werden alle tieferen Brunnen als Bohrbrunnen errichtet. Nur dort, wo ein Bagger das Grundwasser noch erreichen kann, werden Schachtbrunnen versetzt.

Die Errichtung eines modernen Bohrbrunnens setzt hohe Fachkenntnisse und viel Erfahrung voraus. Der Untergrund ist vor dem Bohren ja nicht bekannt. Erst während des Bohrvorganges sind Rückschlüsse auf den Untergrund möglich. Die Brunnenbaufirma muss auf alle Überraschungen im Untergrund gefasst sein und fachlich richtig darauf reagieren können. Bei der Wahl der falschen Mittel lässt der Brunnen unerwünschtes Oberflächenwasser zutreten. Eine nachträgliche Korrektur ist nur schwer möglich.

In **Bild 6-33** wurden die wichtigsten Bestandteile bewusst vereinfacht dargestellt. Der Stand der Technik zu Bohrbrunnen ist sehr komplex und beinhaltet sehr viele Details. Im Literaturverzeichnis sind Quellen angeführt, in denen Bohrbrunnen mit allen Details dargestellt sind.

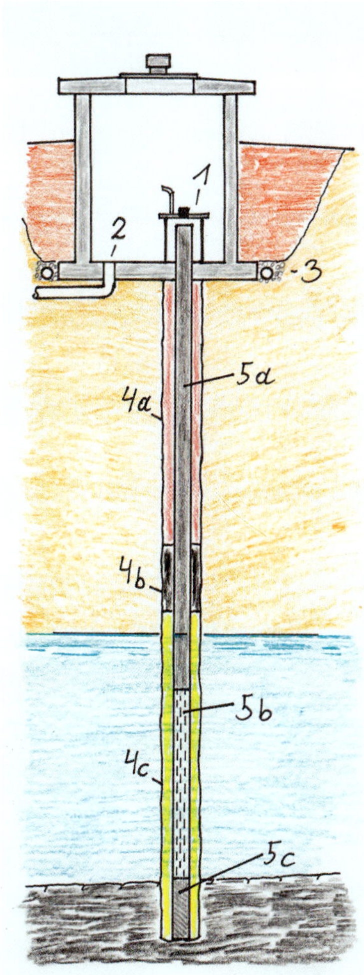

6-33 Schema eines modernen Bohrbrunnens.

Bauliche Komponenten

Von außen betrachtet besteht kein Unterschied zu einem Schachtbrunnen aus Betonfertigteilen. Sehen wir uns nun die wichtigsten baulichen Komponenten im Inneren und im Untergrund an:

- Der Brunnenkopf (1) schließt die Bohrung dicht ab.
- Die Sohle des Vorschachtes kann entwässert werden (2).
- Eine Drainage verhindert, dass Oberflächenwasser in Richtung der Bohrung sickern kann (3).
- Das Bohrloch weist einen Durchmesser von mindestens 20 cm oder besser mehr auf.
- Zwischen dem eigentlichen Brunnenrohr und der Wand des Bohrloches muss eine fachgerechte Verfüllung erfolgen. Oben mit Bodenmaterial (4a), darunter mit einer sogenannten Dichtschicht (4b) und im Bereich des Grundwassers mit Filterkies (4c).
- Das Brunnenrohr besteht aus mehreren Abschnitten: einem dichten Rohr (5a), einem Filterrohr im Bereich des Wasserzutrittes (5b) und einem Sumpfrohr (5c).

In **Bild 6-34** können wir erkennen, dass ein Bohrbrunnen von außen wie ein herkömmlicher Schachtbrunnen aussieht.

6-34 Der seitlich angebrachte Metalldeckel erleichtert das Einsteigen in den Vorschacht.

Dies ist auf den **Vorschacht** zurückzuführen, der den Brunnen nach oben hin abschließt.

Der Vorschacht sollte trocken sein und idealerweise eine betonierte Sohle aufweisen.

6-35 Ein trockener und sauberer Vorschacht.

Unterwasserpumpe

Die **Unterwasserpumpe** sollte nie an einem Seil in das Brunnenrohr gehängt werden, weil sie sich beim Ein- und Ausschalten bewegt und daher an das Brunnenrohr stößt. Dadurch kann das Kunststoff-Brunnenrohr im Laufe der Jahre durchgeschlagen werden. Wir lassen die Pumpe daher an einem Rohr aus Edelstahl anbringen, durch welches dann zugleich das Brunnenwasser nach oben gepumpt wird. Der Fachbegriff dafür lautet „Steigleitung aus Edelstahl".

Neubau eines Bohrbrunnens

Ein Bohrbrunnen ist, wie schon zuvor festgestellt, der komplexeste Brunnentyp. Der Bohrer arbeitet sich sehr rasch in die Tiefe vor. Die Einschätzung über den Zustand des Gesteins kann nur über das stetig geförderte Bohrgut sowie über die Vortriebsgeschwindigkeit bzw. die Leistungsaufnahme des Bohrers erfolgen.

Kurzum: Viel Erfahrung und gutes Gespür sind nötig, um festzustellen, wo sich eine lohnende Wasser führende Schicht befindet und wie sie erschlossen werden kann. Mögliche Fehler in der Bauweise des Brunnens sind im Nachhinein kaum nachweisbar und kaum sanierbar.

Erfahrene Firma beauftragen

Lassen Sie den Brunnen von einer erfahrenen Firma mit einem guten Ruf errichten. Angebote von verschiedenen Firmen sind untereinander kaum vergleichbar. Im Angebot soll ein Nachweis für eine Errichtung nach Stand der Technik zu finden sein, z. B. ÖNORM B 2601 und 2261. Dies ist eine Gewähr dafür, dass die Firma grundsätzlich über das erforderliche Know-how verfügt.

Wasserstand nicht zu stark absenken!

Ein Bohrbrunnen verfügt über wenig Speichervolumen, weil das Brunnenrohr aus Kunststoff nur etwa 12 cm Durchmesser aufweist. Dieser Umstand ist für die Lebensdauer des Brunnens sehr bedeutend.

Wenn sich die Pumpe einschaltet, sinkt der Wasserspiegel im Brunnenrohr stark ab.

Je tiefer der Wasserspiegel während des Pumpvorganges fällt, desto höhere Strömungsgeschwindigkeiten treten im Untergrund auf. Das kann dazu führen, dass viel Sediment (Sand …) in den Brunnen eingetragen wird.

Der Grad der Versandung hat einen maßgeblichen Einfluss auf die Lebensdauer des Brunnens.

Wenn im Untergrund im Zuge der Bohrung z. B. sandige Schichten festgestellt wurden, rate ich dazu, eher eine kleine Pumpe einzubauen. Das Ziel soll es sein, den Wasserspiegel so wenig wie möglich zu senken. Die Pumpe sollte also häufiger anspringen, aber pro Pumpvorgang nur wenig Wasser fördern.

Ein Wasserspeicher im Haus könnte z. B. von einer schwächeren Pumpe über Nacht in vielen kleinen Intervallen gefüllt werden. In der Früh könnte dann die erste Verbrauchsspitze aus dem Behälter gedeckt werden. Vor allem für Landwirtschaften mit einer größeren Viehhaltung könnte solch ein Wasserspeicher sinnvoll sein.

Problem Tiefenwasser!

Die Errichtung eines tiefen Bohrbrunnens birgt ein gewisses Risiko. Ab einer Tiefe von rund 20 m wird häufig Tiefenwasser angetroffen. Dieses ist oft mehrere Jahrzehnte alt und mit vielen Mineralstoffen angereichert. Teilweise sind deren Konzentrationen so hoch, dass keine Trinkwasserqualität erreicht wird.

Befragen Sie daher Nachbarn, die einen Tiefbrunnen besitzen, zu deren Wasserqualität.

Sanierung eines Bohrbrunnens

Bohrbrunnen kämpfen genauso mit dem Oberflächenwasser wie herkömmliche Schachtbrunnen. Der Zutritt von Oberflächenwasser in die Bohrung ist unbedingt zu verhindern.

In **Bild 6-36** wird ein möglicher Weg des Oberflächenwassers beschrieben. Die Sohle des Vorschachtes ist nicht betoniert. Zutretendes Wasser kann über die offene Sohle in den Spalt zwischen Brunnenrohr und Boden eindringen. Teils stammt es vom geteilten Deckel, teils vom undichten Vorschacht. Auch außerhalb des Schachtes kann Oberflächenwasser zur Bohrung sickern.

Wir sanieren den Brunnen in folgenden Schritten:

- Wir entfernen zunächst den Kies von der Schachtsohle.
- Danach verschließen wir den Spalt rund um das Brunnenrohr und betonieren eine Sohle.
- Auf das Brunnenrohr wird ein neuer Brunnenkopf montiert.
- Wir setzen einen weiteren Schachtring auf den bestehenden Ring auf. Die Ringe werden mittels Fliesenklebers zusammengefügt.
- Eine neue Abdeckung schützt den Schacht vor dem direkten Eintritt von Regenwasser.
- Zum Abschluss heben wir eine Grube rund um den Schacht aus.
- In die Grube wird lageweise Lehm eingebracht und immer wieder verdichtet. Der Lehm steigt zum Schacht hin an.

Diese Sanierung ist durchaus aufwendig. Die Mühe macht sich aber sicher bezahlt. Wir erreichen dadurch eine massive Verbesserung hinsichtlich des Zutrittes von unerwünschtem Oberflächenwasser.

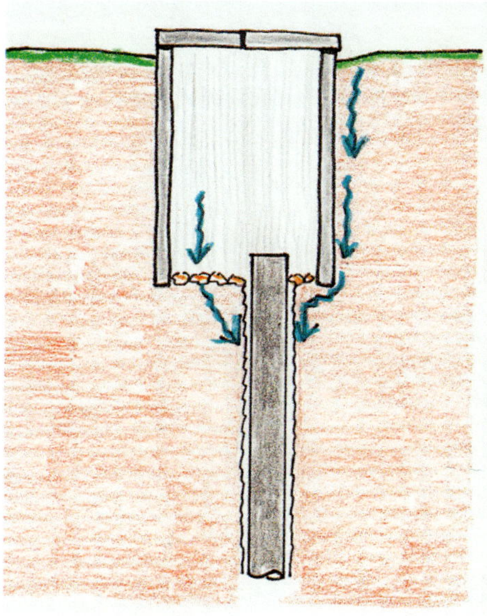

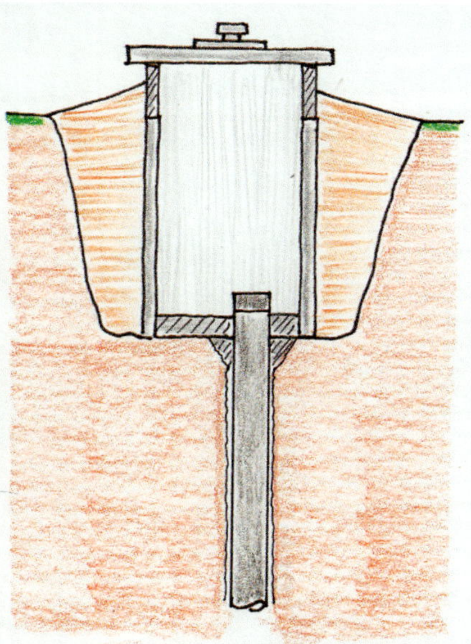

6-36 Oberflächenwasser auf dem Weg in die Bohrung (oben links).

6-37 Der sanierte Schacht des Bohrbrunnens (oben rechts).

Rammbrunnen/Schlagbrunnen

Rammbrunnen bzw. Schlagbrunnen trifft man dort an, wo Grundwasser nahe an der Oberfläche ansteht. Wasser kann nur bis maximal 7 m Höhe angesaugt werden. Darüber beginnt die Wassersäule „abzureißen". Für den Untergrund stellt ein Rammbrunnen den geringstmöglichen Störfaktor dar. Das Rohr mit wenigen Zentimetern Durchmesser wird ja nur eingeschlagen. Im Vergleich zu allen anderen Brunnentypen ist dies die schonendste Art, das Grundwasser zu erreichen.

Der Aufbau ist rasch erklärt:

- Das Rohr ist in einer Betonplatte (1) verankert.
- Die dichten Rohre (2) enden
- in einem gelochten Rohr (3), welches unterhalb des Grundwasserspiegels liegt.

Wir können alle folgenden Bestandteile im Fachmarkt erwerben:

- Das gelochte Rohr mit der Rammspitze,
- die ungelochten Aufsatzrohre und
- die Schlagmuffe, die das Gewinde beim Schlagvorgang schützt.

Der Materialaufwand für den Brunnen beträgt nur einige hundert Euro. Dies ist für einen Brunnen äußerst günstig.

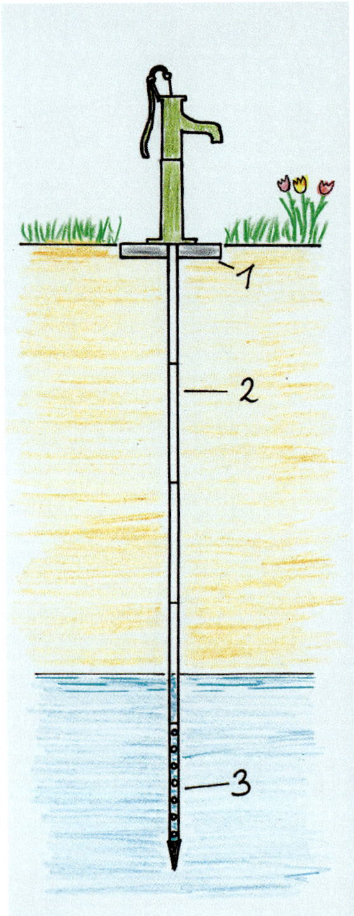

6-38 Das einfache System eines Rammbrunnens (oben links).

6-39 Ein gelochtes Rohr mit Rammspitze (oben Mitte).

6-40 Die typische Handpumpe für den Garten (oben rechts).

In allen Gegenden mit sandigem und kiesigem Untergrund, und davon gibt es viele, kann dieser Brunnentyp eingesetzt werden.

Voraussetzung ist natürlich, dass das Grundwasser entsprechend hoch ansteht. Ist dies der Fall, so weiß die heimische Bevölkerung sicher darüber Bescheid.

Neubau eines Rammbrunnens

- Mittels eines Erdbohrers bohren wir ein Loch mit einem Durchmesser von rund 10 cm in den Boden. 1 m Tiefe wird wohl reichen. Den Erdbohrer können wir im Fachmarkt ausleihen.
- Wir schrauben auf das Rohr mit der Rammspitze ein zweites, geschlossenes Rohr auf und stellen es in das vorgebohrte Loch. Wir verkeilen das Brunnenrohr so im Loch, dass es eine fixe mittige Lage einnimmt.
- Nun schrauben wir die Schlagmuffe auf das Gewinde auf und beginnen mit dem Einschlagen. Dazu verwenden wir einen Vorschlaghammer oder einen elektropneumatischen Abbruchhammer. Es sollte ein Hammertyp mit einer symmetrischen Form zum Einsatz kommen. Der Motor darf nicht seitlich angebracht sein, weil der Hammer ansonsten immer auf die Seite des Motors kippen wird. Auf der Schlagmuffe werden wir noch eine Führung befestigen müssen, damit der elektrische Hammer nicht abrutschen kann. Ein Dreibein mit Fallgewicht wäre eine besonders gute Methode, wird aber kaum zu finden sein.
- Rohr für Rohr wird aufgesetzt und in den Boden eingeschlagen, bis die gewünschte Tiefe erreicht ist.
- Das 1 m tiefe, vorgebohrte Loch verfüllen wir mit einer „bentonithältigen" Katzenstreu. Diese besteht ausschließlich aus trockenen Körnchen eines extrem saugfähigen Tons, der **Bentonit** genannt wird. Die Streu quillt auf und dichtet den ersten Meter sehr gut gegenüber Oberflächenwasser ab.
- Nun kann eine Saugleitung in den Brunnen gehängt werden. Sollte der Brunnen nur für den Garten verwendet werden, reicht eine Handpumpe aus dem Fachmarkt völlig aus (vergleiche **Bild 6-40**).

Sanierung eines Rammbrunnens

Ein Rammbrunnen wird im Laufe der Zeit versanden. Wir können versuchen, ihn mittels eines Wasserschlauches, den wir in das Rohr schieben, frei zu spülen. Wenn dies nicht hilft, geben wir ihn am besten auf. Ein neuer Rammbrunnen ist ja rasch errichtet. Vom alten Brunnen entfernen wir das oberste Rohr und verfüllen das verbliebene Loch. Dazu eignet sich ebenfalls Bentonit.

Kombination aus Brunnen und Quelle

In der Praxis kommt eine Kombination aus einem Brunnen und einer Quelle eher selten vor. Sie wird nicht von vornherein projektiert, sondern entwickelt sich im Laufe der Zeit. Zunächst besteht ein Brunnen. Dieser liefert aber zu wenig Wasser. Um keinen neuen Brunnen errichten zu müssen, wird versucht, den Brunnen mittels einer weiteren Quelle zu unterstützen.

Vorteil

- Der Brunnen wird auf diese Weise ein wenig mehr Wasser als zuvor liefern können.

6-41 Neben der Steigleitung liegt der Schlauch einer Quelle, die den Brunnen zusätzlich mit Wasser versorgt (roter Pfeil).

Nachteile

- Die Mischung von unterschiedlichen Wässern kann zu chemischen Reaktionen zwischen den Wässern führen, deren Auswirkung kaum einschätzbar ist.
- Der Effekt zur Hebung der Wassermenge ist eher gering. Wenn der Wasserspiegel im Brunnen höher ist als in der Umgebung, läuft Brunnenwasser wieder in die Umgebung aus. In Summe wird sich aber das unterirdische Reservoir in der Umgebung des Brunnens besser auffüllen und zu einem größeren Wasserangebot führen.

Eine Kombination aus Brunnen und Quelle sollte eher vermieden werden. Es wäre besser, die zusätzliche Quelle gleich mittels einer eigenen Leitung zu einer gewünschten Verbraucherstelle zu leiten.

Einfluss der Umgebung

Negative Einflüsse der Umgebung auf einen Brunnen stammen selten von der Natur. Zumeist sind wir Menschen es selbst, die die Umgebung aktiv zum Leidwesen eines Brunnens verändert haben. Eigentlich müsste dieser Abschnitt daher den Titel „Einfluss des Menschen" tragen.

Haus und Garten

Sehen wir uns nun mehrere Beispiele dafür an, wie der Brunnen durch Oberflächenwasser beeinflusst werden kann, und beginnen wir vor unserer Haustüre.

Senkgruben oder Abwassersammelgruben

Von den Baugesetzen her müssen diese Gruben ohnehin dicht sein. Deswegen wird nicht näher auf sie eingegangen.

Sickerschacht

In Baubewilligungsverfahren zur Errichtung eines Gebäudes wird oft vorgeschrieben, dass anfallende Dachwässer auf eigenem Grund zu versickern sind. Dies entspringt dem logischen Gedanken, dass man das Dachwasser ja nicht einfach zum Nachbarn weiterleiten kann. Die Versickerung geschieht dann zumeist über einen Sickerschacht, in welchen die Dach-

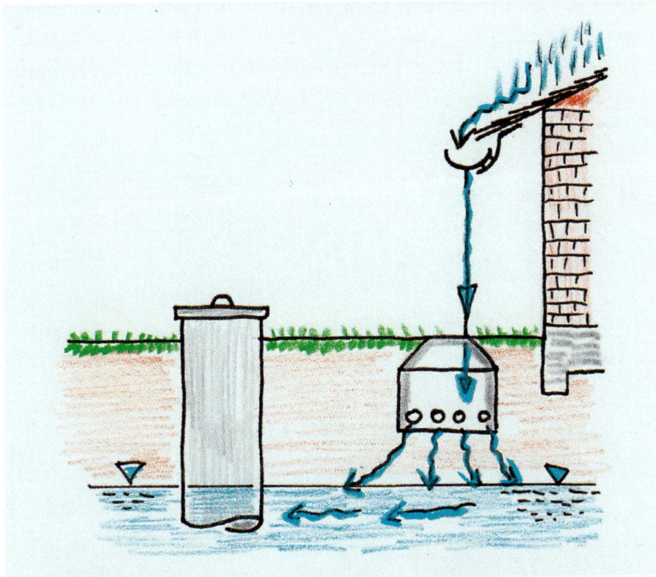

6-42 Niederschlagswasser wird über den Sickerschacht in das Grundwasser verfrachtet und gelangt in den Brunnen.

6-43 Dachrinne neben Brunnen.

rinnen entwässern können. Wenn ein Brunnen in der Nähe eines Sickerschachtes liegt, besteht die Möglichkeit, dass ein Teil des versickerten Regenwassers direkt vom Brunnen angesaugt wird.

Der Brunnen in **Bild 6-43** liegt in unmittelbarer Nähe zu einer Dachrinne. Den Eigentümern war der mögliche negative Einfluss auf den Brunnen bewusst. Aus diesem Grund wird die Dachrinne über ein dichtes Rohr an die andere Seite des Hauses abgeleitet, damit das Regenwasser erst in einem angemessenen Abstand zum Brunnen versickert.

Wetterseite

Auf der Wetterseite des Hauses kann im Laufe des Jahres viel Regen anfallen. Die Fassade wirkt als Hindernis, auf dem der Regen aufkommt und nach unten rinnt. Im Bereich der „Gred", also im befestigten und leicht erhöhten Bereich rund um das Haus, sickert das Wasser dann in den Untergrund. Häufig liegt eine **Gred** auf einer Schicht Kies. Von der Kiesschicht aus kann

Je Quadratmeter Fassadenfläche auf der Wetterseite können pro Jahr mehrere hundert Liter Regenwasser anfallen und nach unten fließen.

6-44 Brunnen an der Wetterseite des Hauses.

das Regenwasser dann leicht weiter in den Untergrund sickern. Im Laufe eines Jahres kommen auf diese Art und Weise große Wassermengen zusammen, die dann teilweise in den Brunnen gelangen können.

Pflasterungen beim Haus

Pflasterungen können das Einsickern von Regen begünstigen. Pflaster wird oft auf einer Schicht grober Steine verlegt, um eine schöne plane Untergrundfläche herstellen zu können. Der lose Steinuntergrund verhindert auch, dass sich das Pflas-

Beobachtung nach einem Regen

Ob ein Brunnen durch Regenwasser beeinflusst wird, können wir nur unmittelbar nach einem starken Regenguss beobachten. Wir öffnen den Brunnen also unmittelbar nach einem starken Regenereignis und leuchten mit einer starken Taschenlampe hinein. Wenn der Brunnen undicht ist, werden wir sicher eindringendes Regenwasser sehen können. Einige Zeit nach dem Regen ist dieses Schauspiel schon wieder vorüber. Daher sofort nach dem Regen in den Brunnen schauen!

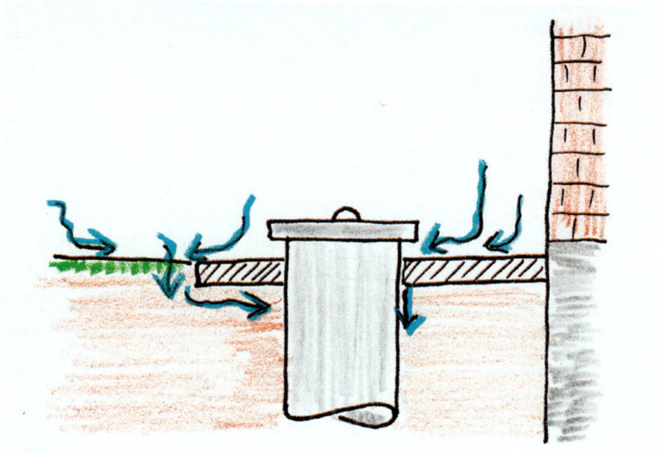

6-45 Ein Brunnen im Bereich der gepflasterten „Gred".

6-46 Regenwasser kann nicht mehr unter die Terrasse sickern.

ter im Winter wegen gefrierenden Wassers im Unterbau hebt. Daher wird diese Steinschicht auch als „Frostkoffer" bezeichnet. Manchmal sickert Regenwasser auch direkt in die Fuge zwischen Pflasterung und Brunnen ein.

Die Eigentümer der Terrasse in **Bild 6-46** haben das Problem erkannt. Hier ging es aber nicht um den Brunnen, sondern um den Umstand, dass die Kellerwand immer nass war. Regenwasser vom Hang sickerte unter dem Pflaster bis zum Haus und führte dann dort zu einer Vernässung der Mauer. Die Pflasterung ist nun von einer Drainage umrandet. Das Regenwasser kann nicht mehr unter das Pflaster gelangen, weil es zuerst von einer Betonhalbschale aufgefangen und über ein Rohr abgeleitet wird. Eine schöne Lösung, die auch im Falle von Brunnen angewendet werden kann.

Leitungskünette

Die Wasser- und die Stromleitung vom Brunnen zum Haus stellen eine weitere Schwachstelle dar. Oder besser gesagt, der Graben, in welchem sie verlegt sind. Gräben, die zur Verlegung von Leitungen dienen, werden als „Künetten" bezeichnet. Die Künette kann die Wirkung einer Drainage entfalten. Regenwasser dringt in die Künette ein und sickert dann entlang der Wasserleitung in Richtung des Gefälles der Künettensohle. Wenn das Gefälle zum Brunnen weist, sickert das Wasser in den Brunnenschacht. Weist das Gefälle zum Haus, wird die Kellerwand feucht sein. Wir sanieren diese Schwachstelle, indem wir die Künette wieder freilegen, um sie danach mit Lehm zu verfüllen.

6-47 Wasserzutritt über die Künette.

6-48 Die Leitungskünette zum Gebäude liegt unter dem Pflaster.

Die Wasserleitung zum Gebäude in **Bild 6-48** verläuft unter dem dicht verfugten Pflaster. In diese Künette kann daher kein Regenwasser eindringen.

Brunnen mit Pumpenschacht

Manchmal steht ein separater Pumpenschacht neben dem Brunnen. Der Vorteil liegt auf der Hand. Die Pumpe sowie der Windkessel können in einem separaten Schacht viel leichter gewartet werden, als wenn sie im Brunnen montiert wären. Pumpenschächte weisen häufig eine offene Sohle auf. Dort kann aber Regenwasser in den Untergrund eindringen. Sollte der Raum zwischen den beiden Schächten zu locker verfüllt worden sein, sucht sich das Regenwasser auch einen Weg durch diesen Bereich.

Wir können diese Schwachstelle verbessern. Zunächst betonieren wir die Sohle des Pumpenschachtes. Dann legen wir den Bereich zwischen Brunnen und Pumpenschacht frei und

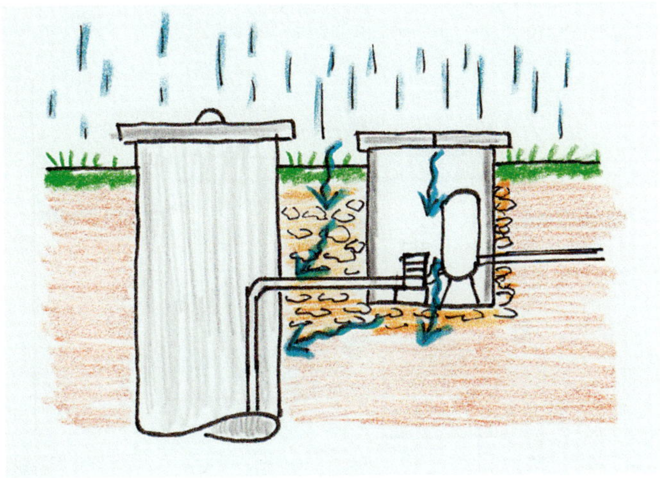

6-49 Ein Brunnen mit separatem Pumpenschacht.

6-50 Der Pumpenschacht mit rechteckigem Grundriss steht unmittelbar neben dem runden Brunnen.

tauschen das möglicherweise durchlässige Material gegen ein lehmiges aus.

Zwei benachbarte Brunnen oder Schachtquellen

Nicht immer handelt es sich beim benachbarten Schacht um einen Pumpenschacht. In der Praxis stehen manchmal auch zwei Brunnen oder zwei Schachtquellen unmittelbar nebeneinander. Auch hier kann der Bereich zwischen den beiden Bauwerken locker und durchlässig sein.

Für eine Verbesserung der Situation tauschen wir genauso wie beim vorigen Beispiel das lockere Material zwischen den beiden Schächten gegen ein lehmiges aus.

6-51 Zwei Brunnen bzw. zwei Schachtquellen nebeneinander.

In **Bild 6-52** können wir erkennen, dass die beiden Brunnen oder Schachtquellen direkt nebeneinander stehen. Es kann leicht sein, dass Regen zwischen den beiden Schächten einsickern kann und dann in die Anlagen einsickert.

6-52 Die gleiche Situation in der Praxis.

Pflasterungen im Gartenbereich

Genauso wie im Bereich des Hauses werden auch gerne Flächen im Bereich des Gartens gepflastert. Ein moderner Brunnen stellt ein schmuckloses Bauwerk dar. Wenn er von einem hübschen Pflaster umgeben ist, kann er optisch besser in den Garten integriert werden. Wir kennen nun schon die Schwachstellen eines Pflasters und wissen, welchen unerwünschten Weg das Regenwasser einschlagen kann.

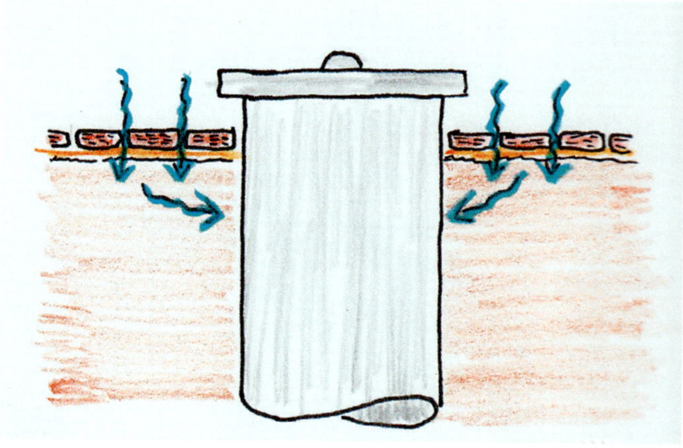

6-53 Brunnen mit Pflaster umsäumt.

6-54 Eine schöne und fachlich perfekte Pflasterung.

6-55 Große, dicht verfugte Steinplatten.

Wir sanieren diese Schwachstellen auf die gleiche Art, wie sie schon in **Bild 6-14** dargestellt wurden. Das Pflaster rund um den Brunnen in **Bild 6-54** wurde vorbildlich angeordnet. Es ist vom Brunnen weg geneigt, wodurch das Regenwasser erst einmal in Richtung Wiese ablaufen muss. Die Fugen des Pflasters sind absolut dicht.

Auch **Bild 6-55** zeigt ein gelungenes Beispiel dafür, wie ein undichtes Pflaster gegen große Steinplatten ausgetauscht werden kann. Die Fugen sind mit Fugenmörtel dicht verfüllt. Das Gefälle der Platten neigt sich vom Schacht weg.

Zum Brunnen hin abfallendes Gelände

Ein sehr häufiger Grund für den Eintritt von Regenwasser in den Brunnen stellt die Neigung des Geländes in unmittelbarer Umgebung dar. Ein zum Brunnen abfallendes Gelände macht es Regenwasser sehr leicht, in den Schacht zu gelangen. Die Sanierung wurde beim Schachtbrunnen in **Bild 6-11** bereits beschrieben.

6-56 Regenwasser kann hier leicht eindringen.

Brunnen in geschottertem Bereich

Ein geschotterter Bereich vor einem Haus hat viele Vorteile. Man trägt keinen Schmutz in das Haus, die Herstellung ist einfach und kostengünstig. Obendrein schaut eine solche Fläche oft schön aus.

Der Nachteil liegt leider darin, dass die den Brunnen schützende Humusschicht durch Kies oder Schotter ersetzt wurde. Regenwasser kann nun sehr leicht eindringen. Sanierungsvorschläge dazu finden Sie im Kapitel über Schachtbrunnen.

Auch Blumenbeete mit ihrem lockeren Boden erleichtern den Zutritt von Oberflächenwasser. Sie sollten nicht zu nahe am Brunnen liegen.

6-57 Ein Brunnen in einem geschotterten Bereich vor dem Haus.

Leitungen im Bereich des Brunnens

Ein Haus ist in der Regel mit mehreren Leitungen an die öffentliche Infrastruktur angeschlossen: Wasser, Kanal, Strom, Breitband-Internet, Kabelfernsehen etc. Diese Leitungen liegen in Gräben (Künetten) und sind normalerweise in einem Sand- oder Kiesbett verlegt. Das durchlässige Material in der Künette wirkt nun wie eine Drainage und zieht Oberflächenwasser an. Dieses Wasser sickert dann weiter in Richtung Kü-

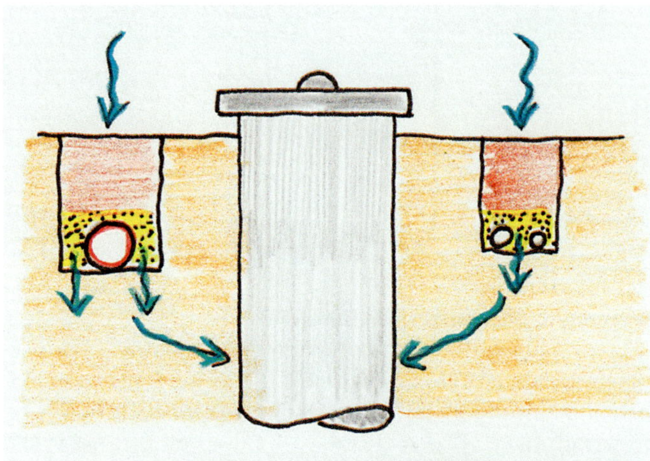

6-58 Künetten (= Leitungsgräben) neben einem Brunnen.

6-59 Eine im Bau befindliche Drainageleitung.

nettengefälle. Wenn ein Brunnen ganz in der Nähe steht, wird ein Teil des Sickerwassers auch dort hineinfinden. Dieser Zusammenhang ist in **Bild 6-58** schematisch dargestellt.

In **Bild 6-59** sehen wir eine in Bau befindliche Drainage. Vom Rand der Künette ist Bodenmaterial auf das Rohr gefallen. Es muss noch entfernt werden, ehe das Rohr mit Kies bedeckt wird. Einsickerndes Oberflächenwasser wird dann einen Weg über die Schlitze in das Drainagerohr suchen und abgeleitet werden. Dichte Leitungen, z. B. Kanäle, weisen diesen Vorteil eines gelochten Rohres nicht auf. Das Oberflächenwasser sammelt sich in der Künette und sucht sich einen anderen Weg.

Größere Grabungsarbeiten rund um das Haus

Manchmal kann Oberflächenwasser größere Strecken im Untergrund rasch und problemlos zurücklegen. Die Ursache dafür liegt in Grabungsarbeiten, die schon sehr lange zurückliegen können. Dabei wurden stets mächtigere Bodenschichten abgetragen, die das Grundwasser bis dahin gut geschützt hatten. In der Praxis kommt dieser Fall häufig vor. Viele Gebäude werden im Bereich eines abgegrabenen Hanges errichtet. Die Kellermauern wirken dann wie Staumauern und zwingen das Oberflächenwasser, an Ort und Stelle zu versickern.

Bild 6-60 zeigt, wie Oberflächenwasser durch die Bauweise eines Gebäudes in einen Brunnen gelangen kann. Der Hang wurde einst angeschnitten und mit eher lockerem Ma-

6-60 Gebäude auf einem Hangstandort. Der Brunnen liegt im Keller.

terial verfüllt. Die schützende Bodenschicht wurde durch den gesamten Hausbau abgetragen. Oberflächenwasser kann nun ohne Widerstand mehrere Meter tief eindringen. Von dort ist es nicht mehr weit zur Wasserader, die den Brunnen im Keller speist. Würde der Brunnen nicht im Haus, sondern außerhalb liegen, wäre der Effekt der gleiche. Eine mögliche Sanierung ist im Kapitel Quellen dargestellt (**Bild 5-89**).

In **Bild 6-61** sehen wir eine Möglichkeit für eine Sanierung. Oberflächenwasser vom Hang und vom Bereich vor dem Gebäude soll über eine neue Drainage abgeleitet werden. Die

6-61 Ableitung von Oberflächenwasser über eine Drainage.

Zufahrt zum Gebäude wurde abgesenkt und mit durchlässigem Material teilweise wieder aufgebaut. Später soll ein Teil der Zufahrt asphaltiert werden. Das Gefälle des Untergrundes (blauer Pfeil) verläuft in Richtung eines Drainagerohres (roter Pfeil). Nach Abschluss der Arbeiten kann Oberflächenwasser auch unter der neuen Zufahrt hindurch nicht zur Kellermauer fließen. Durch das Gefälle des Untergrundes wird es dem Drainagerohr zugeführt. Eine aufwendige, aber wirkungsvolle Methode.

Vegetation Wald

Aus Sicht der Wasserqualität wäre Wald bestens als Brunnenstandort geeignet. Der Wald benötigt aber selbst viel Wasser. Regenwasser gelangt auch oft nicht auf den Waldboden, weil es bereits von den Blättern abgefangen wird. Im Untergrund des Waldes herrscht also ein trockeneres Milieu als im Freiland.

Brunnen für einzelne Häuser und Bauernhöfe werden eher selten in Wäldern errichtet, weil die Bäume die Arbeiten zusätzlich erschweren. Wenn es eine andere Möglichkeit gibt, z. B. eine Lage am Waldrand, wird diese auch genutzt werden.

6-62 Ein Brunnen in einem jungen Wald.

Vegetation Wiese

Wir wissen alle, dass ein guter Humus eine enorme Filterwirkung aufweist. Mögliche Schadstoffe werden im Humus erst einmal gebunden und dann von den Mikroorganismen abgebaut. In Pflanzenkläranlagen wird diese reinigende Wirkung der Mikroorganismen erfolgreich künstlich nachgestellt.

6-63 Wie schon bei den Quellen angesprochen ist eine kräftige Wiese mit einer guten Humusauflage ein perfekter Schutz für das darunterliegende Grundwasser.

Eine landwirtschaftliche Bewirtschaftung auf einer Wiese tut einem guten Wasser ebenfalls keinen Abbruch. Vor allem hangaufwärts sollte aber ein ausreichender Abstand beim Ausbringen von Wirtschaftsdünger (Mist, Jauche, Gülle) eingehalten werden.

Vegetation Weide

Die Weide stellt eine Belastung für die so wichtige Humusschicht im Bereich eines Brunnens dar. Die Huftritte der Tiere verursachen kleine Löcher, durch die Oberflächenwasser einfacher als sonst in den Boden eindringen kann. Darum ist ein gewisser Bereich um den Brunnen vor den Weidetieren zu schützen.

6-64 Brunnen inmitten einer landwirtschaftlichen Wiese.

6-65 Brunnen mit Pumpenschacht inmitten einer Weide.

Bild 6-65 zeigt eine gute Lösung dieses Problems. Dieser Brunnen mit separatem Pumpenschacht wurde großzügig ausgezäunt. Hangaufwärts könnte die Umzäunung durchaus noch größer ausfallen, weil das Vieh mit seinen Hufen einen Weg entlang des Zaunes ausgetreten hat. Dieser lässt Oberflächenwasser ohne schützende Humusschicht versickern.

Brunnen sind gegen Verunreinigungen wegen der zumeist größeren Bodenüberdeckung auf jeden Fall besser geschützt als Quellen. Trotzdem sollte vor allem hangaufwärts ein ausreichender Abstand mit Dünger und Viehweide eingehalten werden. Aufgrund der unterschiedlichen Verhältnisse lassen sich kaum allgemeingültige Meterangaben machen. Das Motto lautet aber: „Besser zu viel Abstand als zu wenig."

Tafeln wie in **Bild 6-66** weisen auf Wasserschutzgebiete für öffentliche Wasserversorgungsanlagen hin. Bei Einzelanlagen wären sie übertrieben. Trotzdem sollten wir uns der Wichtigkeit des Schutzes bewusst sein.

6-66 Hier beginnt ein Wasserschutzgebiet.

Vegetation Acker

Ein Ackerboden unterliegt einem ständigen Wechsel zwischen Bewuchs und maschineller Lockerung. Für Brunnen ist eine Umgebung mit einer ganzjährig intakten Humusschicht besser geeignet als ein Ackerboden. Wenn sich Brunnen inmitten eines Ackers befinden, handelt es sich meist um Bewässerungsbrunnen, die wasserrechtlich zu bewilligen sind. Wenn sie sich inmitten eines Ackers befinden, können Feldfrüchte und Gemüse ohne lange Leitungen bewässert werden.

Da ein Brunnen ein Bewirtschaftungshindernis im Acker darstellt, wird er dort nicht für Trinkwasserzwecke errichtet. Im Gegensatz zu Quellen, die an einer bestimmten Stelle entspringen, ist ein Brunnen nicht unbedingt standortgebunden. Wenn er an einer Stelle nicht gut situiert ist, wird er verlegt und entnimmt das Grundwasser an einer anderen Stelle. In der Praxis geht es also nur darum, dass ein Brunnen ausrei-

6-67 Ein Bewässerungsbrunnen nach seinem Winterschlaf. Der Anschlussstutzen für die mobile Saugpumpe ist gut erkennbar.

6-69 Diese öffentliche Brunnenanlage zur Versorgung einer Gemeinde liegt weit genug vom benachbarten Acker entfernt. Brunnen für die öffentliche Wasserversorgung sind in der Regel eingezäunt.

6-68 Dieser Brunnen liegt gut geschützt in einer Wiese. Der Acker ist ausreichend weit entfernt.

chend weit vom Acker entfernt ist. In den **Bildern 6-68** und **6-69** sehen wir zwei Beispiele dazu.

Straßen, Leitungsbauten, Siedlungen

Straße

Wenn eine Straße quer über einen Hang verläuft, muss dieser angegraben werden. Die bisherige schützende Humus- und Bodenschicht wird dadurch lokal abgetragen. Dies muss nicht, kann aber ein Problem darstellen. Eine typische Situation ist in **Bild 6-70** dargestellt. Die Straße überquert die zufließende Wasserader. Aus diesem Grund soll der hangseitige Graben der Straße gut funktionieren. Oberflächenwasser muss rasch abgeleitet werden, damit es nicht über der Wasserader in den Untergrund versickern kann.

6-70 Brunnen unterhalb einer Straße im Hang.

Eine Straße kann auf zwei Arten einen Einfluss ausüben. Erstens kann Straßenwasser direkt zum Schacht abfließen, zweitens kann Wasser, welches im Straßengraben fließt, in

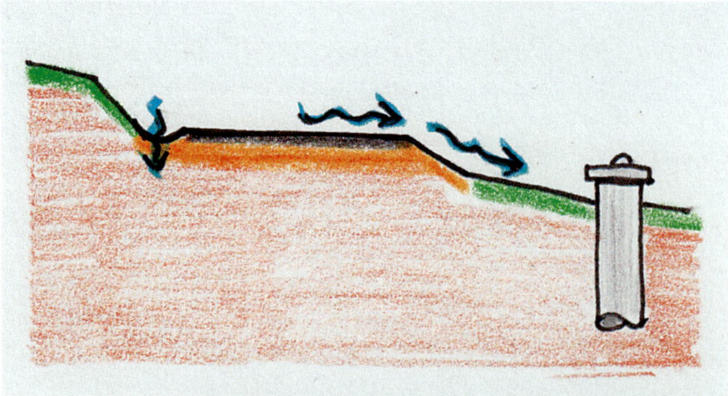

6-71 Möglicher Einfluss einer Straße auf einen Brunnen.

6-72 Durch eine „Halbschale" aus Beton könnte der Brunnen gegen Straßenwasser gut geschützt werden.

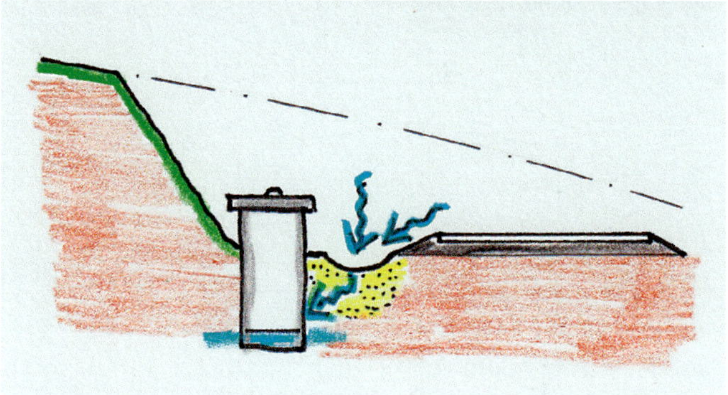

6-73 Verunreinigungen im Straßengraben könnten in den Brunnen gelangen.

den Untergrund versickern und dort vielleicht in eine seichtere Wasserader gelangen.

Diese Straße in **Bild 6-72** weist ein Gefälle in Richtung des Brunnens auf. In der Tiefenlinie zwischen Straße und Brunnen sollte eine „Halbschale" aus Beton verlegt werden, damit Straßenwasser vom Brunnen weggeleitet wird.

Bei einem Unfall ist es möglich, dass Treibstoff oder Öl in den Straßengraben gelangt. Je näher sich ein Brunnen an einer Straße befindet, desto größer ist die Gefahr, dass Öl oder Treibstoff auch in den Brunnen gelangt. Auch Streusalz kann dem Brunnen schaden, indem es den Beton angreift.

6-74 Hoffentlich passiert hier kein Autounfall!

Leitungsbauten

Die Verlegung von Infrastruktur findet sehr häufig unter der Erde in Leitungsgräben (Künetten) statt. Wasser, Kanal und Strom sind nur einige Beispiele dafür.

Für seichtere Wasseradern könnten sich negative Folgen ergeben.

Bedenken der Behörde frühzeitig melden

Wenn Sie im Falle eines nahegelegenen Bauvorhabens Bedenken hegen und eine Beeinträchtigung Ihres Brunnens befürchten, melden Sie sich am besten bei der Behörde, die dieses Bauvorhaben genehmigt. In den meisten Fällen wird das die Bezirkshauptmannschaft sein. Die Behörde wird sich Ihre Bedenken anhören und dann entscheiden, ob und wie darauf reagiert werden soll.

6-75 Leitungsbauten sind für eine moderne Gesellschaft wichtig.

6-76 Errichtung eines öffentlichen Kanals.

6-77 Ein Keller erfordert eine sehr große Baugrube.

6-78 Ein Pool muss von außen gut gestützt werden. Entweder durch Kies oder durch durchlässigen Drainagebeton, wie hier im Bild.

Siedlungen

In Siedlungen wird das Gelände oft großzügig abgegraben und verändert. Wir Hausbauer leisten alle einen Beitrag dazu. Dies stellt keine ideale Umgebung für einen Brunnen dar. An vielen Ecken und Enden fehlt die schützende Humusschicht. Die Hinterfüllung von Kellern mit Kies und die Errichtung von Sickerschächten tragen ebenfalls dazu bei, Oberflächenwasser den Weg in das Grundwasser zu erleichtern.

Alle Öffnungen im Boden erleichtern den ungefilterten Zutritt von Oberflächenwasser in den Untergrund. Dazu zählen auch unsere geliebten Pools und Schwimmteiche.

Gelände

Wasser rinnt nun einmal bergab. Die Neigung des Geländes hat folglich einen großen Einfluss darauf, ob Oberflächenwasser ein Problem darstellen kann. Wenn ein Brunnen am tiefsten Punkt im Gelände liegt, wird Oberflächenwasser immer ein Thema sein.

Wir können dieses Problem dadurch mildern, dass wir den Brunnen erhöhen und das Gelände um ihn kegelförmig anschütten. Wir erreichen dadurch, dass das Oberflächenwasser in einem Bogen um ihn wegrinnen muss.

Bild 6-80 ist ein gutes Beispiel dafür: Dieser Brunnen liegt im Bereich einer Tiefenlinie. Daher wurde er richtigerweise

6-79 Ein Brunnen in einer Geländesenke.

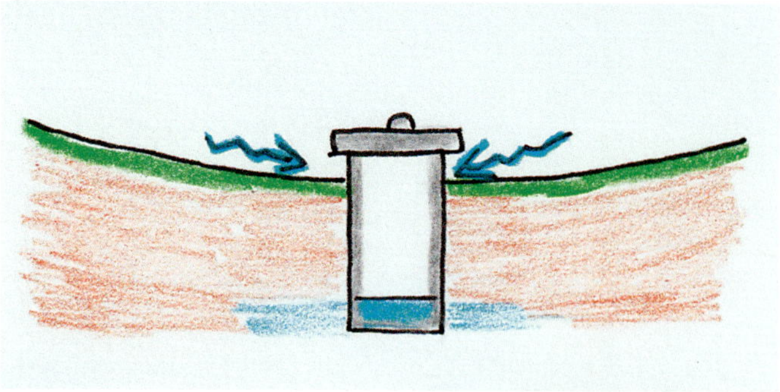

6-81 Kreisförmige Drainage rund um einen Brunnen.

6-80 Ein erhöhter Brunnen in einer Geländevertiefung.

6-82 Brunnen im Wald.

stark aus dem Gelände emporgehoben und mit einem Erdwall umgeben (rot). Der junge Baum sollte nun aber noch entfernt werden, bevor er zu groß wird (blau).

Statt einer Erhöhung des Brunnens gibt es noch eine andere Art, das Oberflächenwasser von der Anlage fernzuhalten. Beim Brunnen in **Bild 6-81** war den Eigentümern bewusst, dass ein Einfluss von Oberflächenwasser besteht. Sie errichteten eine halbkreisförmig verlaufende Drainage. Sie nimmt das Oberflächenwasser auf, welches von den höheren Gebieten der Umgebung zum tiefer gelegenen Brunnen sickert.

Diese Drainage stellt einen wirkungsvollen Schutz dar. Sie ist aber gut zu pflegen, damit sie nicht zuwächst. Der Kies der Drainage soll stets bis an die Oberfläche reichen.

Es ist nicht schwer, einen ungünstigen Geländeverlauf festzustellen. Sehen wir uns ein weiteres Beispiel in **Bild 6-82** an. Wir erkennen deutlich, wie das Gelände knapp beim Brunnen zu diesem hin abfällt. Glücklicherweise kann dieses Problem sehr einfach gelöst werden. Wir graben den Brunnen rundherum ein wenig ab und versehen ihn mit einem Lehmschlag, der zum Brunnen hin ansteigen sollte. Die unmittelbar beim Brunnen stehende Fichte entfernen wir bei dieser Gelegenheit mitsamt ihrem Wurzelstock. Das dadurch entstehende Loch verschließen wir ebenfalls mit Lehm.

6-83 Das Foto 6-82 nochmals im zeichnerischen Querschnitt dargestellt.

Lage zu Haus/Hof

Viele Brunnen liegen im Gelände tiefer als das Gebäude, welches sie mit Wasser versorgen. Wenn eine Wasserleitung direkt hangaufwärts führt, kann Oberflächenwasser entlang der Leitung wieder hinab zum Brunnen fließen. Es wird dort sicher einen Weg in den Schacht oder in die Wasserader finden. Dieses Phänomen muss nicht unbedingt auftreten, aber es kommt durchaus häufig vor.

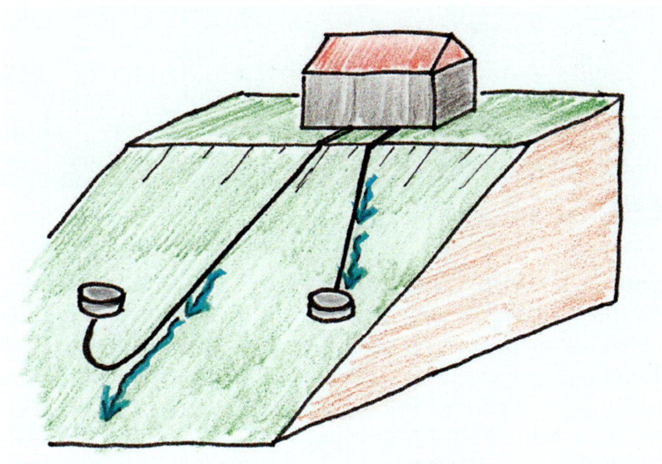

6-84 Der Weg des Oberflächenwassers entlang von Leitungen.

In **Bild 6-84** wird der Weg des Oberflächenwassers deutlich. Die Wasserleitung des rechten Brunnens verläuft direkt hangaufwärts. Oberflächenwasser kann zum Brunnen sickern. Beim linken Brunnen wird dies verhindert, weil seine Leitung erst ein paar Meter hangabwärts verläuft und erst dann in einem Bogen hangaufwärts verschwenkt wird.

Hangaufwärts führende Druckleitung zuerst hangabwärts verlegen

Eine Leitung, die hangaufwärts führen soll, ist daher vom Brunnen aus zuerst ein paar Meter hangabwärts zu legen. Erst danach soll sie in einem Bogen hangaufwärts verlaufen.

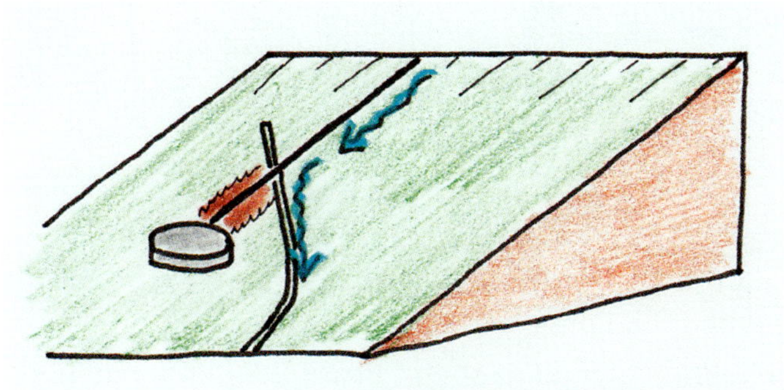

6-85 Schräg zum Hang verlegte Drainage.

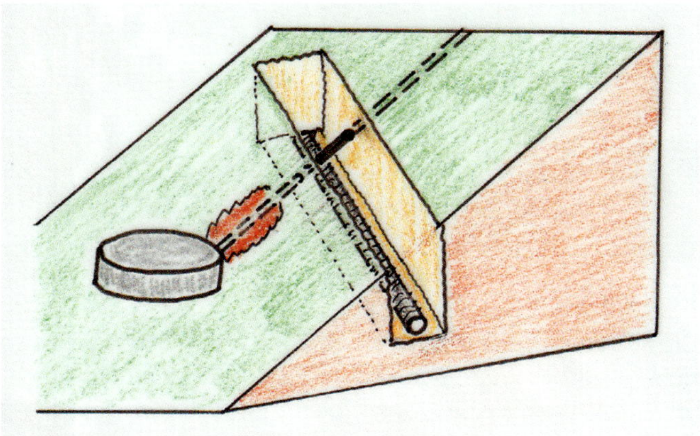

6-86 Im Drainagegraben (gelb) liegt das Drainagerohr.

In **Bild 6-85** können wir sehen, wie das Problem einer Wasser führenden Künette behoben werden kann. Wir errichten eine Drainage schräg zum Hanggefälle. Sie wird das Oberflächenwasser der Künette ableiten, noch bevor es den Brunnen erreicht.

Gehen wir diese Art der Sanierung im Detail durch:

- Die Drainage wird schräg zum Hang gegraben.

- Das Drainagerohr wird unter die Wasserleitung gelegt.
- Zwischen der neuen Drainage und dem Brunnen wird die Wasserleitung in Lehm verlegt (braun).

Das Oberflächenwasser wird nun in die Drainage (strichpunktiertes Rohr) gelenkt und fließt schräg am Brunnen vorbei hangabwärts. In den Drainagegraben (gelb) füllen wir zunächst eine Lage Kies. Darüber kommt das normale Bodenmaterial.

6-87 Nach einem starken Regen ist das Wasser noch nicht versickert.

Hochwasser

Die Kraft des Wassers wird erst im Zuge eines Hochwassers so richtig spürbar. Wenn sich ein Stoff, der 1000 kg pro Kubikmeter wiegt, in Bewegung setzt, bleibt im wahrsten Sinne des Wortes kein Stein auf dem anderen. Ein Hochwasser kommt selten vor. Die Folgen sind für einen Brunnen jedoch schwerwiegend.

Brunnen und Quellen liefern während oder nach einem Hochwasser oft kein Trinkwasser. Wenn Wasser dennoch als Trinkwasser verwendet wird, ist es mindestens drei Minuten abzukochen. Am besten wird aber auf Flaschenwasser ausgewichen.

Kleinere Überschwemmungen auf der Wiese wie in **Bild 6-87** stellen noch kein großes Problem dar. In diesem Fall regnete es so stark, dass der wassergesättigte Boden den neuerlichen Regen nicht mehr aufnehmen konnte. Wenn ein Brunnen von einer kleinräumigen Überschwemmung betroffen ist, sollte die negative Auswirkung nach ein paar Tagen abgeklungen sein.

Eine Überschwemmung, die durch einen Bach oder einen Fluss verursacht wird, hat jedoch durchaus große Auswirkungen:

- Das Hochwasser kann direkt in den Brunnenschacht fließen.
- Das Grundwasser wird durch das Hochwasser großräumig kontaminiert.

Bild 6-88 zeigt eine Situation aus dem verheerenden Donauhochwasser im Jahr 2013. Das Wasser zieht sich gerade aus dem Feld zurück. Das darunterliegende Grundwasser ist für einen gewissen Zeitraum nicht genießbar.

6-88 Donauhochwasser 2013.

Baulicher Schutz für den Brunnen

Ein Brunnen muss stets über den höchsten zu erwartenden Hochwasserspiegel emporgezogen werden. Wenn diese Höhe nicht bekannt ist, schätzen wir sie einfach und geben einen Sicherheitszuschlag von z. B. 20 cm dazu. Das sollte reichen.

Der Brunnen in **Bild 6-90** war durch ein Hochwasser vom nahegelegenen Fluss gänzlich überflutet worden. Er ist be-

6-89 Hochwasser soll nicht direkt in einen Brunnen gelangen können.

6-90 Im Garten sind die Spuren des Hochwassers noch deutlich erkennbar.

reits innen und außen gereinigt worden. Trinkwasser wird er aber erst wieder in einigen Monaten liefern können, weil das Grundwasser noch verkeimt ist. In Gebieten, die einer Flut direkt ausgesetzt sind, ist davon auszugehen, dass die Regenerierung des Grundwassers zwei bis drei Monate beträgt. Bis dahin sollte am besten Wasser aus Flaschen zum Trinken verwendet werden.

In den **Bildern 6-91** und **6-92** gehen wir einen weiteren Praxisfall durch. Die Bäume im Hintergrund stehen entlang eines Baches. Im Falle eines Hochwassers steigt der Bach über sein Ufer und kann den Talboden überfluten. Der Brunnen wurde im Hinblick auf dieses Problem baulich verbessert. Ganz richtig wurde sein Schacht ausreichend über das Gelände hochgezogen. Auf diese Weise kann das Hochwasser nicht von oben in den Brunnen eindringen.

6-91 Brunnen (roter Pfeil), Bach (blaue Pfeile).

6-92 Der Brunnen aus Bild 6-91 aus der Nähe.

Hochwässer entlang von Flüssen treffen die Menschen immer unerwartet. Die Hoffnung, dass schon nichts passieren wird, überdeckt die reale Gefahr.

Ungewöhnliche Wasserstände beobachten

Kontrollieren Sie die Wasserstände und die Quellschüttungen. Ein ungewöhnlich hoher Grundwasserstand lässt darauf schließen, dass das Wasser nach wie vor kontaminiert ist. Erstes Anzeichen der Beruhigung der Wasserverhältnisse ist ein normaler Grundwasserstand bzw. eine normale Quellschüttung.

6-93 Ein wunderbarer Blick in metertiefes kristallklares Wasser. Nur die Spiegelung des Himmels beeinträchtigt die Sicht.

Reinigung der Anlage

Nach der Normalisierung der Wasserstände bzw. der Wasserschüttungen sind mögliche Verschmutzungen in den Schächten und den Behältern zu beseitigen. Eine eventuelle Restverunreinigung baut sich mit der Zeit ab. Eine Chlorierung des Brunnens oder eines Wasserbehälters ist wenig sinnvoll, wenn das Grundwasser nach wie vor verkeimt ist.

Eigenschaften des Brunnens kennenlernen

Je tiefer der Grundwasserspiegel liegt, desto verzögerter reagiert das Grundwasser auf jahreszeitliche Unterschiede. Wir dürfen also erwarten, dass ein tiefer Brunnen kaum mit der Oberfläche in Verbindung steht. Ausnahmen können natürlich auch hier vorkommen.

Wasserstand

Je stärker der Wasserstand über das Jahr schwankt, desto jünger ist das Grundwasser. Wenn die Höhe des Wasserspiegels in trockenen Monaten mit der Zeit immer weiter absinkt, wird es sich sogar um sehr junges Grundwasser handeln. Über das Alter des Grundwassers können mögliche Rückschlüsse auf die Wasserqualität gezogen werden. Folgende zwei Betrachtungen können uns helfen, das Alter des eigenen Grundwassers einzuschätzen.

- Junges Grundwasser: Der Wasserstand im Brunnen reagiert innerhalb von zwei bis drei Monaten auf Regen- oder Trockenperioden.
- Altes Grundwasser: Der Wasserstand im Brunnen reagiert überhaupt nicht auf klimatische Schwankungen.

Beispiel: Wenn der Grundwasserspiegel vier Monate nach einer Regenperiode ansteigt, so wird das Grundwasser ein Alter von vier Monaten aufweisen.

Diese Abschätzung wird aus wissenschaftlicher Sicht wohl nicht immer halten, aber für unsere Zwecke reicht sie völlig aus.

Trübung

Brunnen weisen eine geringere Trübung als Quellen auf, weil tiefer liegendes Grundwasser wenig Trübstoffe transportiert. Häufig ist es das ganze Jahr über kristallklar.

Mit der Zeit wird eine Brunnensohle aber mehr oder weniger versanden bzw. verschlammen. Das ist ein natürlicher Prozess, weil sich auch geringste Trübungen über die Jahre als eine dichte Schicht absetzen können. Diese wiederum erschwert dem Grundwasser den Weg in den Brunnen.

Wir könnten probieren, diese Schlammschicht mit einem Werkzeug zu lockern und mit einer Schmutzwasserpumpe zu entfernen. Am besten wenden wir uns aber an eine Brunnenbaufirma, die über entsprechende Geräte zur Reinigung der Sohle verfügt.

Bei modernen Bohrbrunnen kann es vorkommen, dass in den ersten Monaten nach der Fertigstellung trübes Wasser gefördert wird. Dieser Effekt sollte aber nach ein paar Monaten verschwunden sein. Wenn dies nicht der Fall ist, wurde vielleicht eine zu starke Pumpe eingesetzt, die den Wasserstand abrupt zu tief absenkt. In der Folge kommt es zu einer hohen Strömungsgeschwindigkeit im neu zuströmenden Grundwasser, wodurch übermäßig viele Feinteile aus der Umgebung mitgerissen werden. Beim Bohrbrunnen wurde dieses Thema bereits behandelt.

Trübungen können auch durch chemische Bestandteile des Wassers hervorgerufen werden. Im Kapitel über den Trinkwasserbefund wird darauf eingegangen.

Brunnen verschließen

Ein nicht mehr benötigter Brunnen sollte fachmännisch verschlossen werden. Einerseits kann er eine Unfallgefahr darstellen, andererseits könnte über ihn Oberflächenwasser in das Grundwasser gelangen und so den neuen, in der Nähe liegenden Brunnen negativ beeinträchtigen. **Bild 6-94** zeigt eine solche mögliche Beeinträchtigung. Der neue Brunnen entnimmt Grundwasser, das durch den undichten benachbarten Brunnen verunreinigt wurde. Durch den alten Brunnen kann Oberflächenwasser auf direktem Weg rasch in das Grundwasser gelangen.

6-94 In dieser Skizze wird deutlich, wie ein alter undichter Brunnen einen neuen beeinträchtigen kann.

Richtige Verfüllung eines alten Brunnens

Schritt 1
Im Bereich des Grundwassers wird gewaschener Kies eingefüllt. Wir füllen ein wenig höher als der höchstens zu erwartende Wasserstand (vergleiche **Bild 6-95**).

Schritt 2

- Wir füllen den Brunnen nun bis auf 1,5 m unter Geländekante mit Bodenmaterial auf, das jedoch frei von Humus ist. Vom aufgefüllten Schacht geht nun keine Gefahr mehr aus.
- Danach entfernen wir die obersten 1,5 m vom Schacht. Dadurch entsteht eine mehr oder weniger breite Grube (vergleiche **Bild 6-96**).

Auf das fachgerechte Verfüllen alter Brunnen wird häufig vergessen. Das kann negative Folgen für das umgebende Grundwasser mit sich bringen.

Schritt 3
Die Grube wird mit Lehm aufgefüllt, weil dieser eine gute abdichtende Wirkung aufweist. Wir bringen ihn Lage für Lage ein. Jede Lage wird verdichtet. Mit der Zeit wird sich die Lehmschicht ein wenig setzen. Aus diesem Grund bringen wir noch zusätzlichen Lehm auf und formen einen Hügel. Über

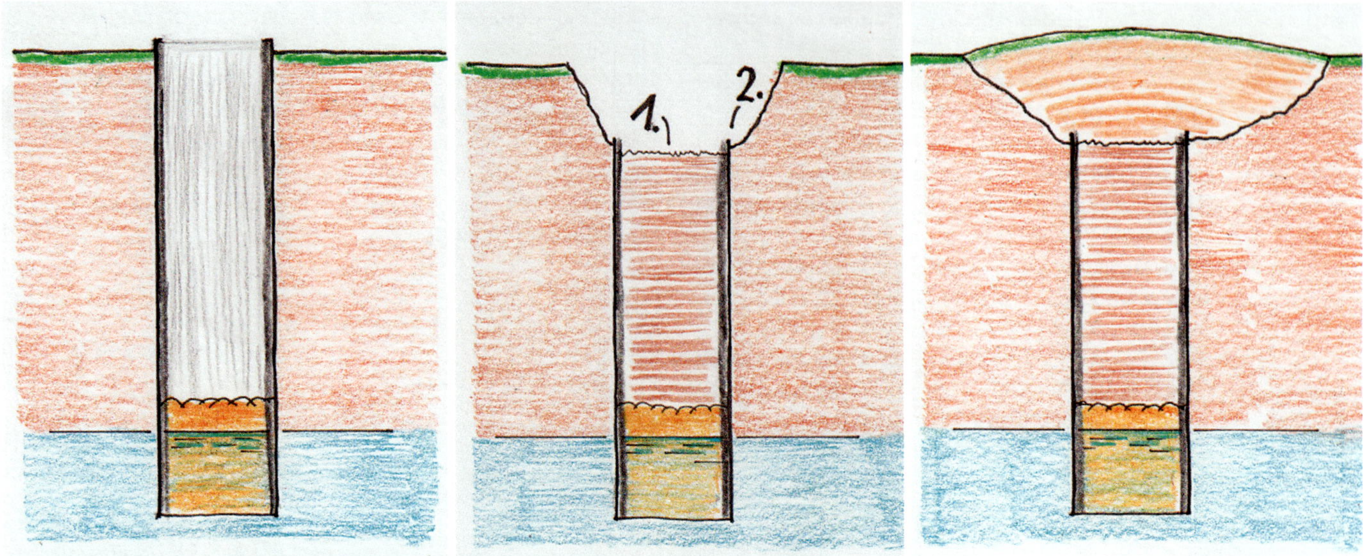

6-95 Kies (orange) wird über den höchsten Grundwasserstand eingefüllt (links).

6-96 Zuerst den Brunnen auffüllen (1), dann erst Teile des Schachtes entfernen (2) (Mitte).

6-97 Der Hügel wird mit der Zeit absinken (rechts).

6-98 Drei Schächte in unmittelbarer Nähe zueinander.

die kommenden Monate wird er wieder absinken (vergleiche **Bild 6-97**). Der alte Brunnen ist nun dicht!

In **Bild 6-98** liegen drei Schächte in nächster Nähe. Sobald einer nicht mehr benötigt wird, ist er fachgerecht zurückzubauen und zu verschließen. Wir wissen nun, dass dies einfach und wirkungsvoll durchführbar ist.

7 Schachtabdeckungen

Es wäre durchaus möglich, die wichtigsten Hinweise über die „Schachtabdeckung" auf einer Seite darzustellen. In der Praxis habe ich jedoch eine erstaunliche Vielfalt von Abdeckungen für Quellen, Quellsammelschächte, Brunnen, Wasserspeicher, Pumpenschächte etc. vorgefunden. Sie werden staunen, wie innovativ viele Herausforderungen gelöst wurden.

Aufgabe der Schachtabdeckung

Die Abdeckung sollte folgende Merkmale aufweisen:

- Korrosionsbeständigkeit.
- Umlaufende Dichtung, die bei geschlossenem Deckel satt anliegen muss.
- Versperrbarkeit, um das Öffnen durch Unbefugte zu verhindern.
- Entlüftung (Dunsthut) mit Regenwasserschutz und Insektengitter.

Gummidichtung und Insektengitter

Kleinste Öffnungen reichen aus, um Insekten den Zutritt in Brunnen- oder Quellschächte zu ermöglichen. Nur eine dichte Abdeckung und eine gewartete Dichtung können dies verhindern.

Spinnen und Ameisen tun sich nicht schwer, in das Innere von Schächten zu gelangen. Ameisen bilden teilweise kleine Kolonien, die auf dem Wasser treiben. Es besteht durchaus ein Zusammenhang zwischen einer Verunreinigung des Wassers und dem Vorhandensein von Insekten und anderen kleinen Tieren. Daher ist der Zutritt dieser Tiere in den Brunnen zu verhindern.

Am besten gelingt dies durch eine hochwertige Brunnenabdeckung aus Edelstahl oder verzinktem Blech. Diese Deckel müssen über eine absolut dicht schließende Gummidichtung und eine Entlüftung verfügen. Die Entlüftung gleicht Druckschwankungen im Brunnen aus und vermeidet abgestandene Luft. Die Entlüftung selbst ist durch ein engmaschiges Insektengitter gegen das Eindringen von Tieren abzusichern.

Je nach Bauweise des Deckels sind zwei Arten von Dichtungen üblich:

- U-Profil-Dichtungen, erhältlich unter den Begriffen Kantenschutzprofil bzw. Hohlkammer-U-Profildichtung oder Kofferraumdichtung für Autos. Sie wird auf die Metallstege aufgesteckt.
- Elastische Moosgummi-Dichtungen, die direkt auf die Unterseite des Deckels aufgeklebt werden.

Eine gute Schachtabdeckung soll nicht mit einem einfachen „Deckel" verwechselt werden. Damit würde man ihr nämlich Unrecht tun.

Spezialdichtungen können im Fachhandel bestellt werden. Durch Temperaturschwankungen schrumpfen die Dichtungen und sind daher alle paar Jahre zu erneuern.

Provisorischer Ersatz des Insektengitters

Ein fehlendes, fix montiertes Insektengitter kann durch ein zusammengeknülltes Insektengitter ersetzt werden. Man formt aus dem flachen Gitter in der Hand einen leicht gepressten Ball und stopft ihn in das Innere des Entlüftungszylinders. Von Zeit zu Zeit sollte man kontrollieren, ob dieser provisorische Insektenschutz auch gut hält.

Nun unternehmen wir gemeinsam eine kleine Exkursion zu unterschiedlichen Schachtabdeckungen. Zunächst stehen Abdeckungen aus Metall auf dem Programm.

Metall

Edelstahl

Rostfreier Stahl (Niro) stellt von den Materialeigenschaften her den besten Werkstoff dar. Abdeckungen sind ja immer auf zumindest einer Seite feucht: entweder durch Regen von oben oder Kondenswasser von unten. Edelstahl kann nicht rosten. Das ist ein Vorteil.

7-1 Wasserspeicher mit konischem Abschluss.

7-2 Weicher Moosgummi als Dichtung.

7-3 Moderne Edelstahl-Abdeckung zur einfachen Montage.

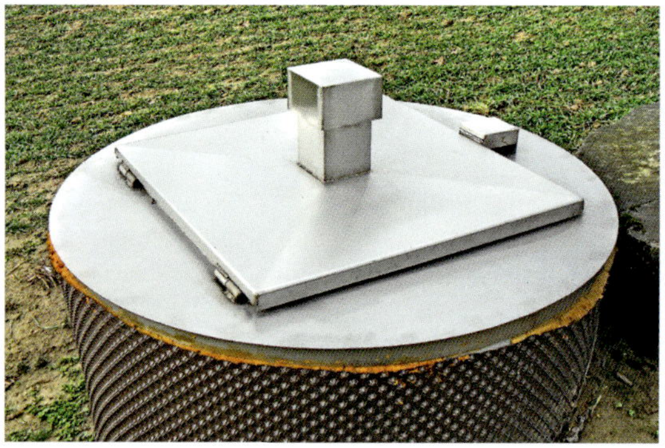

7-4 Diese Abdeckung wird mit Schaum am Schacht fixiert.

7-5 Maßgeschneiderte Edelstahl-Abdeckung einer örtlichen Schlosserei.

7-6 Eine maßgeschneiderte Abdeckung für eine rechteckige Schachtquelle.

Der Wasserbehälter in **Bild 7-1** wird mit einem Konus verjüngt. Darauf sitzt eine sehr schön gefertigte Abdeckung aus Edelstahl. Sie wurde von einer örtlichen Schlosserei angefertigt. Mittels zweier Schrauben erfolgt die Befestigung am Beton (rote Pfeile).

Die Abdeckung von **Bild 7-1** wird über eine dicke und weiche Moosgummidichtung satt auf den Konus aufgelegt, wie in **Bild 7-2** zu sehen. Die beiden Befestigungsschrauben fixieren die Abdeckung. Der weiche Moosgummi schmiegt sich dann selbst an den Betonfalz an.

Am Markt werden immer öfter Abdeckungen aus zwei Teilen angeboten. Der untere Teil besteht aus einem Rahmen, der meist rund ist und dann über den Schacht gestülpt wird (vergleiche **Bild 7-3**). Der Raum zwischen Edelstahl und Schacht wird dann geschäumt. In **Bild 7-4** können wir diesen Schaum gut erkennen.

Die Vorteile von Schaum bei der Montage einer Abdeckung sind:

- Der Schaum wird lange halten. Er ist ja vor UV-Licht geschützt und wird höchstens durch Kondenswasser angefeuchtet.
- Wenn er einmal porös wird, können wir ihn einfach wieder erneuern.
- Im Falle von größeren Revisionsarbeiten im Schacht wird der Schaum einfach aus dem Zwischenraum gekratzt und wir können die Abdeckung wieder leicht abheben.

Auch die Abdeckung in **Bild 7-5** wurde mittels Schaumes auf dem Konus des Wasserspeichers fixiert. Im dunklen Wald ist der Schaum gut vor UV-Licht geschützt.

Ein gelungenes Beispiel dafür, wie auch große Öffnungen wirksam und dicht verschlossen werden können, sehen wir in **Bild 7-6**. Die Abdeckung wurde wie ein Hut über den Schacht gesetzt. Danach wurde der Zwischenraum ausgeschäumt. Diese schöne und fachlich gute Ausführung stammt von einer örtlichen Schlosserei.

7-7 Auch eine gute Lösung.

7-10 Einzelanfertigung für den Schacht mit 2 m Durchmesser.

7-8 Trinkwasserspeicher direkt vor der Eingangstür.

7-9 Zwei Schrauben fixieren die Abdeckung (rote Pfeile).

7-11 Klemmverschluss (roter Pfeil).

Kosten für Edelstahl

Zu den Kosten gebe ich immer folgende Standard-Auskunft: „Eine Edelstahl-Abdeckung kostet in etwa so viel wie ein Satz Auto-Alufelgen im günstigeren Preissegment."

Edelstahl/verzinktes Eisen

Eine Kombination aus diesen beiden Metallarten findet sich eher selten. Es handelt sich dann stets um einen Eigenbau, wie in **Bild 7-7**.

Hier wurde eine verzinkte Standard-Abdeckung im Fachmarkt erworben. Ihr rechteckiger Rahmen wurde auf einem runden, selbst angefertigten Edelstahlteil befestigt. Eine einfache und interessante Lösung. In diesem Fall kommt es zum Glück nicht zu einer Korrosion dieser beiden unterschiedlichen Metallarten.

Verzinktes Eisen

Nun kommen wir zum Standard-Metall schlechthin: Abdeckungen aus verzinktem Eisen werden in vielen unterschiedlichen Arten angeboten. Früher bestanden sie aus sehr dickem, unverwüstlichem, aber schwerem Blech (vergleiche **Bild 7-27**). Heute werden eher dünne Bleche zur Herstellung verwendet. Sie halten nicht so lang wie die alten, aber dennoch mehrere Jahrzehnte lang.

Sehen wir uns die Abdeckung in **Bild 7-8** an. Sie schließt einen Trinkwasserspeicher ab, der direkt vor der Eingangstür liegt. Obwohl die Abdeckung wie ein Hindernis im Weg steht, war den Eigentümern eine fachlich korrekte Lösung wichtig. Durch die erhöhte Bauweise gegenüber der Pflasterung kann das Regenwasser nicht zur Abdeckung gelangen: eine einfache, aber wirkungsvolle Maßnahme.

Manchmal bestehen Abdeckungen nur aus einem einzigen Teil. **Bild 7-9** zeigt eine einfache, aber ausreichende Fixierung der Abdeckung an dem Schacht. Auf die Ab-

7-12 Die „Standard-Abdeckung".

7-13 Ein selbst geschalter Betonteil, mit verzinktem Einstieg aus dem Fachmarkt.

7-14 Der Edelstahleinstieg wurde selbst angefertigt.

deckung wurde an zwei gegenüberliegenden Stellen ein Stück Metall geschweißt und mit einer Bohrung versehen. Am Schacht wurden zwei Dübel angebracht. Mittels zweier Sechskantschrauben wurde die Abdeckung anschließend am Schacht befestigt.

Die **Bilder 7-10** und **7-11** zeigen ebenfalls eine interessante Einzelanfertigung einer Schlosserei. Für den Schacht mit seinem großen Durchmesser von 2 m war am Markt kein Fertigteil erhältlich. Die Abdeckung besteht aus einem einzigen Stück, welches wiederum wie ein Hut auf den Schacht gesetzt wird.

Die Fixierung erfolgt mittels mehrerer Klemmverschlüsse. Die Klemmen ziehen die Abdeckung nach unten – eine einfache und gute Idee. Weil sich die Klemmen leicht bedienen lassen, ist zumindest eine der Klemmen unbedingt gegen ein unbefugtes Öffnen zu sichern.

Metall/Beton

Zwischen Metall und Beton entsteht im Laufe der Zeit eine haarfeine Fuge, die wir alle paar Jahre mit ein wenig Spachtelmasse neu versiegeln müssen.

Kombinationen aus Metall und Beton findet man in der Praxis besonders häufig. Sie können verhältnismäßig günstig über Fachmärkte bezogen werden. In **Bild 7-12** sehen wir eine ganz typische Standard-Abdeckung. Der verzinkte Einstieg lässt sich leicht öffnen. Das Vorhängeschloss liegt unter einer kleinen Blechabdeckung.

Die achteckige Form in **Bild 7-13** deutet auf einen Eigenbau hin. Eckige Formen sind leichter als runde Formen herzustellen. Der verzinkte Einstieg wurde im Fachmarkt gekauft.

Bild 7-14 zeigt einen Einstieg aus Edelstahl. Diese Abdeckung ist bereits sehr alt und oberflächlich schon ein wenig verwittert. Aus technischer Sicht befindet sie sich aber immer noch in einem sehr guten Zustand.

Wir sehen uns nun ein weiteres modernes Fertigteil aus dem Fachmarkt an (vergleiche **Bild 7-15**). Die einbetonierten Schlaufen erlauben es, die schwere Abdeckung mittels Ketten an einer Baggerschaufel zu befestigen und so zu transportieren. Sie wurde richtigerweise am Schacht mit Schaum befestigt. Wäre die Abdeckung durch Mörtel mit dem Schacht verbunden, könnte sie kaum ohne Beschädigung abgehoben werden.

Nach dem Öffnen des verzinkten Einstieges können wir die u-förmige Aufsteckdichtung gut erkennen (**Bild 7-16**). Sie wurde auf den umlaufenden Steg geklemmt. Wenn der Gummi in der Elastizität nachgibt, kann die alte Dichtung einfach gegen eine neue ausgetauscht werden.

Kombination aus Metall und Beton selbst herstellen

Es kann vorkommen, dass für die erforderlichen Zwecke keine geeignete Abdeckung erhältlich ist. Dann ist Selbsthilfe gefragt.

Wir gehen anhand des **Bildes 7-17** nun Schritt für Schritt durch, wie man einen herkömmlichen Metalleinstieg selbst in eine Betonabdeckung integrieren kann.

- **Äußere Schalung:** Es werden auf einer Schalungstafel (gelbe Farbe) Nägel in einem Durchmesser eingeschlagen, welcher 20 cm größer als der Außendurchmesser des Brunnens ist. So ragt die Abdeckung künftig 10 cm über den Schacht hinaus. Ein biegsamer Streifen, der entlang des Kreises angeordnet wird, bildet dann die äußere Schalung (braune Farbe). Anstatt der runden

7-15 Der seitliche Einstieg erleichtert den Zutritt in den Schacht.

7-16 U-förmige, aufklemmbare Dichtung.

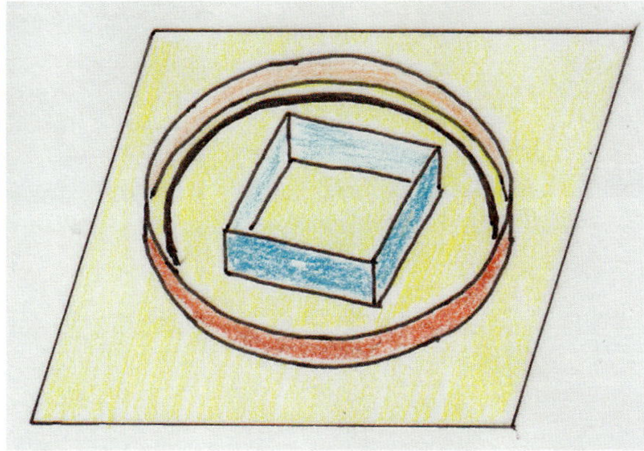

7-17 Schalung für eine Betonabdeckung mit Einstieg aus Metall.

Schalung kann auch eine sechs- oder achteckige Schalung angefertigt werden.

- **Innere Schalung:** Die innere Schalung besteht aus vier hochkant aufgestellten Brettern (blaue Farbe). Beim Betonieren sollte darauf geachtet werden, dass ein leichtes Gefälle nach außen entsteht. Aus diesem Grund sollte die innere Schalung etwas höher als die äußere ausgeführt sein.
- Wir legen dann die Schalung für die **Tropfnase** (schwarze Farbe) entlang der Innenseite der äußeren Schalung. Ein biegsames und gleichzeitig weiches Material (Gummi) ist dafür gut geeignet. In **Bild 7-19** ist die Funktion der Tropfnase ersichtlich.
- **Bewehrung:** Der Hohlraum wird mit Eisenstäben bewehrt. Wir legen auch Stahlschlaufen ein, damit der fertig betonierte Deckel später mit einer Kette angehoben werden kann (vergleiche **Bild 7-15**).

Aufsetzen auf den Schacht

Die betonierte Abdeckung soll nicht mittels Mörtels auf den Schacht aufgeklebt werden. Bei größeren Arbeiten ist es sehr vorteilhaft, wenn die ganze Abdeckung wieder abgehoben werden kann.

- Aus diesem Grund legen wir Beilagscheiben auf den oberen Bereich des Falzes des Betonschachtringes.
- Wir sprühen einen Ring aus Bauschaum rundherum auf den Falz.
- Dann heben wir die neue Abdeckung auf die Beilagscheiben.
- Der Schaum quillt auf und verschließt alle Fugen.

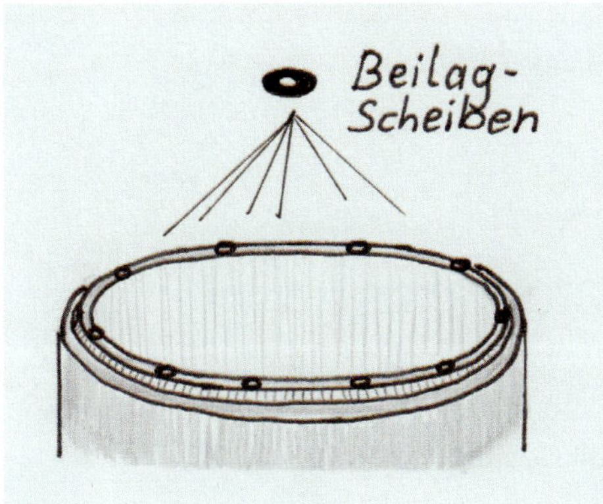

7-18 Beilagscheiben auf dem Falz.

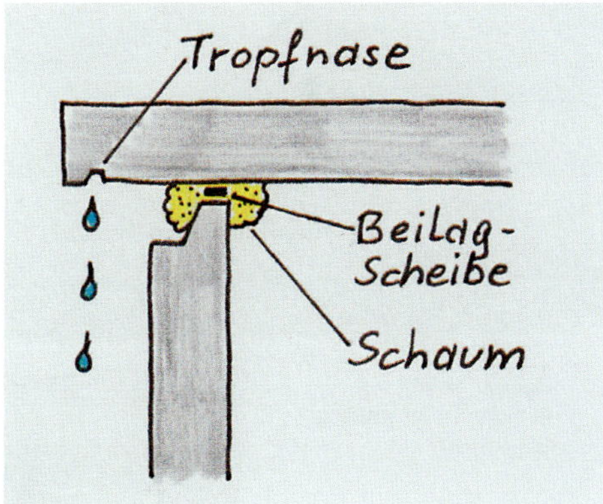

7-19 Die wichtigsten Hinweise in schematischer Darstellung.

Wenn die Abdeckung irgendwann einmal abgehoben werden soll, reicht es, den Schaum zwischen den Beilagscheiben durchzuschneiden. Nun ist die Abdeckung nicht mehr am Schacht fixiert.

Metalleinstiege sind nicht nur in quadratischer, sondern auch in runder Form erhältlich. Sehen wir uns einige Beispiele dafür an.

In **Bild 7-20** ist ein Beispiel für eine Verbesserung eines alten Wasserspeichers dargestellt. Auf den bestehenden Konus wurde nachträglich ein weiterer Schachtring aufgesetzt. Danach wurde sowohl an der Außenseite als auch an der Innenseite des neuen Schachtringes eine biegsame Schalung angebracht. Der untere Teil des Metalleinstieges wurde dann in den Zwischenraum der beiden Schalungen gestellt. An-

7-20 Sauber einbetonierter Einstieg (Bild oben).

7-21 U-förmige Aufsteckdichtung (Bild rechts).

schließend wurde alles mit Beton ausgegossen. Nun sitzt der runde Metalleinstieg dicht am Schacht auf.

Der Metalleinstieg wird über eine aufsteckbare Dichtung gegen den Zutritt von kleinsten Tieren gesichert. Den großen Tieren wird der Zutritt mittels einer Abzäunung verwehrt. Nur allzu gerne würde das Vieh den Betonteil nämlich als „Kratzbürste" benutzen.

In **Bild 7-22** wurde ebenfalls eine runde Abdeckung für den Abschluss verwendet. Hier wurde der Konus aber nicht erhöht. Die Abdeckung passt genau in die Öffnung. Der schmale Spalt zwischen Metall und Beton wurde mit Mörtel verschmiert.

Der Metalleinstieg in **Bild 7-23** wurde nachträglich auf den Schachtring aufgeschraubt. Es ist darauf zu achten, dass der Spalt zwischen Metall und Beton ganz dicht ist. Durch das

7-22 Ebenfalls eine gute Lösung, wie ein Konus dicht verschlossen, aber leicht geöffnet werden kann.

7-23 Aufgeschraubter Metalleinstieg.

7-24 Technisch gute Details im Inneren des Metalleinstieges.

7-25 Auch hier ein anbetonierter Metalleinstieg.

Auftragen einer dünnen Mörtelschicht vor dem Aufsetzen kann dies gewährleistet werden.

Im Inneren zeigt sich die gut durchdachte Konstruktion (vergleiche **Bild 7-24**). Der Deckel wurde durch Metallstege versteift. Auf der Innenseite des Deckels ist eine Moosgummidichtung angebracht. Ein Gasdruckheber erleichtert die Öffnung des Deckels.

Der Metalleinstieg in **Bild 7-25** wurde für einen Quellsammelschacht in sehr steilem Gelände angefertigt. Der untere Teil des Einstieges diente als Außenschalung für das Betonieren. Die Innenschalung wurde bereits wieder entfernt. Hier ist die Dichtung als aufsteckbare u-förmige Dichtung am festsitzenden Teil ausgeführt.

Der Metalleinstieg in **Bild 7-26** besitzt noch keine Dichtung. Wir könnten nun zwischen zwei unterschiedlichen Arten wählen:

- Wir kleben eine flache Moosgummidichtung entlang des inneren Randes des beweglichen Teils (blauer Pfeil).
- Oder wir stecken eine u-förmige Dichtung auf den Steg des festsitzenden Teils (roter Pfeil).

Gummi unterliegt einer raschen Alterung. Stellen wir uns daher darauf ein, die Dichtung in regelmäßigen Abständen zu wechseln.

7-26 Die Stellen für aufklebbare (blau) oder aufsteckbare (rot) Dichtungen.

Hier noch eine gute Lösung aus der Praxis (vergleiche **Bild 7-27**): Es handelt sich um eine alte Abdeckung aus stabilem, verzinktem Blech. Das innenliegende Insektengitter ist längst verloren gegangen und wurde durch ein wirksames Provisorium ersetzt. Es wäre auch möglich, das Insektengitter leicht zusammenzudrücken, einen lockeren Ball zu formen und von innen in den Entlüftungszylinder zu schieben.

Beton

Früher galten geteilte Betondeckel als Stand der Technik. Aus heutiger Sicht sind sie für Trinkwasserzwecke nicht mehr geeignet. Mit ihrem Gewicht von mindestens 50 kg pro Deckelhälfte sind sie so unhandlich, dass ein Kontrollblick in den Schacht nur selten erfolgt. Die Betonteile lassen sich zudem kaum abdichten, sodass sowohl Regenwasser als auch Insekten in den Schacht eindringen können. Nicht zuletzt bergen diese schweren Teile ein gewisses Verletzungsrisiko in Form eines gequetschten Fingers oder eines Hexenschusses.

7-27 **Hier können keine Insekten eindringen.**

Für Nutzwasserbrunnen wie im Garten in **Bild 7-28** könnten geteilte Betondeckel grundsätzlich zwar nach wie vor verwendet werden. Trotzdem sollten sie durch eine neue, moderne Abdeckung ersetzt werden. Die Finger und die Bandscheiben werden es Ihnen danken!

Auch für schwere, einteilige Betondeckel habe ich in der Praxis durchaus innovative Lösungen beobachtet. Das große Gewicht der Betonabdeckung in **Bild 7-29** stellt kein Problem dar. Kann sie doch mithilfe der Hydraulik des Traktors mühelos angehoben und an anderer Stelle abgelegt werden. Nun steht eine sehr große Öffnung für Wartungsarbeiten zur Verfügung. Natürlich handelt es sich hier um eine Einzellösung, die nicht allgemein empfohlen werden kann.

Kunststoff

Von einem sehr schweren Material wechseln wir nun zu einem sehr leichten. Kunststoffabdeckungen werden immer

7-28 Geteilter Betondeckel – früher einmal Stand der Technik.

7-29 Der Schacht ist bereits offen. Die Abdeckung wurde einige Meter entfernt abgelegt.

7-30 Ein moderner Wasserspeicher sowohl für Regen- als auch Trinkwassernutzung.

Die Betonabdeckung ist am Ende ihrer Entwicklung angekommen. Die Kunststoffabdeckung steht erst am Beginn. Wir können künftig mit vielen guten Innovationen rechnen.

7-31 Hier die Abdeckung des Speichers. Im Inneren befindet sich eine Dichtung.

häufiger eingesetzt. Moderne Kunststoffe weisen auch immer höhere Widerstandsfähigkeit gegenüber Sonnenstrahlung und wechselnder Witterung auf. Es ist zu erwarten, dass der Einsatz von Kunststoff künftig stark zunehmen wird.

Abdeckungen aus Kunststoff kommen immer nur in Verbindung mit Schächten oder Wasserspeichern aus Kunststoff vor.

Bild 7-32 zeigt einen bereits versetzten Wasserspeicher mit einem Inhalt von 3000 l. Der Behälter verfügt über einen Einstiegsschacht, der gut über das Gelände hinausragt. Diese Abdeckung wird wie viele andere Kunststoffabdeckungen aufgeschraubt, wobei das Gewinde in diesem Fall innen liegt.

Das Gewinde der Kunststoffabdeckung in **Bild 7-33** liegt außen. Wir können es uns als riesiger Deckel eines Marmela-

7-32 Aufschraubbare Abdeckung.

7-33 Sechs Rippen zum einfacheren Schrauben.

deglases vorstellen. Die sechs Rippen erleichtern in diesem Fall das Schrauben, weil die Hände beim Drehen nicht abrutschen können.

7-34 Diese Kunststoffabdeckung wird mit vier Schrauben am Schacht fixiert. Darunter befindet sich ein Wasserspeicher mit 3000 l Inhalt.

7-35 Zum Abschluss noch eine Lösung ohne Abdeckung. Hat doch auch seinen Reiz, oder?

8 Wasserspeicher

Der Titel dieses Kapitels könnte den Eindruck erwecken, dass es hier ein wenig langweilig zugeht. Sie werden aber sehen, wie interessant es ist, Wasserspeicher aus der Nähe zu betrachten. Es handelt sich um ziemlich unbekannte, aber sehr wichtige unterirdische Helfer, die auch im Bereich der öffentlichen Wasserversorgung nicht wegzudenken sind.

Häufig liefern Brunnen und Quellen nicht ausreichend Wasser, um hohe Verbrauchsspitzen abdecken zu können. Vor allem in der Früh und am Abend steigt der tägliche Verbrauch an. Untertags und in der Nacht geht der Wasserverbrauch wieder zurück. Durch die Verwendung von Wasserspeichern können diese Schwankungen gut abgefedert werden.

In trockenen Jahren bieten Wasserspeicher einen weiteren Vorteil: Wo eine Zufahrt mit einem Fahrzeug möglich ist, kann Wasser in einem Tank zu ihnen gebracht und eingefüllt werden. Die Feuerwehr leistet hierbei einen großen Dienst.

Ein Wasserspeicher kann auf zwei Arten gefüllt werden:

- Über eine höher gelegene Quelle, von der das Wasser frei zum Speicher fließt oder
- über eine Quelle bzw. einen Brunnen, der tiefer liegt. In diesem Falle wird das Wasser mittels einer Pumpe zum Speicher befördert.

Grundlegendes System

Das grundlegende System eines Wasserspeichers ist rasch erklärt. Die Tücken stecken aber im Detail.

Einfache Variante

- Das Wasser läuft über die Zuleitung (a) in den Wasserspeicherbehälter.
- Über die Entnahmeleitung (b) geht es zum Haus bzw. zum Hof.
- Die Überlaufleitung (c) garantiert, dass der Speicher nicht zu hoch gefüllt wird.

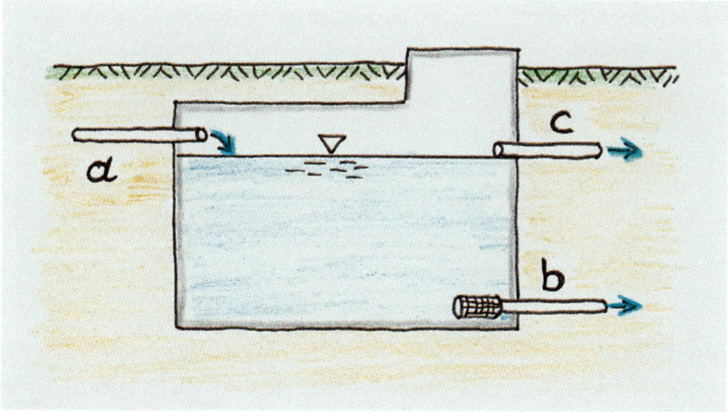

8-1 Ein Wasserspeicher in einfachster Form.

Vorteile

- Die Zu- und Ableitungen sind logisch angeordnet. Auf der einen Seite fließt das Wasser rein, auf der anderen Seite raus.
- Die Überlaufleitung lässt sich leicht anbringen, weil sie sich weit oben im Speicher befindet.

Nachteile

- Das Reinigen des Wasserspeichers gestaltet sich umständlich. Vor der Reinigung muss der Speicher ja entleert werden. Dies kann nur über die Entnahmeleitung geschehen. Die Entleerung geschieht nicht restlos, weil die Entnahmeleitung immer ein wenig über dem Boden angesetzt wird. Man steht beim Reinigen also immer im Wasser. Sedimentablagerungen am Boden des Speichers müssen mühsam aufgewühlt und abgeschöpft werden.
- Weiters ist der Einlauf des Wassers oft nicht sichtbar, weil er sich meist am anderen Ende des Speichers befindet. Was sich unseren Blicken entzieht, können wir auch nicht beurteilen. Wir können ein mögliches Problem beim zufließenden Wasser also nur indirekt über den Speicherinhalt, aber nicht direkt beobachten.

Vom Aufbau her ähnelt ein Wasserspeicher einem Quellsammelschacht. Nur ist hier alles viel größer und dadurch auch komplizierter.

Variante mit verlängertem Einlauf und einem Standrohr

- Die Zuleitung (a) verläuft bis unter die Einstiegsöffnung.
- Die Entnahmeleitung (b) bleibt unverändert.
- Die Überwasserleitung ist als Standrohr (c) ausgeführt. Die Ausleitung des Überwassers erfolgt dann unterhalb der Sohle des Speichers.

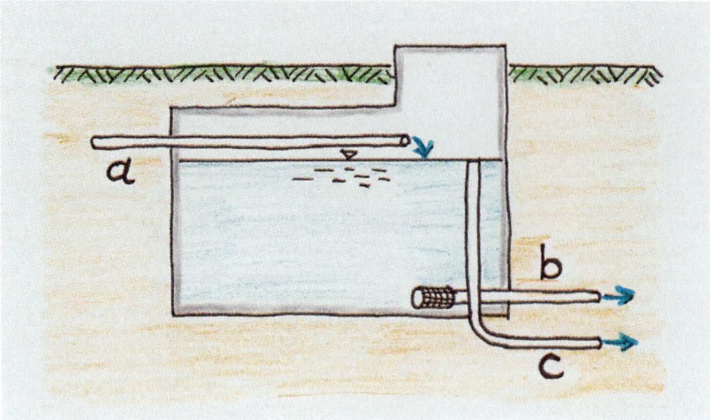

8-2 Verlängerter Einlauf, Überlauf über Standrohr.

Vorteile

- Wir können das zufließende Wasser nun beobachten und Proben entnehmen.
- Wenn das Standrohr gezogen wird, läuft der Behälter ganz aus, weil das Standrohr in der Öffnung im Boden, also am tiefsten Punkt, steckt.

Nachteil

- Der Speicher wird nun nicht mehr so gut durchmischt. Es kann sein, dass das zufließende Wasser gleich über die Überlaufleitung abläuft. Das Ziel ist es, dass Wasser nie älter als zwei Tage ist. Nur so bleibt es ständig frisch.

Ein undichter Wasserspeicher kann durch eine speziell geschweißte Folie abgedichtet werden, die in ihn eingelassen wird. In Bild 8-4 sehen wir eine solche Sanierung mit einer dicken blauen Folie.

Verbesserung der Wasserzirkulation

Wir verbessern nun die Durchmischung des Speicherinhaltes mittels einer sehr einfachen Methode:

- Es wird ein Kunststoffrohr (d) mit einem Durchmesser von 10–20 cm in den Wasserspeicher gehängt. Es lässt sich leicht an einer Schnur direkt unter der Öffnung befestigen. Im Wasserbereich kommen meistens Rohre aus „Polyethylen (PE)" zum Einsatz.
- Das Wasser aus der Zuleitung (a) fällt in das Rohr (d) und muss zwangsläufig nach unten fließen. Es strömt nun im Bereich des Bodens in den Speicher ein.
- Das neu eintretende Wasser verdrängt somit das alte Wasser nach vorne in die Entleerungsleitung (b) und nach oben in das Standrohr der Überlaufleitung (c). So können Bereiche stehenden Wassers vermieden werden.

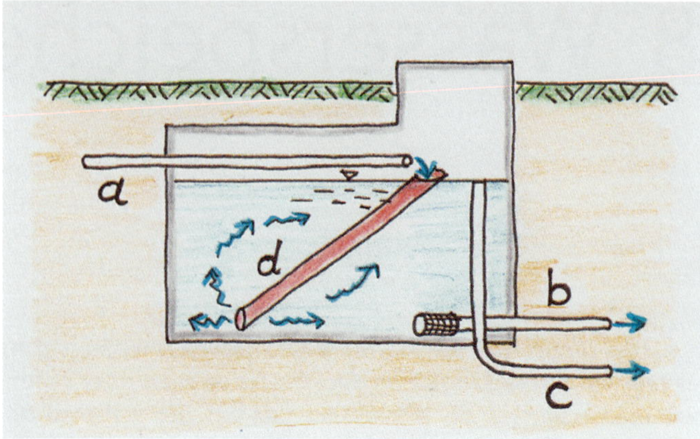

8-3 Das Kunststoffrohr (d) leitet das neue Wasser zum unteren hinteren Bereich.

Wir werfen nun einen Blick in einen Wasserspeicher mit einem Standrohr: Auf der Höhe des Wasserspiegels befindet sich im Standrohr eine seitliche Öffnung. Dadurch fließt überschüssiges Wasser ab. Die Verlängerung des Standrohres nach oben dient dazu, es leicht anheben zu können. Würden wir das nun machen, würde der Behälter über die Öffnung am Boden auslaufen.

8-4 Die Zuleitung ist von der Einstiegsöffnung aus gut erkennbar. Auch das Standrohr lässt sich leicht ziehen.

Lage zu Haus/Hof

Wasserspeicher lassen sich nach der Lage im Gelände in zwei Grundtypen einteilen: Hochbehälter und Tiefbehälter.

Hochbehälter

Wie es der Begriff treffend beschreibt, liegt ein Hochbehälter höher als das Haus oder der Hof. Das Wasser kann aus eigener Kraft frei in das Leitungsnetz des Gebäudes fließen. Wenn der Druck in der Leitung nicht so hoch ist, dass das Wasser in das Obergeschoß fließen kann, kann eine kleine drucksteigernde Pumpe Abhilfe schaffen.

Bild 8-5 zeigt einen Hochbehälter, der einen Bauernhof mit Wasser versorgt. Er ist gut mit Boden überdeckt, damit er sich im Sommer nicht zu stark erwärmen kann. Die Perspektive in diesem Bild täuscht ein wenig. Der Hochbehälter liegt über dem Niveau des Dachfirstes.

Hochbehälter können auf zwei Arten mit Leitungen verbunden werden.

8-5 Hochbehälter (roter Pfeil).

Hochbehälter mit separater Zu- und Entnahmeleitung

Dies ist die häufigste Form der Leitungsführung. Über eine Leitung wird frisches Wasser zugeführt, über die andere Leitung fließt das Wasser zum Gebäude.

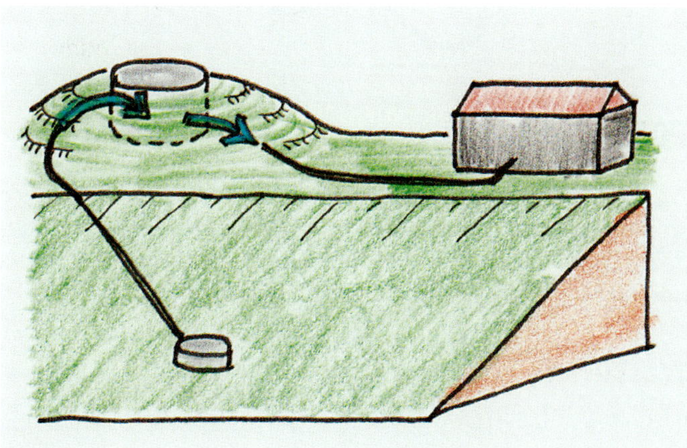

8-6 Hochbehälter mit separater Zu- und Entnahmeleitung.

Hochbehälter mit nur einer einzigen Zu- und Ableitung

In der Fachsprache wird ein solcher Hochbehälter als „Gegenbehälter" bezeichnet. Ihm wird überschüssiges Wasser zugeführt, welches im Moment im Gebäude nicht benötigt wird. Nur wenn mehr Wasser im Gebäude verbraucht wird, als die tieferliegende Quelle bzw. der Brunnen liefern kann, gibt der Behälter das Wasser ab.

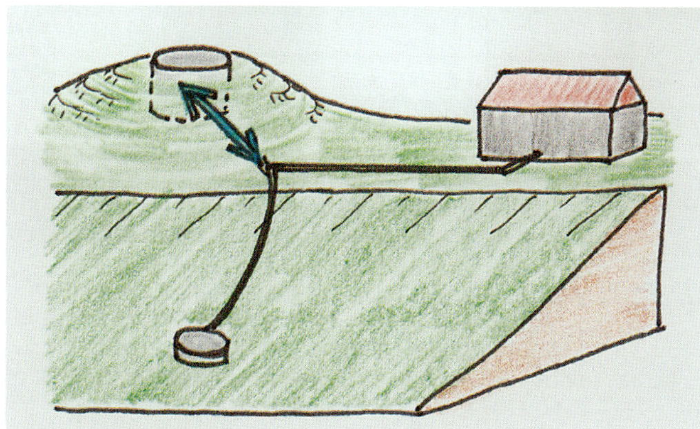

8-7 Eine Sonderform des Hochbehälters: der „Gegenbehälter".

Vorteil

- Es führt nur eine einzige Leitung zum Behälter. Das erleichtert die Installationsarbeit.

Nachteil

- Im Behälter kann das neue Wasser das alte nicht verdrängen. Es entstehen Bereiche abgestandenen Wassers. Je nach Jahreszeit kann der Bereich des abgestandenen Wassers variieren.

Ein Beispiel für den Sommer, in dem sich der Behälter erwärmen kann (vergleiche **Bild 8-8**): Im oberen Bereich liegt eine Schicht wärmeren und leichteren Wassers. Das neu zuströmende kalte und damit auch schwerere Wasser bleibt am Behälterboden liegen und wird dort auch wieder entnommen.

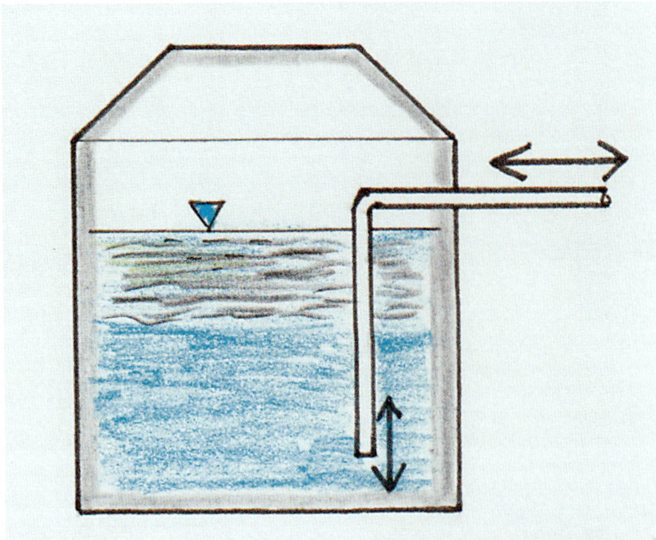

8-8 Gegenbehälter im Sommer. Die oben befindliche wärmere Schicht wird nicht mehr ausgetauscht.

8-9 Ein Tiefbehälter (roter Pfeil) versorgt das Haus rechts im Bild.

Tiefbehälter

Ein Tiefbehälter pumpt das Wasser in das Haus oder zum Hof. Er liegt gleich hoch oder tiefer als das zu versorgende Objekt. Aufgrund moderner Pumpen und einer zuverlässigen Steuerung sind Tiefbehälter häufig anzutreffen. Lediglich bei einer Pumpenstörung oder bei einem Stromausfall kann der Tiefbehälter kein Wasser zur Verfügung stellen.

Der Tiefbehälter in **Bild 8-9** liegt im Obstgarten des Bauernhofes. Da er sich auf derselben Höhe wie das Gebäude befindet, muss der Druck in der Leitung mittels einer Pumpe erhöht werden.

Die Lage des Tiefbehälters nochmals zeichnerisch dargestellt.

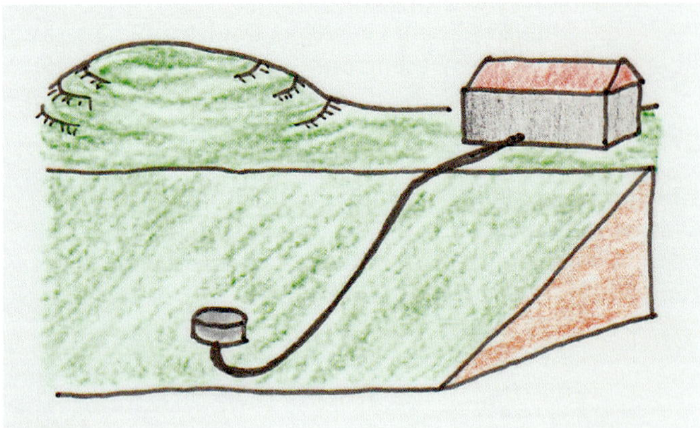

8-10 Tiefbehälter.

Ein Tiefbehälter muss nicht zwangsläufig im Außenbereich stehen. Kleinere Tiefbehälter sind häufig im Gebäude untergebracht. Dort sind sie vor Witterungseinflüssen geschützt und können unkompliziert gewartet werden.

Wasserspeicher aus Beton

In der Praxis wird Beton am häufigsten für die Herstellung von Wasserspeichern verwendet.

Vorteile

- Beton ist allseits erhältlich, günstig und viele Handwerker sind mit diesem Werkstoff gut vertraut.
- Beton wird von Bakterien als Wuchsfläche gemieden. Er weist daher sehr gute Eigenschaften im Hinblick auf die bakteriologische Wasserqualität auf.

8-11 Der Betonschacht ragt gut über das Geländeniveau hinaus.

Die Lebensdauer von Betonbehältern liegt in der Praxis zwischen 50 und 80 Jahren. Die Haltbarkeit hängt insbesondere von der Betonqualität sowie von der chemischen Zusammensetzung des Wassers ab.

Nachteile

- Aufgrund seines hohen Gewichts ist Beton nur für leicht zugängliche Standorte geeignet. Wo man mit einem Fahrzeug hinfahren kann, lassen sich auch schwere Fertigteile gut versetzen.
- Beim Vorhandensein von saureren Wässern kann Beton im Laufe der Jahre angegriffen werden. Das kommt z. B. in der „Böhmischen Masse" häufig vor.

Speicher aus Betonfertigteilen

Am Markt sind sehr viele Arten von Betonfertigteilen erhältlich. Sie stammen meist aus dem Kanalbau und die einzelnen Teile lassen sich einfach auf unterschiedlichste Weise kombinieren.

Speichervolumen

Die einzelnen Schachtringe können in verschiedenen Durchmessern bestellt werden. Das wiederum hat einen großen Einfluss auf das Volumen.

- Bei einem Innendurchmesser von 1,5 m kann pro 1 m Höhe ein Volumen von 1,7 m^3 gespeichert werden.
- Bei einem Durchmesser von 2 m erhöht sich das Speichervolumen bereits auf 3,1 m^3 pro Laufmeter Höhe.

In **Bild 8-12** ist ein Speicher mit einem Innendurchmesser von 1,5 m abgebildet. Der Einstieg ist seitlich versetzt. Idealerweise befinden sich darunter Trittstufen, die in die Schachtwand eingebaut wurden. Trittstufen können separat beim Betonwerk bestellt und gleich eingebaut werden. Da der seitliche

Einstieg hangaufwärts angeordnet wurde, wird das Einsteigen nochmals erleichtert. Zwischen dem Schachtring und der Abdeckplatte befindet sich eine Mörtelschicht. Die Fuge wurde sauber verspachtelt. Dieser moderne Speicher macht einen soliden und guten Eindruck.

8-12 Moderner Wasserspeicher aus Betonfertigteilen.

Der Speicher in **Bild 8-13** besteht ebenfalls aus Ringen mit einem Innendurchmesser von 1,5 m. Anstatt einer flachen Abdeckung wurde hier aber ein Konus aufgesetzt. Der Behälter wurde gut über das Gelände hochgezogen. Auf die runde Abschlussöffnung wurde ein Metalldeckel montiert und mittels Schaumes abgedichtet. Diese Lösung ist aus technischer Sicht in Ordnung.

8-13 Konischer Abschluss des Speichers.

In der Handhabung erweist sich ein Konus aber komplizierter als eine flache Abdeckung. Wenn wir in den Behälter schauen möchten, müssen wir uns mit den Händen nach vorn abstützen, um nicht das Gleichgewicht zu verlieren. Auch der Einstieg gestaltet sich schwieriger als bei einer flachen Abdeckung mit seitlicher Öffnung. Aufgrund der Schräge findet eine Hand im Inneren keinen Halt.

8-14 Metallabdeckung mit Schaum fixiert.

8-15 Einstiegsschacht mit aufsteckbarem Metalleinstieg.

Der Wasserspeicher in **Bild 8-15** verfügt über einen Innendurchmesser von 2 m. Er ist gänzlich unterirdisch verlegt. Nur ein Einstiegsschacht verlängert den nicht sichtbaren Konus nach oben. Der Einstiegsschacht mit einem Innendurchmesser von 60 cm ist mittels eines technisch sehr guten Metalleinstieges abgedeckt.

Der Metalleinstieg passt wie angegossen! Gegenüber Oberflächenwasser und Insekten ist der Behälter hervorragend abgedichtet.

8-16 Die Abdeckung von Bild 8-15 im geöffneten Zustand.

Der Einstiegsschacht weist aber auch einen Nachteil auf: Wenn wir in den Behälter einsteigen wollen, müssen wir zunächst eine Leiter in den Behälter stellen. Da bleibt nicht mehr viel Platz, um sich selbst durchzwängen zu können. Nur Menschen mit einer schlanken Figur werden sich hierbei leichttun.

Beim Blick in den Speicher in **Bild 8-17** können wir problemlos durch das 2 m tiefe, klare Wasser auf den Boden blicken. Dort hat sich feines Sediment, welches von der Quelle eingespült wurde, als Schlamm abgesetzt. Von Zeit zu Zeit sollte es entfernt werden. Am einfachsten kann dies durch einen Grundablass erfolgen, der durch ein Standrohr (**Bild 8-18**) verschlossen wird. Beim Ziehen des Standrohres läuft der Behälter aus und der Schlamm kann leicht ausgewaschen werden.

8-17 Am Boden hat sich Sediment abgesetzt.

Bild 8-18 führt uns noch einmal vor Augen, wie wenig Platz zwischen einer Leiter und der Wand eines üblichen Einstiegsschachtes verbleibt.

8-18 Das Standrohr (roter Pfeil) kann von der Leiter aus gezogen werden.

Gefahrenhinweis!

Vor dem Einstieg ist der Behälter lange zu lüften. Ein starker, zerstäubter **Wasserstrahl** aus einer Düse kann alte Luft aufwirbeln und aus dem Behälter blasen.

Alternativ kann man auch einen elektrischen **Laubbläser** zur Frischlufteinbringung verwenden.

Ein Einstieg in einen Behälter durch eine enge Öffnung kann sehr gefährlich sein. Nicht einmal mittels eines Tragegeschirrs könnte eine verunglückte Person aus dem Behälter gezogen werden. Ein gekrümmter Körper passt nicht durch die enge Öffnung. Daher die Einstiegsöffnung lieber größer wählen. Nach Möglichkeit mindestens 70 x 70 cm.

Eintrittsmöglichkeiten für Oberflächenwasser in einen Speicher aus Betonfertigteilen

Betonfertigteile werden in erster Linie für den Kanalbau hergestellt. Die Fugen der Fertigteile weisen häufig eine Neigung von außen nach innen auf. Einsickerndes Oberflächenwasser stellt im Kanalbau keine Beeinträchtigung der Funktion dar, weswegen diese Fugenrichtung dort auch unproblematisch

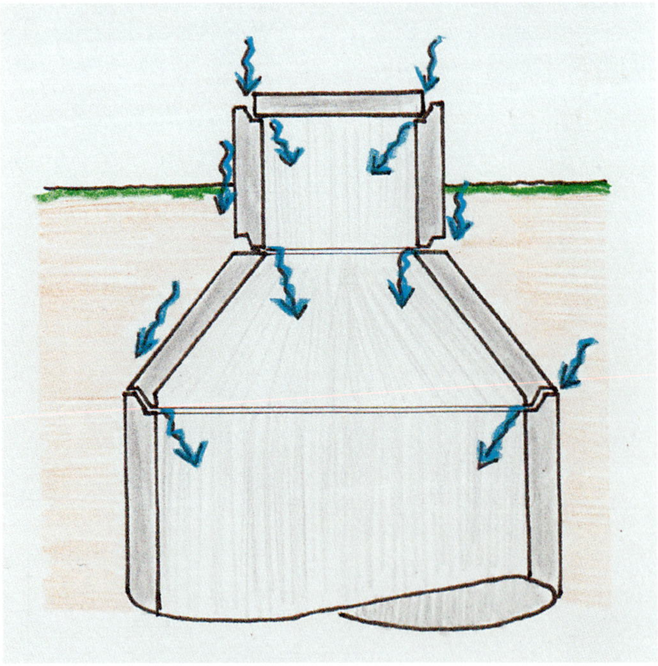

8-19 Möglichkeiten, wie Regenwasser in einen Speicher einsickern kann.

ist. Es wäre natürlich möglich, die Schachtringe umzudrehen und andersrum einzubauen, damit die Fuge von innen nach außen ansteigt. In diesem Fall kann es aber passieren, dass einzelne Fertigteilkomponenten nicht mehr zusammenpassen. Ein Konus könnte dann auch nicht mehr aufgesetzt werden, weil er nicht im Falz des Schachtes einrasten kann.

Bild 8-19 zeigt, wie ein Konus auf dem obersten Schachtring aufgesetzt werden muss, und wie die Fuge dann geneigt ist. Bei diesem Wasserspeicher könnte Wasser leicht eindringen, außer die Fugen sind mit Mörtel verschlossen.

Fugen, die von außen nach innen weisen, sind also manchmal nicht vermeidbar. Es liegt nun an uns, die Fugen richtig abzudichten und die einzelnen Teile sorgfältig miteinander zu verbinden:

- Auf den nach oben ragenden Falz des Schachtes tragen wir eine dicke Schicht flexiblen Mörtels (z. B. Fliesenkleber) auf.
- Danach setzen wir den neuen Teil auf und verspachteln austretenden Mörtel innen und außen.

Zum Verschließen des Speichers eignet sich am besten eine Metallabdeckung. Eine Betonplatte, die genau in die Ausnehmung eingelegt werden kann, sollte nicht verwendet werden (vergleiche **Bild 8-19**). Die im Handel erhältliche runde Platte würde genau in die Öffnung passen. Leider würde dann das darauf anfallende Regenwasser unverzüglich in den Wasserspeicher rinnen.

Speicher aus Ortbeton

Während Speicher aus Betonfertigteilen eher einfach zu errichten sind, stellen jene aus Ortbeton vergleichsweise hohe Ansprüche an das handwerkliche Können. In einfachster Bauweise entsprechen sie dem System, das in **Bild 8-1** dargestellt ist, aber bereits in dieser Ausführung erfordern sie ein hohes Fachwissen.

Vorteile

- Es kann flexibel auf die individuellen Vorstellungen eingegangen werden.
- Auch ein separater Sandfang ist möglich.
- Überdies lässt sich ein Trockeneinstieg verhältnismäßig einfach einbauen.

Nachteile

- Beton schwindet beim Aushärten, wodurch sich zwischen den einzelnen Betonabschnitten hauchdünne Fu-

gen bilden können. Aus diesem Grund müssen Fugenbänder zwischen die einzelnen Abschnitte (Bodenplatte – Wand – Decke) eingelegt werden.
- Die Holzschalung darf nicht wie sonst üblich eingeölt werden. Es können also nur neue, noch ungeölte Schalungen verwendet werden. Aufgrund der fehlenden Ölschicht sind sie jedoch nur schwer zu entfernen. Beim Entfernen können sie folglich so beschädigt werden, dass sie kaum mehr weiterverwendbar sind.
- Die gesamte Bauweise ist viel aufwendiger als bei Fertigteilen.

In **Bild 8-20** erkennen wir einen rechteckigen Ortbetonbehälter, der in einem Wald steht. Durch den Schatten der Bäume ist er gut vor direkter Sonneneinstrahlung und Hitze geschützt.

8-20 Einstieg in einen Behälter aus Ortbeton.

Beim Blick in den Speicher in **Bild 8-21** erkennen wir sofort eine sehr fachgerechte und wohlüberlegte Einteilung:
- Der Trockeneinstieg ist ausreichend geräumig.
- Von der Leiter aus kann gleich ein Blick in zwei kleine Becken geworfen werden. Sie dienen dazu, dass sich vom Quellwasser mittransportiertes Sediment ablagert und nicht in den eigentlichen Speicherraum gelangt. Diese Becken werden als „Sandfang" bezeichnet. Die rechte Quelle ist derzeit nicht in Betrieb. In ihrem Sandfang steht also altes Wasser.
- Das Wasser der linken Quelle wird weiter in den großen Speicherraum geleitet. Er liegt hinter der rechten Mauer (roter Pfeil).
- Am Boden unterhalb der Leiter erkennen wir die Entnahmeleitung und ihren Hahn.
- Aus der Wand vor dem linken Sandfang ragt ein Wasserhahn. Im Fall von Reinigungsarbeiten kann der Sandfang dadurch rasch entleert werden.

8-21 Das Wasser wird hinter der Mauer gespeichert (roter Pfeil).

Im Vergleich zu anderen Betonbauwerken dürfen wir im Wasserbereich keine geölten Schaltafeln verwenden. Das Öl würde das Wasser verunreinigen.

Trockeneinstieg

Ein Trockeneinstieg erlaubt das Betreten eines Wasserspeichers, ohne ihn zu verschmutzen. Das Wasser lagert hinter einer separaten Wand.

Vorteil: Das Trinkwasser kann beim Betreten des Wasserspeichers nicht verunreinigt werden.

Nachteil: Ein Trockeneinstieg verteuert die Anschaffungskosten des Wasserspeichers.

Ortbetonspeicher können auch in **runder Bauweise** errichtet werden. In **Bild 8-22** sehen wir so ein Beispiel. Der Behälter weist einen seitlich liegenden Einstieg auf, wodurch der Zutritt erleichtert wird. Ein Trockeneinstig ist allerdings nicht vorhanden. Bei der Stelle der Einstiegsöffnung wurde eine kleine Erhöhung betoniert. Eine einfache und sehr gute Idee, Regenwasser vom Einstieg fernzuhalten. Den Abschluss macht eine qualitativ hochwertige Edelstahlabdeckung.

8-22 Ein runder Behälter aus Ortbeton.

8-23 Einstieg in einen rechteckigen Behälter aus Ortbeton.

8-24 Die fix montierte Leiter erleichtert den Einstieg.

Der Einstiegsschacht in den Wasserspeicher in **Bild 8-23** wurde nachträglich mit einer modernen Niroabdeckung versehen. Eine Gasdruckfeder öffnet die Abdeckung und hält sie in einer fixen Stellung fest. Die Niroleiter ist fix montiert und lässt ein einfaches Absteigen in den Trockeneinstieg zu.

Verfärbung des Betons

Mit der Zeit lagern sich Sedimente in den Poren des Betons ab. Auch Ausfällungen durch Inhaltsstoffe des Wassers, z. B. Eisen (rötlich, gelblich) oder Mangan (dunkelgrau), verursachen Verfärbungen an den Wänden. Immer wieder tauchen bei Verfärbungen Bedenken wegen der Hygiene auf. Es entsteht der Eindruck, dass der Wasserspeicher verunreinigt sei und die Wasserqualität dadurch leide. Wir sollten uns von dieser Optik aber nicht allzu sehr beunruhigen lassen. Es handelt sich schließlich um harmlose Stoffe. In periodischen Abständen können wir den Speicher mit Bürste und Wasser sorgfältig abschrubben und die Wände danach mit klarem Wasser abschwemmen. Ganz werden sich die Verfärbungen aber nicht beseitigen lassen.

8-25 Die Verfärbungen stellen nur einen optischen Mangel dar.

Bild 8-25 zeigt einen alten Betonbehälter, der in Ortbetonbauweise hergestellt wurde. Die Wand ist noch schön glatt, hat sich aber verfärbt.

Eintrittsmöglichkeiten für Oberflächenwasser in einen Speicher aus Ortbeton

Meiner Erfahrung nach kommt eine spezielle undichte Stelle besonders häufig vor, nämlich die Fuge zwischen Wand und

Decke. Würde sich diese Fuge über dem Gelände befinden, wäre ein Eintritt von Wasser kaum möglich.

Meist wird ein Speicher aber ganz oder teilweise unter das Gelände gelegt. Dies hat unterschiedliche Gründe:

- Im Sommer ist das Wasser vor Hitze geschützt.
- Der Frost während des Winters reicht nicht so tief in den Boden, dass er dem Behälter schaden kann.
- Die Bodenschicht schützt den Behälter vor mechanischen Beschädigungen wie einem umstürzenden Baum.

Befinden sich Speicher tief im Boden, kann Oberflächenwasser, welches gegen die Wand drückt, einen Weg ins Innere finden. In **Bild 8-26** können wir erkennen, dass sich das Oberflächenwasser an dem im Hang stehenden Wasserspeicher staut. Das Wasser sucht sich nun einen neuen Weg und nimmt meist den kürzesten! In diesem Fall direkt den in den Speicherraum.

Undichte Speicher in waagrechtem Gelände

Das gleiche Phänomen kann auch in einer ebenen Lage auftauchen, wenn der Boden rund um den Speicher nach Regenfällen stark wassergesättigt ist.

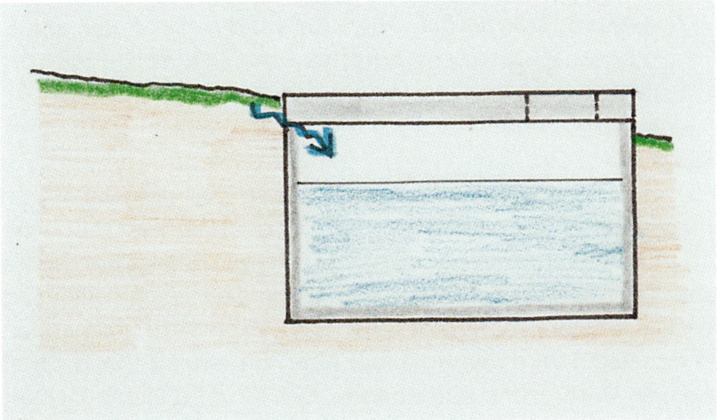

8-26 Häufige Eintrittsmöglichkeit für Oberflächenwasser.

In **Bild 8-27** wird die Art der Sanierung dargestellt:

Die Fuge lässt sich von innen nicht abdichten. Also graben wir die Fuge von außen auf und verspachteln sie. Danach graben wir hangseitig einen Drainagegraben, legen ein Drainagerohr ein und füllen Drainagekies ein. Nun wird das Oberflächenwasser abgeleitet, bevor es sich an der Behälterwand stauen kann.

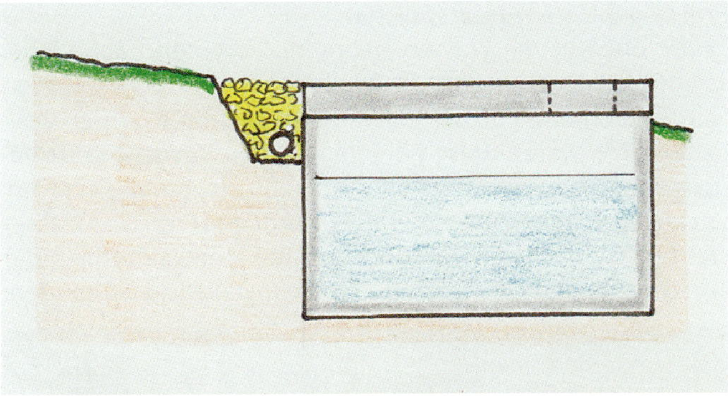

8-27 Die Drainage leitet Oberflächenwasser rechtzeitig ab.

8-28 Die fix montierte Leiter erleichtert den Einstieg in den Wasserspeicher.

Einfache Überprüfung der Dichtheit von Fugen

Am besten können wir die Dichtheit der Fuge zwischen Wand und Decke bei leerem Speicher prüfen. Eine Person steht mit einer Taschenlampe im Speicher und beleuchtet die Fuge. Eine zweite Person schüttet außen Wasser im Bereich der Fuge auf den Boden. Wenn die Fuge undicht ist, wird das Wasser rasch durchsickern. Das kann von innen gut beobachtet werden. Wenn innen kein Wasser ankommt, ist die Fuge dicht.

Frei begehbare Wasserspeicher

In der öffentlichen Wasserversorgung kommen häufig Wasserspeicher zum Einsatz, die bequem und aufrecht betreten werden können. Für die Versorgung einzelner Häuser oder Bauernhöfe wären diese Behälter aber zu kostspielig. Trotzdem sehen wir uns in **Bild 8-29** einen solchen Speicher an. Wir könnten ihn ganz leicht und aufrecht betreten. Das Wasser steht hinter der Mauer, an der die Leiter lehnt. Unterhalb der Türschwelle ist eine Vertiefung für die Installation vorhanden.

8-29 Wasserspeicher mit sehr bequemem Zutritt.

Behandlung der Betonoberfläche

Eine mit Wasser benetzte Betonwand wird über die Jahre eine Patina erhalten. Feines Sediment sowie Ausfällungen gelöster Stoffe im Wasser (Eisen, Mangan etc.) verfärben die Oberfläche. In der Regel hat dies auf die Wasserqualität aber keinen Einfluss.

Unbehandelter Beton

Eine unbehandelte Betonoberfläche stellt nach wie vor die beste und einfachste Lösung für die Wasserqualität dar. Mikroorganismen tun sich schwer, eine Betonoberfläche zu besiedeln. Der alkalische Untergrund wird von ihnen gemieden. Allerdings kann Beton mit den Jahren rauer werden. Dies passiert dann, wenn Zement durch Wasser mit niedrigem pH-Wert angegriffen wird.

Sehr raue Stellen können mit Zementmörtel verspachtelt werden. Wenn der Zementmörtel sehr dünn aufgetragen wird und sich mit der rauen Oberfläche nicht gut verbindet, kann er sich aber wieder lösen. Dann wäre diese Arbeit umsonst gewesen.

Anstriche

Anstriche machen einen Behälter schön! Vor allem blaue Anstriche sind gefragt, denn sie wirken auf uns frisch. In einem gestrichenen Behälter können wir Sedimentablagerungen am Boden viel besser erkennen als in einem dunklen Betonbehälter. Dies ist aber schon der einzige Vorteil.

Anstriche weisen zwei Nachteile auf:

- Sie dienen den Mikroorganismen als gute Aufwuchsfläche.
- Sobald sich Anstriche von der Wand zu lösen beginnen, können Mikroorganismen die hintere Seite der abgeblätterten Anstriche erreichen und sich dort ungestört entwickeln.

Fliesen

Fliesen sind ebenfalls schön anzusehen. Beliebt sind weiße Fliesen. Auch hier kann man aufgrund der Helligkeit mögliche Ablagerungen im Behälter gut erkennen. Auf Fliesen sollte aber ebenfalls verzichtet werden. Wenn die Fliesen vollflächig im Fliesenkleberbett sitzen, ist das Problem überschaubar. In der Regel wird Fliesenkleber aber mit einer Zahnspachtel auf den Untergrund aufgetragen. Das führt zu vielen kleinen Hohlräumen hinter den Fliesen. Dort können sich Mikroorganismen ansiedeln und ungestört entwickeln.

Wasserspeicher aus Kunststoff

In den letzten Jahren setzen sich vermehrt Speicher aus Kunststoff durch. In der Regel bestehen sie aus „Polyethylen" (PE). Sie sind als Fertigteile erhältlich und können aufgrund ihres geringen Gewichtes auch an schwer zugänglichen Stellen versetzt werden.

Behälter aus „Glasfaserverstärktem Kunststoff" (GfK) weisen noch bessere Eigenschaften als Polyethylen auf. Dieses Material ist stabiler und länger haltbar, aber auch teurer als PE.

Es ist zu erwarten, dass Kunststoffspeicher künftig immer häufiger eingesetzt werden.

Vorteile

- Durch das leichte Material können Kunststoffspeicher an schwer zugängliche Stellen transportiert werden, die für Lastwagen nicht erreichbar wären.
- Große und leicht erhältliche Auswahl am Markt.
- Durch die Fertigteilbauweise sind alle Anschlüsse bereits vorhanden.
- Relativ günstiger Anschaffungspreis.

Nachteile

- Es handelt sich um eine relativ junge Entwicklung. Dadurch fehlt die Erfahrung über die Haltbarkeit und Belastbarkeit über die Jahre hinweg.
- Die Angebotsvielfalt macht es schwierig, das optimale Produkt für die eigenen Bedürfnisse zu finden.
- Im Schnitt kürzere Haltbarkeit als Beton oder Metall.

In **Bild 8-30** ist ein moderner, kugelförmiger Wasserspeicher aus Polyethylen mit einem Inhalt von 6000 l abgebildet. Er verfügt über Ösen, in die Schlaufen gehängt werden können. So lässt er sich leicht mit einem Bagger an die gewünschte Stelle transportieren.

8-30 Wasserspeicher aus Polyethylen.

In **Bild 8-31** ist ein Behälter aus „Glasfaserverstärktem Kunststoff" (GfK) zu sehen. Dieses Material ist ein Verbundstoff aus Glasfasermatten und Kunstharz.

Es ist besonders langlebig und kann den seitlichen Erddruck gut aufnehmen. Dieser Wasserspeicher fasst 3000 l. Er ist aber auch mit einem Fassungsvermögen von 6000 l erhältlich. (Zum Vergleich: Für ein Vollbad in der Badewanne benötigen wir rund 200 l Wasser.)

Sein Trockeneinstieg ist mittig angeordnet.

Er wiegt je nach Größe zwischen 1200 und 1500 kg. Ein ähnlicher Speicher aus Betonfertigteilen würde viermal so viel wiegen.

Die Zukunft der kleineren Wasserspeicher liegt eindeutig im Kunststoff.

8-31 Einstiegsschacht zu einem GfK-Wasserspeicher.

Mittiger Trockeneinstieg

Eine sehr junge Entwicklung stellt der mittig angeordnete Trockeneinstieg dar. In der Mitte eines runden Wasserspeichers befindet sich ein Schacht mit etwa 80 cm Durchmesser. Das Wasser steht dabei rund um diesen Schacht. In **Bild 8-32** kann man dieses System gut erkennen. Vom Prinzip her gleicht es einem Kochtopf, in den man ein Wasserglas stellt. Wenn Wasser in den Kochtopf geleert wird, bleibt das Innere des Wasserglases trocken.

Wasserspeicher aus Kunststoff werden in unterschiedlichen Formen angeboten, z. B. auch als liegende Zylinder. **Bild 8-33** zeigt so einen Typ. Es handelt sich um eine kompakte Form, die mit Rippen ausgesteift ist.

In **Bild 8-34** ist ein ähnlicher Behälter abgebildet. Durch die geriffelte Struktur wird die Stabilität des tendenziell wei-

8-32 Mittig angeordneter Trockeneinstig mit fix montierter Leiter.

8-33 Zylindrischer Wasserspeicher aus Polyethylen.

8-34 Zylindrischer Speicher aus PE mit hohem Einstiegsschacht.

chen Kunststoffmaterials ebenfalls erhöht. Nach dem Einbau ragt der Schacht nur mehr 30 cm aus dem Boden heraus. Weil der Speicher mit Bodenmaterial überschüttet wird, ist das Wasser vor Hitze oder Kälte gut geschützt.

Farbe des Speichers

Kunststoffspeicher werden in unterschiedlichen Farben angeboten. Je heller, desto besser können allfällige Trübungen oder Sedimentablagerungen beobachtet werden. Bei einem Blick in einen Speicher aus schwarzem Kunststoff werden wir keine Feinheiten im Wasser erkennen können. Das Licht wird förmlich verschluckt. Um eine Trübung beobachten zu können, füllen wir das Wasser am besten in eine durchsichtige Flasche und halten sie dann gegen das Licht.

Der Speicher in **Bild 8-35** erlaubt einen guten Blick auf das zufließende Wasser. Das klare Wasser im Speicher erscheint

8-35 Die Wasserzuläufe sind gut sichtbar direkt unter der Öffnung installiert.

aufgrund des dunklen Hintergrundes durchgehend schwarz. In **Bild 8-36** können wir den Boden des Speichers erkennen, weil sich das Sonnenlicht am glatten Kunststoffboden spiegelt.

Speicher mit einem hellen Kunststoff machen es uns hingegen leicht, auch geringe Trübungen im Wasser oder Sedimente am Boden erkennen zu können.

Auch einfache Kunststofftanks mit einem Inhalt von 1.000 l kommen als Wasserspeicher zum Einsatz (**Bild 8-37**). Sie sind leicht, handlich und lassen sich gut transportieren. Weißer Kunststoff ist nicht beständig gegenüber UV-Licht

8-36 Die dunkle Farbe erschwert den Blick auf den Behälterboden.

8-37 Soeben abgestellt! Ein Kunststofftank mit 1.000 Litern Inhalt.

und darf daher nicht mit der Sonne in Kontakt kommen. Er wird deswegen in einem Gebäude untergebracht und sollte dort mit Styroporplatten isoliert werden, damit das Wasser so kalt wie möglich bleibt.

Wasserspeicher aus Edelstahl

Edelstahl stellt die Königsklasse der Materialien im Wasserbau dar. Er wird vor allem bei öffentlichen Wasserversorgungsanlagen eingesetzt.

Vorteile

- Geringes Gewicht.
- Überaus lange Haltbarkeit.
- Sehr hygienisches Material.
- Leicht zu reinigen.

Nachteil

- Hoher Anschaffungspreis.

Den Edelstahlspeichern geht es wie den Luxusautos: technisch sehr gut, teuer, selten.

Der Edelstahlspeicher in **Bild 8-38** ist ein schönes Beispiel für ein gut durchdachtes System. Er verfügt über einen Trockeneinstieg. Das Wasser wird ringsum gelagert. Der Quellzulauf ist gut erkennbar und leicht erreichbar.

8-38 Edelstahlspeicher mit mittig angeordnetem Trockeneinstieg.

Gebrauchte Edelstahltanks

Kleinere Tanks aus Edelstahl werden häufig in der Lebensmittelindustrie verwendet. Immer wieder werden gebrauchte Tanks am Markt angeboten. Mit ein wenig handwerklichem Geschick sind sie als Wasserspeicher einsetzbar.

Nicht immer muss ein Speicher große Ausmaße aufweisen. Oft hilft ein kleinerer auch sehr gut weiter.

In **Bild 8-39** sehen wir einen Edelstahlspeicher mit einem Volumen von 2000 l. Er wurde in Eigenregie angefertigt und befindet sich leicht zugänglich unter der Kellerstiege eines Bauernhauses. Eine innovative und praktische Idee. Damit sich das gespeicherte Wasser im Keller nicht erwärmt, sind die Wände außen mit Styroporplatten ummantelt.

8-39 **Ein Edelstahlspeicher im Keller eines Bauernhauses. Die vordere Styroporplatte wurde für das Foto entfernt.**

Das Quellwasser wird über einen Schlauch an der Oberseite in den Speicher geleitet. Der Schlauch ist innen zum hinteren Ende verlängert. Erst dort rinnt das Wasser in den Speicher. Die Pumpe entnimmt das Wasser dann vorn unten. Somit muss das Wasser stets in diagonaler Richtung durch den Speicher fließen. Dadurch wird der Inhalt laufend umgewälzt und ausgetauscht.

Reinigung

Die Sicherheitshinweise für das Betreten eines Wasserspeichers wurden zuvor bereits angeführt. Nun folgt ein wichtiger Hinweis zur Hygiene.

Hygiene im Zuge der Reinigung

Aus hygienischen Gründen ist bei der Reinigung von Behältern darauf zu achten, dass alle Gegenstände, die in der Wasserkammer verwendet werden, möglichst sauber sind. Dies gilt für das **Schuhwerk**, das **Arbeitsgewand**, die **Leiter** und die **Putzgeräte**.

Die Reinigung wird am besten nur mechanisch, also durch Bürsten und Schrubben, und nur mit reinem Wasser durchgeführt.

Nach erfolgter Reinigung ist der Wasserspeicher trotz aller Vorsicht verkeimt. Wir können die Verkeimung nur verringern, aber nicht ganz verhindern. Je sauberer unsere Schuhe, Kleidung und Putzutensilien, desto geringer wird die Verkeimung sein.

Bis zu einer bakteriologischen Probennahme lassen wir nun ausreichend Zeit verstreichen, am besten ein paar Wochen. Erst dann haben sich letzte Mikroorganismen, die im Zuge der Reinigung eingetragen wurden, abgebaut. Würden wir den Wasserspeicher nach der Reinigung mit Chlor desinfizieren, wären die Keime natürlich sofort abgetötet. Die Chlorierung wird in diesem Buch aber nicht behandelt.

Probleme durch Verzicht auf Wasserspeicher

Ein Wasserspeicher verursacht Kosten und Arbeit bei der Errichtung und bei der Wartung. Deshalb ist die Versuchung groß, ganz auf ihn zu verzichten.

Ein Beispiel dazu:

Wir haben eine Wasserader mit einer Breite von mehreren Metern ausfindig gemacht. Wir kommen zur Erkenntnis, dass sich das Wasser auf zwei Arten fassen lässt:

- Variante a): Wir errichten eine Schachtquelle mit 2 m Durchmesser und mit einem Wasserstand von 1 m. Das ergibt ein Volumen von 3000 l Wasser.
- Variante b): Oder wir errichten eine Sickerleitungsfassung samt Quellsammelschacht (QS) und leiten das Quellwasser in einen Wasserspeicher (WS) mit 3000 l Inhalt ab.

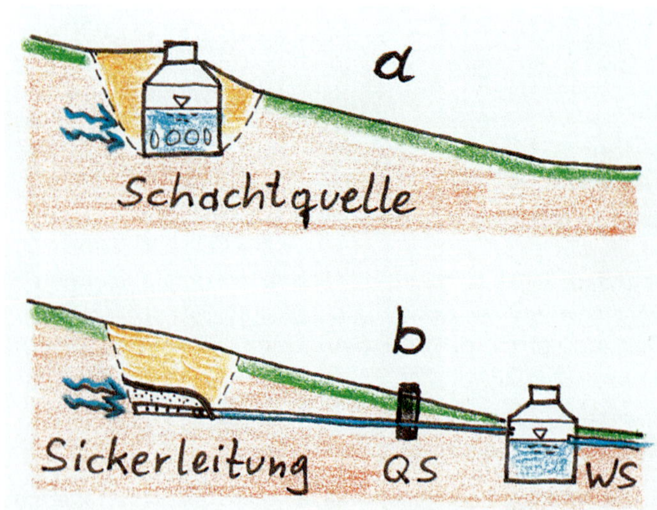

8-40 **Wasserspeicherung in der Schachtquelle selbst (a) oder in einem separaten Wasserspeicher (b).**

Vorteile Variante a

- Geringere Kosten, da ein separater Wasserspeicher entfällt.
- Ausreichend Reserve auch an verbrauchsreichen Tagen oder in trockenen Perioden.
- Weniger Bauaufwand: Es brauchen nur Betonringe mit größerem Durchmesser eingebaut werden.

Nachteile Variante a

- Nicht selten wird der Durchmesser des Schachtes zu groß gewählt, wodurch das Wasser im Schacht tendenziell absteht und nicht mehr so frisch ist.
- Die Baugrube weist größere Dimensionen auf und ist schwieriger gegen Oberflächenwasser abzudichten.
- Das Wasservolumen kann dem Verbrauch nicht angepasst werden. Wenn z. B. künftig einmal weniger Wasser benötigt wird, kann das Wasservolumen nicht verkleinert werden.
- Sollte im Schacht einmal zu wenig Wasser vorhanden sein, können wir nicht einfach Wasser von oben in den Schacht füllen. Es würde in die Umgebung ausrinnen.

Vorteile Variante b

- In Variante b fällt die Quellfassung vergleichsweise klein aus. Die Baugrube ist kleiner und wird gänzlich nach oben hin verfüllt. Dadurch kann Oberflächenwasser nicht so leicht in die Quellfassung gelangen.
- Die Quelle liefert ständig frisches Wasser, welches in den Speicher fließt.
- Wenn der Speicher selbst nicht überdimensioniert ist, verfügt auch er immer über frisches Wasser.
- Das Volumen im Speicher kann über die Höhe des Wasserstandes reguliert werden.
- In einer Trockenperiode kann der Speicher über ein Tankfahrzeug mit Wasser gefüllt werden.

Nachteile Variante b

- Höhere Kosten, da drei Bauwerke zu errichten sind (Quellfassung, Quellsammelschacht, Wasserspeicher).
- Aufwendigerer Bauablauf.

Wir sehen uns nun ein Beispiel aus der Praxis für die Variante b an:

In **Bild 8-41** wurde eine Hangschuttquelle mittels einer Sickerleitung gefasst. Diese mündet in den Quellsammelschacht mit grüner Abdeckung (roter Pfeil). Der Wasserspeicher mit einem Inhalt von 3000 l befindet sich mehr als 10 m entfernt (blauer Pfeil).

8-41 Quelle (roter Pfeil) und Wasserspeicher (blauer Pfeil) sind voneinander getrennt (Variante b).

In **Bild 8-42** betrachten wir den Quellsammelschacht und den Bereich der Sickerleitung aus der Nähe. Die Baugrube für die Quellfassung konnte sehr klein gehalten werden (blau umrandet). Die Sickerleitung liefert ständig frisches Wasser in den Quellsammelschacht (rot umrandet). Vom Quellsammelschacht rinnt das Wasser dann weiter zum Speicher.

8-42 Die Baugrube für die Sickerleitungsfassung ist rot umrandet, die für den Quellsammelschacht blau.

Dimensionierung

Stehendes Wasser verkeimt

Stehendes Wasser neigt zur Verkeimung! Deshalb soll das Speichervolumen den doppelten Tageswasserbedarf nicht überschreiten.

Ein Beispiel: Liegt der tägliche Wasserverbrauch im Schnitt bei 1500 l, soll das Speichervolumen maximal 3000 l betragen.

Speichervolumen in runden Behältern

Innendurchmesser [m]	Inhalt pro 1 m Höhe [m³]
1,0	**0,7**
1,5	**1,7**
2,0	**3,1**

Bei einer Verdoppelung des Durchmessers steigt das Volumen bei gleichbleibender Höhe um das Vierfache an!

Speichervolumen in eckigen Behältern

Länge [m]	Breite [m]	Höhe [m]	Inhalt [m³]
2,5	1,5	1,5	**5,6**
3,0	2,0	1,5	**9,0**

Im Falle einer geringen Vergrößerung der Länge und der Breite steigt das Volumen bereits stark an.

Reduzierung zu großen Volumens

Es ist problemlos möglich, einen Speicher zu verwenden, der zu groß dimensioniert ist.

Nur soll er dann die technische Möglichkeit aufweisen, den Wasserstand in Zeiten geringen Verbrauchs absenken zu können. Ein Überlauf über ein Standrohr, das aus zwei Teilen besteht, wäre ideal.

In Zeiten hohen Wasserbedarfes wird auf das niedrige Standrohr einfach ein weiteres aufgesetzt. Schon hebt sich der Wasserspiegel im Speicher an.

In Bild 8-43 können wir eine einfache und kluge Lösung für einen variablen Wasserstand beobachten. Das Standrohr, das als Überlauf dient, kann sehr leicht ausgetauscht werden, weil es bis knapp unter die Öffnung des Speichers ragt. Mithilfe des Griffes wird es einfach nach oben gezogen. Der gewünschte Wasserstand im Speicher wird durch den Schlitz im Standrohr festgelegt (roter Pfeil). Durch diesen läuft überschüssiges Wasser nach unten weg. Wenn wir den Wasserstand reduzieren wollen, tauschen wir dieses Standrohr gegen ein neues aus, dessen Schlitz tiefer angebracht ist. Wir haben nun zwei Standrohre zur Verfügung, die wir variabel einsetzen können.

8-43 Ein leicht austauschbares Standrohr mit einem Wassereinlauf über einen seitlichen Schlitz.

9 Installation

Der Installation wird in diesem Buch ein eher kleines Kapitel gewidmet. Es handelt sich nämlich um ein sehr spezielles Wissen, welches von Installationsbetrieben ohnehin sehr gut abgedeckt wird. Die folgenden Seiten sollen einen kleinen Überblick über die wichtigsten Elemente einer Installation geben. Sie werden rasch merken, dass eine Installation immer als Ganzes zu betrachten ist und die einzelnen Elemente untereinander abzustimmen sind.

Windkessel

Der Windkessel spielt eine Hauptrolle in der Installation. Er übernimmt die wichtige Funktion, die teilweise starken Druckschwankungen im Leitungsnetz auszugleichen.

Wenn wir einen Wasserhahn öffnen, fällt der Druck im Leitungsnetz kurz ab. Wenn die Pumpe im Brunnen anspringt, wird der Druck plötzlich erhöht. Der Windkessel puffert diese Schwankungen ab. Dabei unterscheiden wir zwei Arten von Kesseln:

Druckwindkessel

Im Windkessel befindet sich eine gewisse Menge Wasser. Darüber liegt der Luftpolster, der unter Druck steht. Die Luft wird meist durch ein „Schnüffelventil" angesaugt, welches bei der Pumpe angeordnet ist (vergleiche **Bild 9-2**). Über die Zuleitung gelangt diese Luft in den Windkessel. Ist das Schnüffelventil erst einmal richtig eingestellt, sollte der Windkessel immer mit ausreichend Luft versorgt sein.

Vorteile

- In der Regel wird der Druckwindkessel so eingebaut, dass er durchströmt wird. Folglich ist er immer mit frischem Wasser gefüllt.
- Das verzinkte Eisen lässt Bakterien nicht anwachsen.
- Er weist meist eine sehr lange Lebensdauer auf. Es sei denn, das zufließende Wasser weist Eigenschaften auf, die eine Korrosion beschleunigen können, z. B. ein niedriger pH-Wert in Verbindung mit freier Kohlensäure.

Nachteile

- Manchmal ergibt sich ein erhöhter Aufwand bei der Einstellung, wenn sich der Druckluftpolster nicht automatisch selbst gut reguliert.

9-1 Ein Druckluftwindkessel aus verzinktem Eisen: Er wird laufend mit frischem Wasser durchströmt. Die blauen Pfeile zeigen den Zu- und Ablauf an.

- Ein Druckwindkessel führt dem Wasser Sauerstoff zu. Das Ausfallen von gelösten Stoffen (Eisen, Mangan etc.) wird dadurch begünstigt.
- Bei erhöhtem Ammoniumgehalt im Wasser führt die Anwesenheit von Sauerstoff zu einem chemischen Prozess, bei dem sich Ammonium teilweise in Nitrit umwandeln kann. Auch dieser Effekt wird im Kessel begünstigt.

Immer wieder kann es vorkommen, dass eine Leitung im Brunnen undicht ist und Wasser auf die Schachtwand spritzt. Eine solche Schwachstelle reparieren wir am besten rasch. In **Bild 9-2** ist so eine Situation dargestellt. Das Schnüffelventil sollte eigentlich Luft ansaugen. Leider funktioniert es verkehrt herum. Anstatt Luft eintreten zu lassen, sprüht es Wasser in den Schacht. Es soll nun rasch gegen ein neues ausgetauscht werden.

9-2 Dieses Schnüffelventil spritzt Wasser, anstatt dass es Luft ansaugt. Es gehört ausgetauscht.

Membrankessel

Membrankessel erfreuen sich bei Brunnenbauern und Installateuren großer Beliebtheit, weil sie einfach und zuverlässig im Betrieb sind.

Vorteile

- Günstiger in der Anschaffung als verzinkte Druckkessel.
- Einfachere Einstellung des Wasserdruckes möglich.
- Es gibt weder Schnüffelventil noch Luft im Kessel. Eisen und Mangan fallen dadurch weniger stark aus. Natürlich vorhandenes Ammonium hat eine geringere Tendenz, sich in giftiges Nitrit umzuwandeln.

Nachteile

- In der Regel ist im Membrankessel keine Durchströmung vorhanden. Der Kessel ist mit einer einzigen Leitung mit dem Netz verbunden. In ihm steht das Wasser also ab.
- Gummi kann Keimen als Aufwuchsfläche dienen.
- Wenn ein Membrankessel in einem warmen Raum, z. B. dem Heizraum, steht, erwärmt sich die nicht durchströmte Wasserkammer. Dies begünstigt wiederum das Keimwachstum auf der Gummimembran. Daher sollte dieser Kesseltyp immer in einem möglichst kalten Raum stehen.

In **Bild 9-3** sehen wir einen Membrankessel. Er verfügt über eine einzige Leitung, die zugleich Zu- und Ableitung darstellt. Der blaue Pfeil steht für die Fließrichtung. In der Hauptleitung wurde ein rückspülbarer Filter installiert (roter Pfeil).

9-3 Membrankessel und rückspülbarer Filter.

Filter

Bei den Filtern kommen zwei grundlegende Typen zum Einsatz:

- Rückspülbarer Filter: Durch das Aufdrehen eines Ventils läuft das Wasser in umgekehrter Richtung durch den Filter. Ein darunter gestellter Kübel fängt das Filterwasser auf.
- Nicht rückspülbare Filter: Bei ihnen wird der Filtereinsatz von Zeit zu Zeit ausgewechselt.

Vorteile von Filtern

- Filter können die Korrosion im Leitungsnetz verringern, indem sie Partikel auffangen, die im weiteren Leitungsnetz zu Kontaktkorrosionen führen würden. Dies können z. B. feine Metallpartikel sein.
- Feines Sediment wird aufgefangen, sodass teure Armaturen nicht beeinträchtigt werden.

Nachteile von Filtern

- Filter können verkeimen. Vor allem, wenn sie in einem warmen Raum, z. B. dem Heizraum, stehen.

Schrittfolge bei der Reinigung des Filters

- Filtereinsatz ausbauen und alle erreichbaren Bestandteile des Filters säubern.
- Danach den Filtereinsatz und den abgenommenen Teil in einer Chlorlösung desinfizieren.
- Beim Zusammenbau nicht mehr mit der bloßen Hand in den Filter greifen.
- Einwegeinsätze auch nie mit bloßer Hand einsetzen. Verwenden Sie dafür immer sterile Einmalhandschuhe. Unsere Hände beherbergen schließlich Millionen von Bakterien, die nicht in den Filter gelangen dürfen.

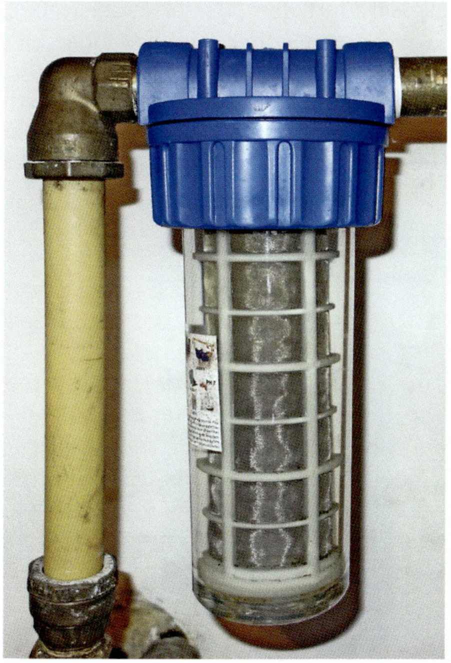

9-4 Ein nicht rückspülbarer Filter mit frischem Filtersieb.

9-5 In diesem Filter hat sich bereits ein Belag aus Sediment und ausgefälltem Eisen gebildet. Er sollte nun gereinigt werden.

Leitungsverlauf

Je kürzer, einfacher und klarer der Leitungsverlauf errichtet wurde, desto geringer ist die Gefahr einer Verkeimung in den Leitungen.

Umgekehrt ausgedrückt: Je komplizierter der Leitungsverlauf, je mehr Abzweigungen, je mehr Leitungen, die nur selten benutzt werden, desto höher ist das Risiko, dass sich eine Verkeimung im Netz ausbreiten kann.

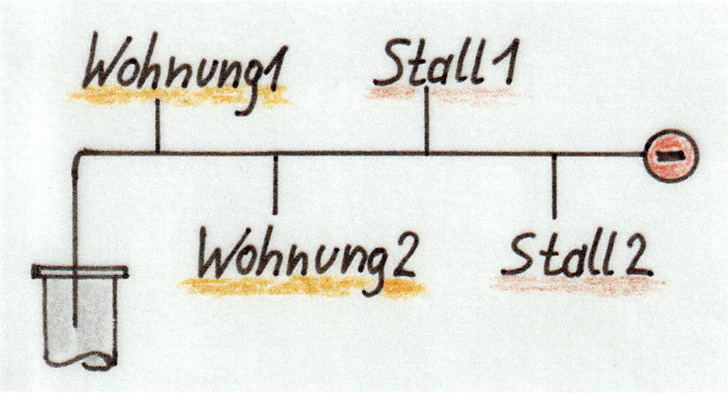

9-6 Auf dem Weg zur letzten Verbraucherstelle zweigen sämtliche Leitungen ab. Am Ende der Leitung kann das Wasser verkeimt sein (Minus).

Einfluss des Leitungsverlaufes auf die Wasserqualität

In **Bild 9-6** ist ein Leitungsnetz dargestellt, welches aus einer einzigen Hauptleitung besteht. Nach und nach zweigen andere Leitungen ab. Aufgrund von Druckschwankungen im Leitungsnetz können kleine Wassermengen von den seitlichen Leitungen in die Hauptleitung geraten. Dies kann dazu führen, dass eine Verkeimung aus einer der Nebenleitungen auch in die Hauptleitung gelangt und sich von dort aus im Leitungsnetz ausbreitet. Der entfernteste Punkt der Leitung kann dann ebenfalls eine Verkeimung aufweisen. Der Ursprung der Verkeimung ist schwer zu finden.

In **Bild 9-7** ist die Hauptleitung nur kurz. Sie mündet bald in einen Wasserverteiler. Von diesem führen alle Nebenleitungen weg. Bei dieser Konstellation ist es eher unwahrscheinlich, dass sich eine Verkeimung in einer Nebenleitung zum Verteiler zurückbewegt. Die entfernteste Verbraucherleitung wird also gleich wie alle anderen Verbraucherleitungen behandelt. Sollte es aber auch am entferntesten Punkt zu einer Verkei-

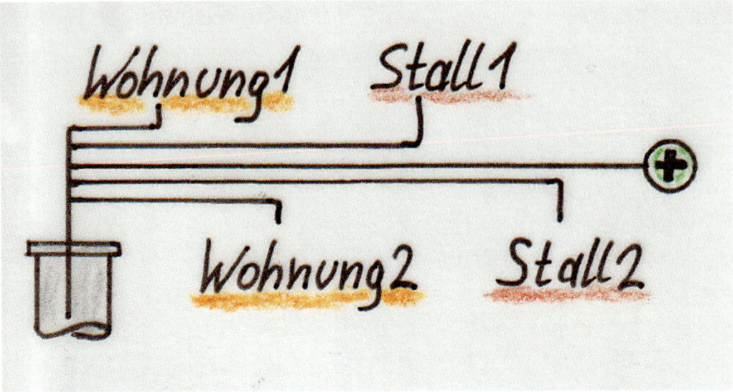

9-7 Alle Verbraucherstellen zweigen von einem einzigen Verteiler ab. Das Wasser am letzten Punkt des Leitungsnetzes ist in Ordnung (Plus).

mung kommen, wird das Problem eher von der Hauptleitung stammen und nicht von den anderen Nebenleitungen.

Wir sehen nun zwei Beispiele, in denen die Verteilung der Leitungen knapp nach dem Brunnen geschieht. Sie entsprechen dem besseren Schema in **Bild 9-7**. In **Bild 9-9** sehen wir, wie die Nebenleitungen mit Kärtchen beschriftet wurden: eine wirklich einfache und gute Hilfe, die Leitungen zuordnen zu können.

9-8 Aufteilung aller Leitungen bereits im Pumpschacht. Der Verteiler befindet sich ganz unten im Schacht.

9-9 Aufteilung aller Leitungen bereits im Keller.

Leitungsmaterialien

Heutzutage sind hochwertige Leitungsmaterialien am Markt erhältlich. Kunststoffleitungen lösen ältere Metallleitungen immer stärker ab. Ihr Vorteil besteht darin, dass sie nicht korrodieren können.

Ältere metallische Leitungen zählen aber noch lange nicht zum „alten Eisen". In metallischen Leitungen bildet sich häufig eine Schutzschicht aus Kalk aus. Sie garantiert, dass das Wasser mit dem Leitungsmaterial kaum in Berührung kommt.

Mischung aus unterschiedlichen Leitungsmaterialien

Die Korrosion von Metallen beruht auf elektrochemischen Vorgängen. Nicht umsonst wird Eisen durch Verzinken kor-

9-10 Ein moderner, höchst haltbarer Wasserschlauch zur Verlegung im Untergrund. Ein solcher Schlauch hält rund 80 Jahre lang, also mehr als zwei Generationen.

rosionsbeständig gemacht. Werden unterschiedliche Metalle kombiniert, korrodiert das Unedlere zuerst. Zink ist unedler als Eisen und dieses wiederum unedler als Kupfer.

In der Praxis hat dies zur Folge, dass ein Kupferpartikel in einer verzinkten Eisenleitung zu einem Lochfraß führen kann. Dieser Vorgang wird durch Wässer mit hoher Leitfähigkeit unterstützt.

Nie Kupfer vor Eisen anordnen

Montieren Sie nie eine Kupferleitung vor einer verzinkten Eisenleitung. Eingeschwemmte Kupferpartikel können in der verzinkten Eisenleitung zu einer Korrosion führen.

Korrosion

Leitungen aus Metall können unter ungünstigen Bedingungen aber korrodieren. Diese wären:

Saures Wasser

Vor allem saures Wasser (das bedeutet Wasser mit einem niedrigen pH-Wert) in Verbindung mit einem gewissen Anteil an freier Kohlensäure kann zu Korrosionen führen. Wir finden diese Wässer in allen Gegenden, in denen kaum Kalk im Boden vorhanden ist.

Die „Böhmische Masse" mit ihrem Untergrund aus Granit und Gneis kann stellvertretend dafür genannt werden. Durch saures Wasser werden sowohl verzinkte Eisenleitungen als auch Kupferleitungen angegriffen.

Hoher Kalkgehalt

Im Warmwasserkreislauf kann Kohlendioxid (CO_2), welches mit Kalk eine lösliche Verbindung eingegangen ist, von alleine ausgasen. Diese nun freie Kohlensäure greift das Metall an. Der Kalk hat seine Partnerin, das CO_2, verloren und fällt ganz einfach in Form eines festen Stoffes aus. Dieser Vorgang findet hauptsächlich im Boiler statt. Kohlensäure wird durch die Hitze freigesetzt und lässt den Boiler korrodieren. Der dabei ausfallende Kalk setzt sich am Boden des Boilers ab. Je höher der Kalkgehalt im Grundwasser, desto mehr CO_2 enthält es und desto korrosiver kann es im Warmwasserkreislauf wirken.

Viele unter uns kennen die chemische Zusammensetzung des eigenen Wassers nicht. Wir sollten sie durch eine einfache und relativ günstige Untersuchung feststellen lassen. Erst danach lassen sich Einflüsse auf die Installation bewerten.

Vorteile eines hohen Kalkgehaltes

Ein hoher Kalkgehalt kann jedoch einen Vorteil bieten: Eine sich bildende Kalkkruste auf der Innenwand der Leitung stellt für eine metallische Leitung eine Schutzschicht dar!

9-11 Die „Schwarze Aist" in der Böhmischen Masse führt saures Wasser, das aus dem Boden dunkel gefärbte Huminstoffe löst.

Chlorid

Ein hoher Chloridgehalt im Wasser kann teilweise auch von Streusalz stammen. Salz ist im Boden hochbeweglich und kann leicht in seichtere Wasseradern vordringen. Für den menschlichen Körper ist Chlorid unbedenklich. Wir benötigen ja ohnehin Salz und verwenden es als wichtigstes Gewürz in der Küche. Für die metallischen Leitungen stellt ein erhöhter Chloridgehalt aber ein Problem dar. Sie neigen dann zur Korrosion.

9-12 In diesem Bild ist eine interessante und innovative Installation abgebildet. Der landwirtschaftliche Hof wird von einer Quelle mit Trinkwasser versorgt. Aufgrund der guten Quellschüttung ist lediglich ein kleiner Wasserspeicher nötig. Dieser wurde in Handarbeit aus Edelstahl hergestellt. Die Saugpumpe ist gut zugänglich auf einem Podest angebracht. Daneben steht der Windkessel aus verzinktem Eisen. Eine wirklich übersichtliche Anordnung, die leicht gewartet werden kann.

10 Wasserbedarf

Den Wasserbedarf von Tieren abzuschätzen, ist keine leichte Aufgabe. Hängt er doch vom Gewicht und der Aufgabe der Nutztiere ab. Da tun wir uns beim Menschen schon viel leichter. Unabhängig von Geschlecht, Alter, Größe, Gewicht sowie unserer Individualität wird uns ein normierter täglicher Wasserverbrauch unterstellt. Aber immerhin scheinen wir Menschen in der Wasserverbrauchsliste auf. Viel schlimmer erwischt es manche Tiere. So werden der Hahn und der Pfau, die schönsten und stolzesten Tiere auf einem Bauernhof, in der Wasserbedarfsliste nicht einmal erwähnt.

Mensch

In Österreich wird der durchschnittliche Wasserverbrauch mit 135 l pro Tag angegeben. Die WC-Spülung, die Dusche sowie die Wasserhähne in Küche und Bad nehmen davon rund drei Viertel für sich in Anspruch. Erfahrungsgemäß gibt es kleine Unterschiede zwischen Stadt und Land. Die Erklärung dafür muss ich Ihnen aber schuldig bleiben.

Stadt

10-1 In der Stadt beträgt der durchschnittliche Wasserverbrauch 135 l pro Person und Tag. (Friesach, Kärnten)

Land

10-2 Am Land kann auch mit 100 l pro Person und Tag kalkuliert werden.

10-3 Wir Menschen verbrauchen das meiste Wasser im Bad und in der Küche.

Besondere Verbräuche, z. B. das Füllen von Pools, sind im angegebenen Wasserverbrauch noch nicht enthalten.

Tier

Schöne Tiere mit geringem Wasserverbrauch

Auch wenn manche Tiere im Hinblick auf den Wasserbedarf bedeutungslos sind, wäre es doch schade, ihnen nicht einen Platz in diesem Kapitel einzuräumen.

10-4 Der Hahn besteigt den Misthaufen wie einen Thron. Er ist sich seiner umwerfenden Ausstrahlung bewusst.

10-5 Kater Leos genetischer Ursprung stammt aus der afrikanischen Wüste. Er kommt mit äußerst wenig Wasser aus.

Rinder

Milchkühe

Milchmenge [kg/Tag]	Wassermenge [l/Tag]
30	100
20	80
10	50

Der Wasserbedarf für die Melkanlage bei Anbindehaltung kann mit 50–60 l pro Tag angesetzt werden. Für einen Melkstand werden zwischen 120 und 180 l pro Tag benötigt.

10-6 Milchkühe haben einen hohen Wasserbedarf.

Jungrinder bzw. Stiere

Körpergewicht [kg]	Wassermenge [l/Tag]
300	40
600–650	50

Schweine

Mastschweine

Körpergewicht [kg]	Wassermenge [l/Tag]
40	8–9
100	2,5–3

Im Schnitt werden während der Mastperiode 5,5 l Wasser pro Schwein und Tag verbraucht.

Zuchtschweine

Körpergewicht [kg]	Wassermenge [l/Tag]
250	40

Geflügel

Masthühner

Im Schnitt werden 140 l Wasser pro Tag und pro 1000 Tiere verbraucht.

10-7 Blick in einen Mastschweinestall. Schweine sind nur ihre Bauern gewöhnt und schrecken sich beim Anblick fremder Personen.

10-8 Ein bunter Haufen Hühner im Freiland.

10-9 Schafweide in sehr steilem Gelände.

10-10 Ziegenweiden tragen ebenfalls zur Offenhaltung der Landschaft in steilem Gelände bei.

Legehennen

Pro 1000 Tiere und Jahr können 91 m^3 angesetzt werden.

Schafe und Ziegen

Schafe werden häufig auf sehr steilen Weiden eingesetzt. Ohne Weide würden diese Hänge verwalden. In Österreich ist der Wald generell im Vormarsch, weil steilere Hänge immer seltener landwirtschaftlich bewirtschaftet werden.

Muttertiere benötigen durchschnittlich 8 l Wasser pro Tag.

Pferde

Bei Pferden ist eine generelle Angabe des Wasserverbrauches nicht möglich.

Der Wasserbedarf ist insbesondere abhängig von folgenden Faktoren:

- Körpergröße (Schwankungsbreite: einige hundert Kilo bis über 1 t).
- Fütterung.
- Einsatz (Reitpferd, Arbeitspferd).
- Witterung (Pferde schwitzen übermäßig stark).

Die Bandbreite bewegt sich zwischen 40 und 120 l pro Tag.

Wild

In der Literatur konnten keine Hinweise über den Wasserverbrauch von Wildtieren gefunden werden.

10-11 Pferde benötigen genauso wie Rinder sehr viel Wasser.

Es wird jedoch angemerkt, dass in Wildtiergehegen zumeist ständig rinnendes Wasser vorhanden ist.

Im Winter decken die Tiere ihren Wasserbedarf auch teilweise durch das Fressen von Schnee.

10-12 Ein Rudel Damwild in einem Gehege.

Weidevieh

Idealerweise wird eine Weide über eine Quelle mit Wasser versorgt. Die Quelle wiederum speist einen oder mehrere Tränkebehälter. Es ist darauf zu achten, dass das Vieh nicht zu weite Strecken zur Tränke zurücklegen muss. Mittels eines Wasserleitungsschlauches kann das Quellwasser auch von entlegeneren Quellen verlässlich zu einer Tränke geleitet werden.

Falls keine Quelle vorhanden ist, muss ersatzweise auf einen Anhänger ausgewichen werden, auf dem ein Fass montiert ist. Am Fass ist ein Selbsttränker befestigt, der vom Vieh selbstständig betätigt wird.

Leider besteht an heißen Tagen das Problem, dass sich das Wasser im Fass erwärmt.

Bild 10-13 zeigt eine Alm in den Nördlichen Kalkalpen. Im Frühling ist noch ausreichend Quellwasser vorhanden. Im Frühsommer wird das Vieh aufgetrieben. Wenn der Sommer

10-13 Alm im Frühling.

10-14 Ein großer Tränkebehälter (Trog) erleichtert es dem Weidevieh, Wasser aufzunehmen. Der Bereich vor dem Trog ist mittels einer Betonschicht befestigt, damit das Vieh beim Trinken einen guten und festen Stand hat.

sehr heiß und trocken wird, kann die Wasserführung der Quellen sehr stark zurückgehen.

Eine Tränke für eine Rinderweide ist in **Bild 10-14** zu sehen. Sie wird von einer Quelle laufend mit frischem Wasser versorgt. Der Winter ist gerade vorüber. Nun kann die Tränke für den Weidebetrieb wieder fit gemacht werden. Der Trog wird gereinigt und die Zuleitung der Quelle nochmals auf Beschädigungen hin überprüft.

11 Wasserknappheit

Als Kulturtechniker und Wasserwirtschafter bin ich in meinem Beruf mit zwei Extremen konfrontiert: Hochwasser einerseits und extremen Trockenzeiten andererseits. Beide Phänomene sind durch das Thema „Wasser" miteinander verbunden, könnten aber unterschiedlicher nicht sein. Hochwässer passieren rasch, erzeugen extrem viel Schaden, gehen aber auch rasch wieder vorüber. Danach beginnt der Aufbau, der sich aktiv gestalten lässt. Dieser ist von Hoffnung begleitet und gibt einem das Gefühl, Gutes tun zu können. Im Gegensatz dazu die Trockenheit: Sie kommt langsam. Am Anfang besteht noch Hoffnung, dass sich doch der ersehnte Regen einstellt. Doch dieser bleibt aus. Eine aktive Hilfe ist nicht möglich, außer dem Befüllen von Wasserspeichern mit Tankfahrzeugen. Die Hoffnung schwindet. Die erzwungene Passivität erzeugt ein Gefühl des Unbehagens, das Tag für Tag ansteigt. Der Wunsch, helfend eingreifen zu können, ist kaum umsetzbar. Ein äußerst unangenehmer Zustand.

11-1 Acker und Wiese blieben in diesem trockenen Sommer wohl ertragslos.

Ursache Klima

Die Klimaerwärmung äußert sich in unseren Breiten unter anderem durch größere Wetterextreme. Sehr nasse Abschnitte werden immer häufiger durch sehr trockene abgelöst. Für Quellen und Brunnen, die von weniger tief liegenden Wasseradern gespeist werden, stellt dies eine große Einschränkung dar. In den **Bildern 11-2** bis **11-5** sehen wir uns ein paar Beispiele für die Auswirkung in der Natur an.

11-2 Trockenheit wirkt sich in der Landwirtschaft sehr negativ aus. Die Mengen an geerntetem Wiesenfutter und Ackerfrüchten gehen stark zurück.

11-3 Kiefern hingegen kommen mit Trockenheit gut zurecht.

11-4 Ein üppig blühender Garten im Frühling. Das Hochbeet steht schon für seinen baldigen Einsatz bereit.

11-5 Derselbe Garten im trockenen und heißen Spätsommer des Vorjahres. Nur die Beete wurden laufend gegossen. Für den Rasen wäre der Wasserverbrauch zu hoch gewesen.

Wir können uns an das Klima nur anpassen. Ändern können wir es nicht. Die folgenden Punkte beinhalten Vorschläge, wie wir auf eine zurückgehende Wassermenge reagieren können. So lässt sich die nächste Trockenperiode besser überstehen.

Ursache seichtes Grundwasser

In Trockenperioden zeigt sich die wahre Qualität einer Quelle oder eines Brunnens. Nun trennt sich sozusagen die Spreu vom Weizen.

Je stärker das Grundwasser in einer Trockenperiode zurückgeht, desto eher deutet dies auf eine seichte Wasserader hin.

Wenn die Wassermenge stark zurückgeht, sollten wir die Wasserader durch Wassersucher (mit Wünschelrute oder Pendel) prüfen lassen. Sie können die Lage noch am ehesten beurteilen. Vielleicht stoßen sie auch auf eine neue Wasserader, die wir dann auch neu fassen können.

Jene Wasseradern, die auch bei Trockenheit ausreichend Wasser führen, stellen einen wahren Schatz dar. Wenn sie darüber hinaus gut mit einer Quell- oder Brunnenfassung erschlossen wurden, lässt sich eine künftige Trockenperiode leichter überwinden.

Ursache bei der Anlage

Zu wenig Wasser muss nicht automatisch auf eine Trockenperiode zurückzuführen sein. Manche Anlagen werden von ausreichend Wasser versorgt, aber es bestehen bauliche Mängel, die in niederschlagsreicheren Zeiten nicht wahrgenommen werden. Erst in der Trockenperiode wird das Problem an der Anlage sichtbar.

Wir sehen uns nun einige typische bauliche Probleme an, die erst in Trockenperioden spürbar werden.

Nicht optimal gesetzte Quellen und Brunnen

Die Quelle oder der Brunnen wurden von Beginn an nicht an der richtigen Stelle gegraben. Die Wasserader wurde seitlich gestreift. Nicht alles Wasser wird von der Anlage erfasst.

Die Quelle oder der Brunnen wurden zu seicht gefasst. Einiges an Wasser fließt unter der Anlage hindurch.

Unterirdische Erosion bei der Anlage

- Durch die Fließkraft des Wassers kann die Sohle einer Quelle oder eines Brunnens mit der Zeit ein wenig eingetieft werden (vergleiche **Bild 11-6**).
- In weiterer Folge fließt ein Teil des Wassers unter der Anlage hindurch, ohne gefördert werden zu können.
- Rutengeher oder Pendler können diesen Umstand fühlen.
- Eine Schachtquelle oder einen Brunnen können wir ein wenig nachgraben.
- Sickerleitungsfassungen müssen wir hingegen gänzlich neu fassen.

Schäden durch falsche Wasserableitung bei Quellfassungen

Wasseradern nehmen immer den geringsten Weg des Widerstandes. Im Falle eines Rückstaus kann sich Wasser einen neu-

Auf freien Ausfluss einer Quelle achten

Eine Quelle soll immer frei ausfließen können. Andersrum formuliert: Ein Rückstau soll stets vermieden werden.

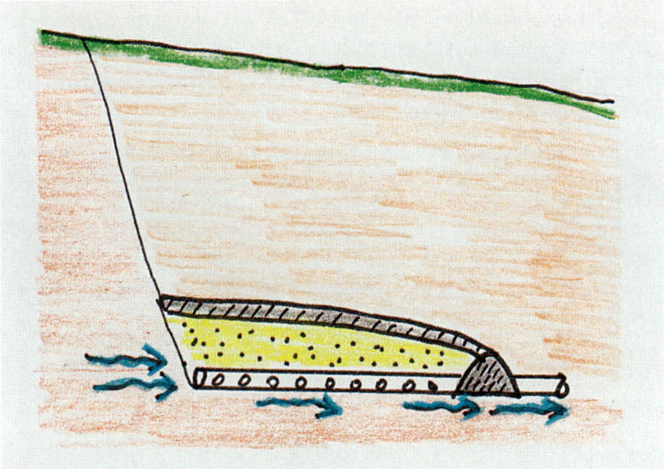

11-6 Wasser fließt unter der Quellfassung durch.

11-7 Durch den Rückstau aufgrund eines fehlenden Überlaufes sucht sich die Wasserader einen neuen Weg.

en Weg suchen, der vielleicht nur ein wenig anders als zuvor verläuft. In einer Trockenperiode können minimale Veränderungen jedoch große Auswirkungen haben.

In **Bild 11-7** wird dieser Umstand schematisch dargestellt. Die Quelle ist als Schachtquelle gefasst. Die Ableitung des Wassers zum Speicher erfolgt über einen Wasserschlauch. Überlauf ist keiner vorhanden. Die Wasserader umfließt den Schacht. Noch stellt dies kein Problem dar, weil ja ausreichend Wasser vorhanden ist. In einer Trockenzeit wird diese Quellfassung aber genauso umflossen. Nun erst bemerken wir, dass nur mehr wenig Wasser aus dem Schlauch kommt.

In **Bild 11-8** werfen wir einen Blick in einen Quellsammelschacht mit zwei Zuläufen. Ein Zulauf über ein Wasserleitungsrohr wird wohl eine rückstauende Wirkung aufweisen, weil es nur einen Durchmesser von 1,5–2 cm aufweist. Das Kunststoffrohr mit einem Durchmesser von 10 cm stellt die weitaus bessere Lösung dar. Die Quelle entwässert in das Rohr, ohne dass ein Rückstau stattfindet. Leider hat ein größeres Rohr manchmal auch seine Tücken. Wurzeln können leichter eindringen als in kleine Rohre (vergleiche **Bild 11-9**).

11-8 Schwarzer Zulauf mit Tendenz zum Rückstau in die Quellfassung, aus der er sein Wasser bezieht.

Verstopfung durch Wurzeln

Achtung vor Wurzeln!

Wurzeln suchen Wasser! Und wo sollten sie es leichter erreichen als in unserer Quellfassung? Sie werden also zielstrebig versuchen, in die Quellfassung hineinzuwachsen.

Viele Probleme bei Quellen können auf Rückstau oder Wurzeleinwuchs zurückgeführt werden.

Ein Eindringen von Wurzeln macht sich erst nach längerer Zeit und dann meist nur indirekt bemerkbar. Bäume, Sträucher, Staudenpflanzen und auch Gras können tiefer in den Boden wurzeln, als wir vermuten würden.

Wir sehen uns nun noch einmal **Bild 11-8** an: Von oben her gesehen ist alles unauffällig. Nun werfen wir einen Blick in das größere Rohr (vergleiche **Bild 11-9**). Eine dicke Wurzel hat sich bereits bis knapp vor das Ende des Rohres vorgeschoben. Wir können sicher davon ausgehen, dass der gesamte Quellbereich schon durchwurzelt ist. Es wird uns nicht schwerfallen, den Verursacher (Baum, Strauch …) ausfindig zu machen. Er wird sich in einem Umkreis von 5–7 m zur Quelle befinden.

11-9 Ein „Alien"? Nein, es handelt sich um eine Wurzel.

Wie weit reichen Wurzeln?

Wir gehen grundsätzlich davon aus, dass der durchwurzelte Bereich im Untergrund den gleichen Radius aufweist wie der Baum oder der Strauch darüber. Wenn dessen Äste also über unsere Quellfassung oder unseren Brunnen reichen, müssen wir davon ausgehen, dass die Wurzeln schon dort sind, wo sie nicht sein sollen.

Menschen und Pflanzen verfolgen bei Quellen das gleiche Ziel. Beide wollen das kostbare „Nass" für sich optimal nutzen.

Nahegelegene Bäume und Sträucher mitsamt Wurzeln entfernen

Lassen Sie Bäume und Sträucher samt Wurzelstock entfernen, wenn deren Äste über die Quelle oder den Brunnen ragen. Die dabei entstehende Grube soll mit dichtem Material, am besten mit Lehm, verschlossen werden. Dies ist nötig, weil die verbliebenen Wurzeln mit der Zeit absterben und Hohlräume im Untergrund hinterlassen.

Oft reicht schon ein sehr junger Baum dafür aus, dass Wurzeln in die Fassung einwachsen können. Aufkommendes Gehölz ist laufend zu entfernen. Der so geschaffene freie Fleck ist von der Natur aber sehr begehrt und wird rasch erneut bewachsen werden.

Bild 11-10 ist ein Beispiel dafür, wie schnell ein Brunnen oder eine Quelle von Pflanzen eingenommen wird. Es ist Winter und der Strauch ist blattlos. So kann man noch besser erkennen, wie die Ausläufer des Strauches bereits rund um den Schacht gewachsen sind. Vor fünf Jahren wurde er zum letzten Mal benutzt. Da stand er noch frei. Nun haben sich Sträucher zu ihm hingearbeitet und in weiteren fünf Jahren wird er in den Sträuchern verschwunden sein.

11-10 **Ein stillgelegter Brunnen. Bald wird er überwuchert sein.**

Bild 11-11 zeigt den Blick in eine Felsquelle. Ein dickwandiges Betonrohr leitet das Wasser vom Felsen in den Quellsammelschacht. Das Rohr ist sehr stabil und dicht. Trotzdem haben es die Wurzeln geschafft, in die Quelle zu finden. Wir halten also Ausschau nach einem Baum, der in der Nähe des Felsens steht und dessen Wurzeln in die Wasser führende Kluft eingedrungen sind.

Dadurch wird die Kluft im Felsen verstopft, wodurch weniger Wasser in die Quellfassung finden kann.

Verstopfung in der Kiesschicht

Quellen- und Brunnenfassungen werden normalerweise im Bereich des Grundwassers mit Kies umgeben. Grundwasser transportiert stets eine gewisse Menge an Feinteilen mit sich. Im Laufe von vielen Jahren führen diese Sedimente zu Verstopfungen im Porenraum der Kiesschicht. Das Grundwasser

11-11 Blick in eine Felsquelle. Die Wurzel hat sich von ganz hinten nach vorn gearbeitet.

11-12 Eine seichte Schachtquelle. Die Poren im Kies wurden durch Feinteile verlegt.

wird dadurch am Zutritt zur Quellfassung oder zum Brunnen gehindert.

Sedimentation

Die Sedimentation einer Kiesschicht ist ein natürlicher Prozess. Nach 30 bis 40 Jahren wird die Kiesschicht wohl zu erneuern sein. Es nützt nichts, die Kiesschicht mit einem Vlies zu umhüllen. Denn dann würde das Vlies ebenfalls durch feine Sedimente mit der Zeit weniger durchlässig. Auch das würde sich in einem Wasserrückgang äußern.

In **Bild 11-12** wurde eine alte und seichte Quellfassung freigelegt. Wir erkennen, dass die Kiesschicht im tieferen Bereich mit kleinen Wurzeln und Bodenbestandteilen durchsetzt ist. Unter dem Wasserspiegel wird das wohl nicht anders sein. In der höheren Lage weist der Kies noch Hohlräume auf. Dort ist aber kaum Wasser vorhanden.

Wenn die Kiesschicht in einer Quellfassung verlegt ist, müssen wir die alte Fassung gegen eine neue austauschen. Bei einem Brunnen könnten wir versuchen, den Bereich der Schachtsohle zu reinigen, genauso wie im nächsten Punkt „Verockerung".

Verockerung der Kiesschicht in einem Schacht

Im Laufe von vielen Jahren kann es zu Ausfällungen gelöster Bestandteile des Wassers kommen. Sie legen sich in den Poren der Kiesschüttung ab und verringern über viele Jahre deren Durchlässigkeit. Dem Grundwasser wird der Zutritt in die Quellfassung oder den Brunnen erschwert.

Verockerung

Eine Verockerung stellt einen schleichenden Prozess dar. Wenn Brunnen oder Quellen im Laufe von vielen Jahren stetig weniger Wasser liefern, kann die Verockerung dafür verantwortlich sein.

Wir sehen uns nun drei Möglichkeiten näher an:

- **Eisen- und Manganverbindungen:** Wenn gelöstes Eisen oder Mangan in Kontakt mit Sauerstoff kommen, können diese als feste Stoffe ausfallen. Häufig wird dieser Prozess durch Bakterien beschleunigt. Diese Bakterien sind gesundheitlich vorerst unbedenklich. Trotzdem sollten sie entfernt werden. Eisen bildet einen rötlichbraunen, Mangan einen schwarzen Belag.
  Bild 11-13 zeigt, welchen Effekt eine Verockerung haben kann. Ausgefälltes Eisen oder Mangan verlegt die Poren im Kies. Das Wasser sucht sich wie immer den Weg des geringsten Widerstandes. Es umfließt den Schacht (obere blaue Pfeile) oder fließt unter ihm hindurch (untere blaue Pfeile).

Eisen und Mangan stellen nur ein technisches Problem dar. Für den menschlichen Körper sind diese Elemente durchaus wichtig und gesund.

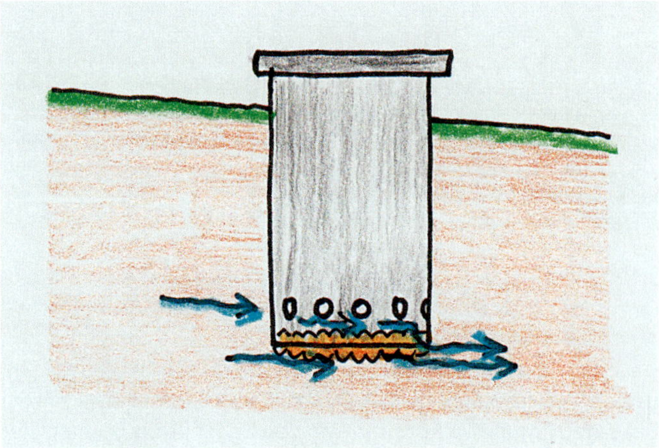

11-13 Der Schacht wird umflossen und unterflossen.

In **Bild 11-14** können wir diesen schwammigen Belag aus Eisen- und Manganausfällungen erkennen. Die dunkelgraue Farbe deutet darauf hin, dass Mangan hier besonders stark vertreten ist.
Das Wasser dieser alten Quelle im steilen Gelände füllt den Schacht nur wenige Zentimeter hoch, weil es sich um eine schwache Wasserader handelt. Zum leichteren Eintritt wurde eine Öffnung ausgebrochen. Noch kann genug Wasser in den Schacht gelangen. Sicherheitshalber entfernen wir aber den schwammigen Belag und einen Teil des Kieses. Danach füllen wir neuen Kies in die Schachtsohle ein.

11-14 Das Dunkelgrau deutet auf Mangan hin.

- **Versinterung:** In manchen Quellen können die im Wasser gelösten mineralischen Bestandteile ausfallen. Sie bilden danach einen krustenförmigen Belag, der den Zutritt weiteren Wassers erschwert. Versinterungen finden auch in Haushalten mit hartem Wasser statt. Ein hartnäckiger Kalkbelag in Vasen, Krügen und Töpfen bzw. in Dusche oder Badewanne stellen Formen der Versinterung dar.
- **Mischung von Wässern:** Im Falle von Wasserknappheit wird häufig versucht, den vorhandenen Brunnen tiefer zu bohren. Oder es wird eine Quelle zusätzlich in den Brunnen eingeleitet. Das kann aber problematisch werden! Sobald Wässer mit einem unterschiedlichen Chemismus gemischt werden, kann es zu spontanen Ausfällungen von bis dahin gelösten Inhaltsstoffen kommen. Diese Stoffe lagern sich in der Folge als mehr oder we-

niger feste Beläge ab und lassen neues Wasser immer schwieriger in den Brunnen eintreten. Wir können eine Verbesserung erreichen, indem wir die Quelle nicht mehr in den Brunnen, sondern in einen separaten Wasserspeicher einleiten. Von dort aus versorgen wir dann z. B. die Gartenwässerung etc. Wenn ein Brunnen tief nachgebohrt wird, könnte sich Grundwasser aus unterschiedlichen Tiefenlagen vermischen und durch chemische Reaktionen zu Ablagerungen im Brunnen führen. Das wäre dann kaum sanierbar.

Ursache steigender Verbrauch

Eine Wasserknappheit muss nicht zwangsläufig mit einer geringeren Wasserschüttung zusammenhängen. Gar nicht so selten ist der Verbrauch über die Jahre so stark angestiegen, dass in trockenen Zeiten die Kapazitätsgrenze der Quelle oder des Brunnens erreicht wird.

Wenn auf einem Bauernhof ein neuer Stall errichtet wird, steigt der Wasserbedarf zumeist stark an. Es kann auch der Fall sein, dass ein bisher nur von wenigen bewohntes Gebäude durch neue Bewohner stärker genutzt wird. Der höhere Verbrauch kann von der älteren Quelle bzw. vom Brunnen nicht mehr abgedeckt werden.

In einem solchen Fall wird der Neubau einer zusätzlichen Quelle oder eines Brunnens die beste Lösung darstellen. Es wäre auch denkbar, einen Wasserspeicher zu errichten, der in der Nacht gefüllt wird. Untertags stünde dann zusätzliches Wasser zur Verfügung.

Ursache Umgebung

Eine Wasserknappheit kann in selteneren Fällen auch auf Änderungen in der Umgebung zurückzuführen sein. Diese wären z. B.:

- Tiefere Baggerarbeiten zur Verlegung von Drainagen oder Kabeln bzw. anderen Leitungen.
- Ausheben von tiefen Gruben für Keller oder andere Einbauten (Güllegruben etc.).
- Tiefe Einschnitte im Gelände durch größere Straßenbauten.
- Neuerrichtung von Siedlungen und Gewerbegebieten im Einzugsgebiet.
- Errichtung von Erdwärmebohrungen durch eine Wasserader hindurch, durch die eine Quelle bzw. ein Brunnen gespeist wird.

Tiefe Grabungen

Durch tiefe Grabungen oder auch Bohrungen können Wasser führende Horizonte angeschnitten und verletzt werden. Das Wasser kann sich in der Folge einen neuen Weg suchen. Bei der bisherigen Quelle bzw. beim Brunnen geht die Wasserschüttung zurück.

Wir Menschen üben durch jahrzehntelange umfangreiche Grabungsarbeiten einen enormen Einfluss auf den Wasserhaushalt im Boden aus. Diese Entwicklung geht auch weiter.

11-15 Tiefe Grabungsarbeiten können Wasseradern beeinträchtigen.

Überprüfung mittels Wünschelrute oder Pendels

Eine Sanierung ist in solchen Fällen nur schwer möglich. Zunächst soll mithilfe von Wünschelrute oder Pendel festgestellt werden, ob die Wasserader gänzlich abgegraben wurde oder ob sie sich nur einen neuen Weg gesucht hat. Nachdem wir Kenntnis darüber haben, können wir entscheiden, ob ein Neubau der Quelle oder des Brunnens nötig wird oder ob kleinere Verbesserungsmaßnahmen bereits helfen können (Nachgraben des Brunnen …).

Brunnen nachbohren

Wenn ein Brunnen nicht mehr genug Wasser für den aktuellen Verbrauch liefert, kann ein Nachbohren rasch zum ersehnten zusätzlichen Wasser führen. Brunnenbaufirmen bieten das Nachbohren gerne an, weil sie mit hoher Wahrscheinlichkeit auf zusätzliches Grundwasser stoßen werden.

Vorteile

- Es muss kein neuer Brunnenstandort gefunden werden.
- Die Zufahrt für das Bohrgerät ist meist problemlos möglich.

- Die Installationen sind bereits vorhanden.
- Die Wahrscheinlichkeit, rasch auf mehr Wasser zu stoßen, ist hoch.

In der Praxis können sich beim Nachbohren aber auch Probleme einstellen.

Nachteile

- Es wird zu tief gebohrt. Das neu gefundene Grundwasser besitzt einen anderen Chemismus als das bisherige. Die unterschiedlichen Wässer reagieren miteinander und führen zu Ausfällungen von Eisen und Mangan.
- Das neue Bohrrohr wird bis an das obere Ende des Schachtes gezogen und der verbleibende Zwischenraum mit Kies gefüllt. Nun sehen wir nicht mehr in den Brunnen hinein. Wenn die Schachtwände gegen Oberflächenwasser undicht sein sollten, könnten wir nicht mehr beobachten, ob es durch die Kiesschicht bis zum Grundwasser sickert und dort für eine Verkeimung sorgt.
- Die Pumpe wird zu tief in die neue Bohrung eingehängt und fördert nur tiefes Grundwasser. Das Wasser im Brunnenschacht gelangt nicht mehr zu den Verbrauchsstellen und steht ab. Das kann zu einer Verkeimung des gesamten Brunnens führen.

In der Praxis werden unerwünschte chemische Reaktionen zwischen unterschiedlichen Wässern häufig unterschätzt.

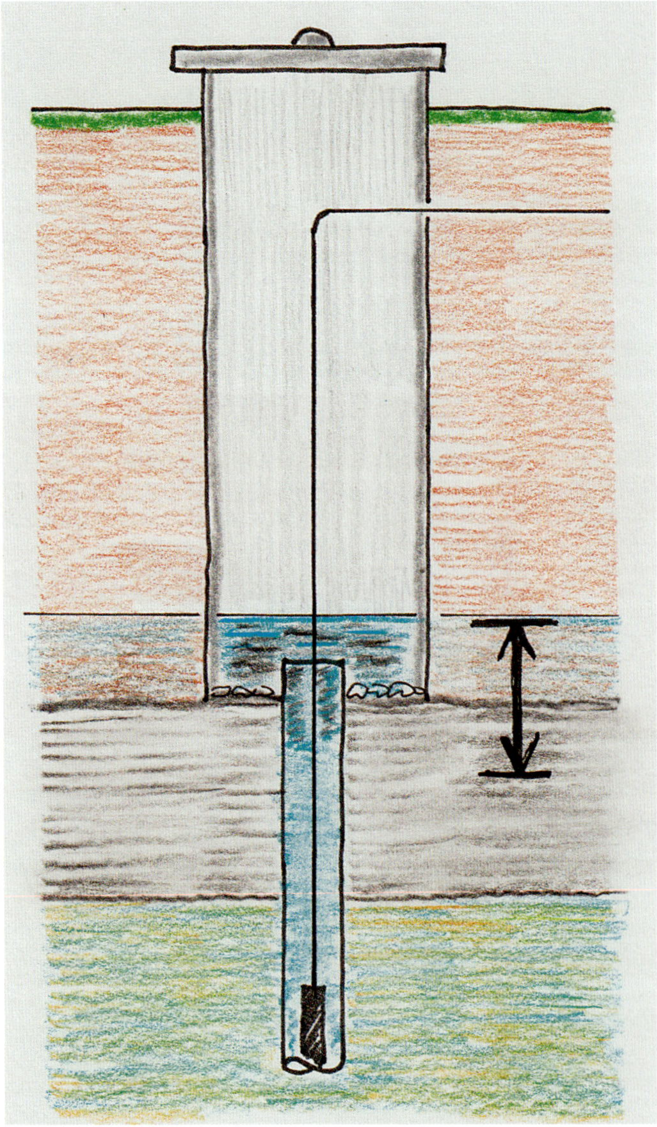

11-16 In einem nachgebohrten Brunnen können sich Zonen nicht frischen Wassers bilden (schwarzer Pfeil).

Speichervolumen erhöhen

Eine sehr wirksame Methode, einer Wasserknappheit zu entgehen, stellt die Vergrößerung des Speichervolumens dar. Wir wenden sie in folgenden Fällen an:

- **Quelle:**
  Der Überlauf der Quelle ist stets aktiv. Es läuft nicht viel Wasser über, aber stetig. Mit einem zusätzlichen Wasserspeicher können wir dieses Überwasser nutzen. Auch wenn nur 1 l Wasser pro Minute nicht mehr über den Überlauf verloren gehen, sondern gespeichert werden kann, ergibt dies eine Menge von 1440 l pro Tag.
- **Brunnen:**
  Der Brunnen liefert zwar Wasser, kann aber einen kurzfristig hohen Verbrauch nicht abdecken.
  In einem solchen Fall können wir die Zeit geringen Verbrauchs, z. B. die Nacht, nützen, um einen Speicher füllen zu lassen. Während wir schlafen, wird er immer wieder mit kleineren Mengen Wassers versorgt. In der Früh steht dann der erste Spitzenverbrauch auf der Tagesordnung. Wir benutzen Küche, Bad und Toilette, während auf Bauernhöfen das Vieh zur selben Zeit zur Tränke geht. Nun hilft uns der Vorrat aus dem „Nachtspeicher".

Vorteile eines zusätzlichen Speichers

- Bei der Quelle oder beim Brunnen müssen wir keine Adaptierung vornehmen. Wir greifen nur auf jenes Wasser zurück, welches wir bisher nicht genutzt haben.
- Die Kosten halten sich bei einem kleinen Wasserspeicher in überschaubaren Grenzen.

Nachteile eines zusätzlichen Speichers

- Für den neuen Speicher wird eine zusätzliche Pumpe samt Windkessel (siehe Kapitel Installation) benötigt. Dies verursacht weitere Kosten.
- Wenn ein neuer Wasserspeicher neben einem bestehenden angeordnet wird, kommt es häufig zu fehlerhaften Rohr- bzw. Schlauchverbindungen. Das führt dazu, dass das Wasser in einem der beiden Speicher nicht durchströmt wird und dann absteht. Eine Verkeimung ist die Folge.

Verbindung von zwei Speichern

Achten Sie stets auf eine Durchströmung in beiden Speichern. In **Bild 11-17** ist das Schema dargestellt, wie das Frischwasser eingeleitet werden sollte, damit es zuerst durch einen Speicher und dann auch durch den zweiten Speicher fließen kann.

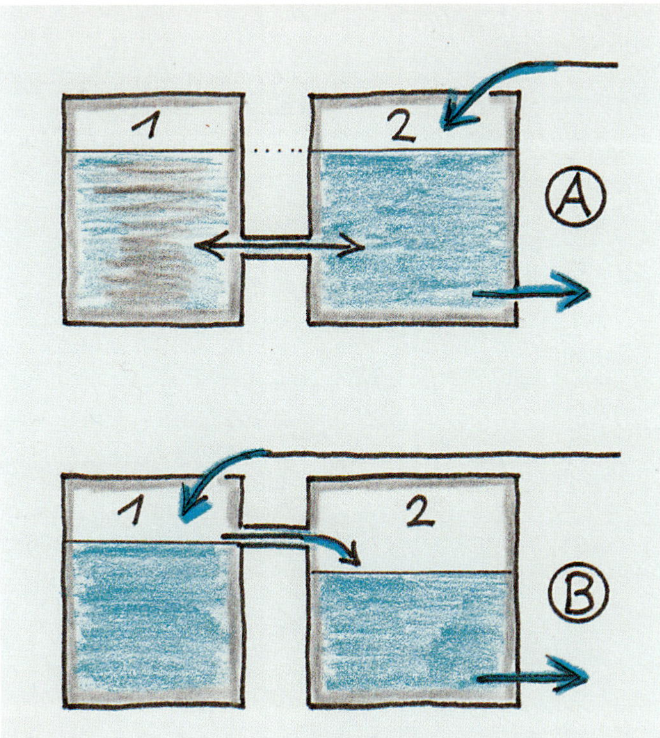

11-17 Auch bei zwei getrennten Behältern ist auf einen ausreichenden Durchfluss zu achten.

Im Fall A wurde ein neuer Speicher 1 zum alten Speicher 2 gestellt. Die beiden Speicher wurden mittels einer einzigen Leitung verbunden. Das verringert den Installationsaufwand, weil nur eine einzige kurze Rohrleitung verlegt werden muss. Nun steht das Wasser im neuen Speicher 1 ab. Die Version A wird häufig gewählt, weil die Zuleitung und die Entnahmeleitung nicht verändert werden müssen.

Im Fall B wurde der neue Speicher 1 in derselben Lage wie im Fall A versetzt. Das Frischwasser wird hier aber nicht mehr in den alten Speicher 2, sondern in den neuen Speicher 1 eingeleitet. Im oberen Bereich der beiden Behälter fließt das Wasser frei vom neuen in den alten Behälter. Nun besteht eine viel bessere Durchströmung als im Fall A.

11-18 Zwei temporäre Kunststoffspeicher für die Überbrückung von Bauarbeiten an der Quellfassung.

In **Bild 11-18** können wir den Fall B in der Praxis beobachten. Aufgrund von Bauarbeiten an der Quellfassung wurde eine temporäre Lösung mittels zweier Kunststoffspeicher gewählt. Die Füllung erfolgt über den linken Speicher, während eine Pumpe das Wasser aus dem rechten Speicher saugt. Ein Wasserschlauch liegt auf den Speichern und verbindet die beiden. Wenn sich der Wasserstand im rechten Behälter senkt, läuft Wasser von selbst über den Gartenschlauch von links nach rechts. In der Physik nennt man dieses Phänomen das „Prinzip der kommunizierenden Gefäße".

Praxisbeispiel: Neufassung einer Quelle wegen Trockenheit

Die Quelle lieferte über 40 Jahre lang verlässlich Wasser. Nach einer fünfmonatigen Trockenheit ist ihre Schüttung stark zurückgegangen. Wir entschließen uns, sie zu überprüfen und neu zu fassen.

11-19 Die Lage der alten Quellfassung ist unbekannt. Vom Wasserspeicher ausgehend graben wir daher die Zuleitung in Richtung Quelle aus.

11-20 Das gefundene Quellfassungsrohr.

11-21 Wir entfernen das Rohr und graben ein wenig tiefer. Unterhalb der blauen Schicht aus Ton stoßen wir wieder auf die Wasserader.

11-22 Vorsichtig legt der Bagger die Wasser führende Stelle frei.

11-23 Sofort füllt sich die Künette von unten her mit Wasser. Es handelt sich also um eine Überlaufquelle.

11-24 Die Überlaufquelle ist nach oben hin durch eine dichte lehmige und tonige Überdeckung geschützt. Die Neufassung geschieht nun ein wenig tiefer. Entweder durch eine Sickerleitung oder durch einen Schacht.

12 Trinkwasserbefund

Ein Trinkwasserbefund kann uns wertvolle Informationen über unser Wasser geben. Bevor wir ihn in Auftrag geben, sollten wir aber unsere Anlage bereits nach den Hinweisen in den vorherigen Kapiteln verbessert haben. Da ein Trinkwasserbefund nur eine Momentaufnahme darstellt, wiederholen wir ihn am besten in periodischen Abständen. Wir gehen in diesem Kapitel nun den „Standard"-Trinkwasserbefund durch.

Vorbereitung auf Probennahme

Eine Trinkwasseruntersuchung soll erst dann vorgenommen werden, wenn folgende Schritte der Vorbereitung durchgeführt worden sind:

- Das Wasser in der Quellfassung, im Wasserspeicher oder im Brunnen muss frisch sein. Sollten wir nur wenig Wasser verbrauchen, holen wir das nun nach! Wir erhöhen den Wasserverbrauch so, dass das Wasser in der Anlage am Tag der Probennahme maximal zwei Tage alt ist. Wenn der Brunnen also einen Inhalt von 2000 l aufweist, so verbrauchen wir an den beiden Tagen vor der Probennahme mindestens 1000 l pro Tag.
- Wir reinigen die Anlage mindestens zwei Monate vor der Probennahme nicht mehr. Durch den Reinigungsvorgang selbst können nämlich Keime eingetragen werden. Diese bauen sich erst mit der Zeit wieder ab.
- Wir tauschen einen alten Filtereinsatz nicht vor der Probennahme aus. Alleine durch das Hantieren an einem offenen Filter können Keime ins Leitungsnetz gelangen.

Hinweis: Beprobung neuer Quellen und Brunnen

Nach dem Neubau einer Quellfassung oder eines Brunnens lassen wir am besten sechs Monate bis zur ersten Trinkwasseruntersuchung verstreichen. Im Zuge der Bautätigkeit wurden Keime in den Untergrund eingebracht. Darüber hinaus muss sich die verfüllte Baugrube erst setzen. Keime, die im Zuge der Brunnenbohrung in den Untergrund gelangt sind, können sich ebenfalls mehrere Monate lang am Leben halten.

Ein Standard-Trinkwasserbefund beläuft sich auf 170,– bis 200,– Euro. Er liefert wertvolle Hinweise über die eigene Quelle oder den eigenen Brunnen.

Der Wasserhahn

Bei einer Trinkwasseruntersuchung wird natürlich auch die Bakteriologie beurteilt. Wenn wir den Wasserhahn als Einflussfaktor ausschalten wollen, sollten wir für die Probennahme einen möglichst kurzen und hängenden Hahn verwenden.

Erhitzung des Wasserhahnes

Vor der Probennahme wird der Wasserhahn immer mittels einer Lötflamme erhitzt. Es ist ja das Ziel, die im Hahn angesiedelten Bakterien abzutöten, damit sie das Ergebnis nicht verfälschen.

12-1 Ein stehender Wasserhahn ist für eine Probennahme nicht optimal.

Stehender Wasserhahn

Ein Wasserhahn, der auf einer Spüle steht, beinhaltet eine gewisse Menge an Wasser. Der Hahn in **Bild 12-1** ist so geformt, dass er bis zur Auslauföffnung durchgehend ansteigt. Er steht also bis zum Auslauf immer unter Wasser. In diesem „Mischhahn", der sowohl kaltes als auch warmes Wasser zur Verfügung stellt, können Bakterien heranwachsen, die über die Auslauföffnung eingetreten sind. Vor der Probennahme wird der Hahn mit der Lötflamme erhitzt. Die Hitze verliert sich aber im Wasser, welches im Hahn steht. Die Bakterien überleben die Prozedur und können somit im Trinkwasserbefund aufscheinen und das Ergebnis verfälschen.

Küchenarmaturen mit ausziehbarer Schlauchbrause sind für einen bakteriologischen Befund ungeeignet. Die Brause besteht aus Kunststoff und kann nicht abgeflämmt werden.

Stehender Wasserhahn mit Schlauch

Spültischarmaturen mit ausziehbarem Geschirrbrauseschlauch sind für die Probennahme gänzlich ungeeignet, weil sich Bakterien im Schlauch ansiedeln können.

Hängender Wasserhahn mit langem Auslauf

Der Wasserhahn in **Bild 12-2** ist für eine Probennahme schon gut geeignet. Nur sollte zuvor der schwenkbare Auslauf entfernt werden. Die Probe sollte bei der Öffnung entnommen werden, auf die der rote Pfeil zeigt. Somit können Bakterien, die im schwenkbaren Auslauf leben, keinen Einfluss auf das Ergebnis ausüben.

12-2 Hier sollte die Probennahme erfolgen.

Hängender Wasserhahn mit kurzem Auslauf

Wir arbeiten uns bereits zum optimalen „Probennahme-Wasserhahn" vor. In **Bild 12-3** sehen wir einen kurzen, hängenden Wasserhahn. Vor der Probennahme wird der Hahn mit der Lötflamme erhitzt. Da der Hahn hängt, befindet sich in ihm kein stehendes Wasser.

Sollte der Hahn durch das Kugelventil zum „Spritzen" neigen, sollte ein Zwischenstück aufgeschraubt werden, welches einen glatten Wasserstrahl garantiert.

Ein **Gartenschlauchanschluss aus Messing** wäre hier geeignet. In diesem Anschluss darf sich aber keine Gummidichtung befinden. Sie würde beim Erhitzen mit der Lötflamme sicher verschmoren.

12-3 Ein kurzer Kugelhahn.

Optimaler Wasserhahn

Der beste Wasserhahn für die Probennahme ist ein kurzer, hängender Hahn mit einem Drehventil. Das Drehventil sorgt für einen glatten, nicht spritzenden Wasserstrahl. In **Bild 12-8** sehen wir so einen Hahn.

Messwerte und deren Interpretation

Trinkwasserbefunde sind eine schwer verständliche Lektüre, weil sie viele Begriffe, Zahlen und Mengenangaben enthalten, die auf den ersten Blick unverständlich sind. Diese Erfahrung mussten schon viele Brunnen- und Quellenbetreiber machen. Was sagen die Messwerte eigentlich aus? Bevor wir ins Detail gehen, beschäftigen wir uns erst einmal mit einigen Grundsätzen. Manche Inhaltsstoffe dürfen nicht überschritten werden, andere unter gewissen Umständen schon.

Parameterwerte (PW)

Unter die Parameter fallen Werte, die nicht überschritten werden dürfen. Bei der Überschreitung des zugehörigen Parameterwertes ist das Wasser als nicht mehr genusstauglich zu beurteilen, weil es die Gesundheit des Menschen gefährden kann. Früher wurden Parameterwerte als „Grenzwert" bezeichnet.

Indikatorparameterwerte (IPW)

Bei deren Überschreitung ist die Ursache zu prüfen und festzustellen, ob bzw. welche Maßnahmen zur Aufrechterhaltung bzw. Wiederherstellung einer einwandfreien Wasserqualität erforderlich sind. Der alte Ausdruck „Richtwert" ist vielen Menschen noch als verständlicher Begriff in Erinnerung geblieben.

Grundsätzliche Hinweise

- Ein Trinkwasserbefund stellt eine Momentaufnahme dar!
- Je geringer eine Überschreitung, desto schwieriger ist die Ursache zu finden.
- Bei Trinkwasseruntersuchungen kommen manchmal auch Zufälle vor, die nicht interpretierbar sind.

Um eine halbwegs verlässliche Aussage zu erhalten, ist ein einziger Befund also zu wenig.

Lokalaugenschein

Da die einzelnen Messwerte nur eine Momentaufnahme darstellen, wird zusätzlich ein Lokalaugenschein durchgeführt. Dabei wird die Anlage genau unter die Lupe genommen.

Sollten Mängel bei der Anlage oder in ihrer Umgebung festgestellt werden, kann dies als Ursache für eine Überschreitung von Messwerten gedeutet werden. Wenn die Messwerte in Ordnung sind, die Anlage aber Mängel aufweist, wird der Trinkwasserbefund dennoch schlecht ausfallen. Das Wasser ist in dieser Momentaufnahme zwar einwandfrei, jedoch weist die Anlage Mängel auf, die jederzeit zu einem Problem führen können.

Die meisten Parameter werden im Labor erhoben. Jene, die vor Ort geprüft werden, sind entsprechend gekennzeichnet.

Trübung richtig zuordnen

Wenn ein getrübtes Wasser einige Zeit in einem Glaskrug stehen gelassen wird, können wir die Ursache der Trübung eingrenzen:

- Sollte es sich um feinste Luftblasen gehandelt haben, wird das Wasser mit der Zeit wieder klar.
- Ist Sediment die Ursache, setzt es sich als dünner Belag am Boden des Kruges ab.
- Bleibt die Trübung bestehen, handelt es sich um chemische Inhaltsstoffe, z. B. Eisen oder Mangan.

Interpretation der Messwerte

Sensorische Prüfung

Analysenparameter
Geruch (vor Ort geprüft)
Geschmack (vor Ort geprüft)
Färbung/Aussehen (vor Ort geprüft)

Für diese Analysenparameter sind keine Parameterwerte (Grenzwerte) vorgesehen. Trinkwasser ist normalerweise geruchlos, klar und farblos. Bei auffälligem Verhalten einer dieser Parameter müssen wir nach der Ursache suchen. Häufig handelt es sich um Trübungen nach Regenfällen.

Die häufigsten Ursachen für eine Veränderung dieser Analyseparameter gehen wir nun gemeinsam durch:

Die Bezeichnungen „Parameterwert" und „Indikatorparameterwert" sind verwirrend und verwandeln einen Trinkwasserbefund in ein „Buch mit sieben Siegeln".

Geruch

- Chemische Inhaltsstoffe (Schwefelwasserstoff …).
- Organische Verbindungen (Huminstoffe …).
- Hohe bakteriologische Aktivität (kommt vermehrt in heißen Sommern vor).

Geschmack

- Chemische Inhaltsstoffe.
- Abgestandenes Wasser wegen zu hohen Speichervolumens.
- Nicht geeignete Materialien in der Installation.
- Nicht ordnungsgemäß gewartete Aufbereitungsgeräte.

Färbung

- Gelöste Huminstoffe.
- Trübung nach Regenfällen.
- Feinste Sedimente.
- Feinste Luftbläschen, die aus der Pumpleitung stammen.

Die Färbung lässt Rückschlüsse auf gelöste Inhaltsstoffe zu.

12-4 Die Färbung oder die Trübung können wir leicht beobachten, indem wir einen Krug mit Wasser gegen das Sonnenlicht halten.

Analysenparameter	Einheit	Ergebnis	Parameterwerte	Indikatorwerte
Temperatur (vor Ort geprüft)	°C			25
Leitfähigkeit bei 20 °C	µS/cm			2500
pH-Wert				6,5–9,5
Säurekapazität bis pH 4,3	mmol/l			
Calcium (Ca)	mg/l			400
Magnesium (Mg)	mg/l			150
Carbonathärte	°dH			
Gesamthärte	°dH			> 8,4
Chlorid (Cl)				200
Sulfat (SO_4)	mg/l			250
Ammonium (NH_4)	mg/l			0,5
Nitrit (NO_2)	mg/l		0,1	
Nitrat (NO_3)	mg/l		50	
Nitrat/50 + Nitrit/3	mg/l		1	
Summe Erdalkalien	mmol/l			
Oxidierbarkeit	mg O_2/l			5
Eisen (Fe)	mg/l			0,2
Mangan (Mn)	mg/l			0,05

Physikalisch-chemische Parameter

Temperatur (vor Ort)

Der gute Geschmack von Trinkwasser hängt maßgeblich von der Wassertemperatur ab. Am besten sollte sie nicht mehr als 12 °C betragen.

Grundwasser ohne Einfluss durch Oberflächenwasser weist ganzjährig eine Temperatur von 10–12 °C auf.

Warmes Wasser im Sommer bzw. kühleres Wasser im Winter kann durch folgende Einflüsse verursacht werden:

- Oberflächennahes Grundwasser.
- Lange Leitungen, in denen das Wasser zum Haus oder zum Hof fließt. Die Leitungen nehmen die Temperatur des umgebenden Bodens an.
- Wasserspeicher, die sich im Sommer erwärmen.

Leitfähigkeit

Hier wird die Leitfähigkeit des Wassers in Bezug auf elektrischen Strom ermittelt. Liegt die gemessene Leitfähigkeit höher als die übliche Referenz-Leitfähigkeit in der Umgebung, so deutet dies auf Verunreinigungen hin.

pH-Wert

Der pH-Wert zeigt an, ob das Wasser sauer oder basisch reagiert. Dies wiederum hängt hauptsächlich vom Untergrund ab.

In kalkarmen Gebieten ist der pH-Wert niedrig und das Wasser reagiert sauer. Dies kann in weiterer Folge zu Korrosion an Metallteilen und Beton führen.

12-5 Die Wirkung von saurem Wasser ist gut erkennbar. Im Beton entstehen Löcher.

In kalkreichen Gegenden liegt der pH-Wert im neutralen Bereich. Ein hoher Kalkgehalt führt aber zu Kalkablagerungen und zu Korrosionen im Warmwasserbereich (siehe Kapitel 9).

Säurekapazität
Sie steht direkt mit dem pH-Wert in Verbindung. Je höher die Säurekapazität, desto niedriger der pH-Wert.

Calcium/Magnesium
Calcium und Magnesium sind moderne Begriffe, die anstelle der früheren Begriffe „Carbonathärte" und „Gesamthärte" verwendet werden. Die Härte ergibt sich durch eine Umrechnung aus Calcium und Magnesium. Der Begriff „Härte" wird aber in den Befunden häufig weiter angeführt, weil er nach wie vor im täglichen Umgang gebräuchlich ist.

Carbonathärte
Unter der Carbonathärte wird jener Anteil der Härte verstanden, der am Hydrogencarbonat gebunden ist. Beim Erhitzen kann sie als Kalk ausfallen und sich an Heizstäben, Kesselwänden usw. ablagern. Wir kennen diese Kalkablagerungen von Wasserkochern oder Kaffeemaschinen.

Gesamthärte
Die Gesamthärte wird aus der Konzentration an **Calcium** und **Magnesium** berechnet. Diese Stoffe können sich als weiße Kruste auf Oberflächen ablagern.

Eine zu hohe Gesamthärte ist zumeist der Grund für Ablagerungen in Rohrleitungen und Boilern.

Grobe Faustformel für die Abschätzung der Kalk- und Magnesiummenge

1 °dH (deutsche Härte) = 10 mg/l Calciumoxid oder 7,2 mg/l Magnesiumoxid.

Wenn die Gesamthärte den Wert von 15 °dH (15 deutsche Härtegrade) aufweist, beträgt der Kalk- und Magnesiumanteil grob geschätzt 150 mg pro Liter oder 150 g pro m^3 Wasser.

Sulfat, Chlorid
Sulfat und Chlorid sind Bestandteile des Bodens.

Erhöhte Chloridwerte können aber auch auftreten, wenn Streusalz aus dem Winter seinen Weg in das Grundwasser findet. Auch Sulfat ist in gewisser Höhe im Grundwasser vorhanden. Unnatürlich erhöhte Werte können auf den Einfluss von Abwasser hinweisen. Dann müssten wir Abwasserleitungen in der Umgebung auf deren Dichtheit überprüfen.

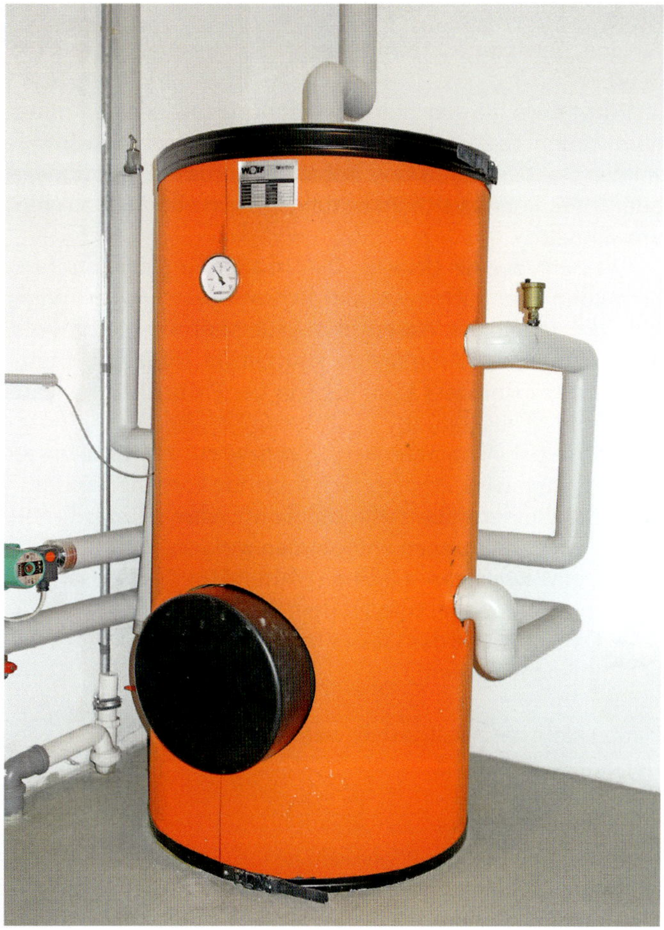

12-6 Im Boiler wird Wasser erhitzt. Die Kohlensäure gast aus. Ihre bisherigen Partner, Kalk und Magnesium, legen sich als Sediment am Boden des Boilers ab.

Die Begriffe „Deutsche Härte" und „Carbonathärte" sind rechtlich veraltet, aber aus dem Sprachgebrauch nicht wegzudenken. Es verhält sich ähnlich wie bei Kilowatt und Pferdestärken.

Ammonium
Es tritt als Abbauprodukt von organischen Substanzen auf und liefert einen Hinweis auf hygienische Probleme. Es kann aber auch in Tiefenwässern vorkommen. Für Tiefenwasser liegt der Indikatorparameterwert nicht bei 0,5 mg/l, sondern bei 5 mg/l.

Wenn kein Tiefenwasser vorliegt, muss der Brunnen bei Erhöhung des Wertes auf eine mögliche Verunreinigung hin untersucht werden. Es könnte ein Einfluss von tierischer Düngung, von undichten Kanälen, Senkgruben oder Güllegruben vorliegen.

Ammonium, Nitrit und Nitrat hängen eng miteinander zusammen. In der freien Natur wird Ammonium durch Bakterien zunächst in Nitrit und dann in Nitrat abgebaut. Im tiefen Untergrund läuft dieser Prozess genau umgekehrt ab.

Nitrit

Ab einer gewissen Konzentration ist Nitrit gesundheitsgefährdend.

Nitrit kann die gleichen Entstehungsursachen wie Ammonium haben. Es kann aber auch bei der Verwendung von verzinkten Rohrleitungen bzw. Behältern auftreten. Ammonium oder Nitrat können sich im Leitungssystem ebenfalls zu Nitrit umwandeln.

Wasserprobe als Ursache: Die Ursache für die Überschreitung kann aber auch in der Wasserprobe selbst liegen. Wenn ammoniumhaltiges Wasser mit Sauerstoff vermischt wird, wandelt sich das Ammonium langsam in Nitrit um. Dieser Umwandlungsprozess kann auch in der Probenflasche stattfinden.

Wenn der Parameterwert (Grenzwert) im Trinkwasser überschritten wird, empfehle ich folgende Vorgehensweise:

- Die Wasserprobe sollte möglichst nahe bei der Quelle bzw. dem Brunnen entnommen werden.
- Der Wasserhahn soll einen glatten Strahl aufweisen, damit nicht zu viel Luft mit dem Wasser vermischt wird.
- Danach sollte das Wasser möglichst rasch auf Nitrit untersucht werden.

Häufig kann dann festgestellt werden, dass der Nitritwert wieder eingehalten wird.

Nitrat

Nitrat ist ein wichtiger Pflanzennährstoff. So nehmen wir auch über eine gemüsereiche Kost Nitrat ganz natürlich zu uns.

Eine erhöhte Nitratzufuhr kann insbesondere bei Säuglingen gesundheitlich bedenklich sein.

Gründe für höhere Werte sind vor allem die Überdüngung des Bodens, aber auch Einträge durch undichte Kanäle bzw. Senkgruben.

Oxidierbarkeit

Hier wird das Maß an organischen Stoffen ermittelt. Eine Überschreitung kann auf eine mögliche Verunreinigung hindeuten.

Eisen und Mangan

Eisen ist im Untergrund für eine bräunliche, gräuliche und Mangan für eine schwärzliche Farbe verantwortlich. Tiefbrunnen fördern häufig erhöhte Mengen an Eisen und Mangan.

Eisen und Mangan sind nicht gesundheitsschädlich, jedoch können sie den Geschmack beeinträchtigen und sich als lästige, schwer entfernbare rote (Eisen) und/oder dunkelgraue (Mangan) Flecken bemerkbar machen. Im Kapitel über die Wasseraufbereitung wird auf diese Stoffe näher eingegangen.

12-7 Die rostbraune und gräuliche Verfärbung dieses Lehms wird durch Eisen verursacht.

Bakteriologische Parameter

Ein Wasser kann unmöglich auf sämtliche Krankheitserreger hin untersucht werden. Aus diesem Grund wird eine Untersuchung auf sogenannte „Indikatororganismen" vorgenommen. Wenn solche Keime nachgewiesen werden, kann das Vorhandensein von Krankheitserregern nicht mehr ausgeschlossen werden.

Koloniezahl

Die Koloniezahl beschreibt die Summe aller vermehrungsfähigen Bakterien, Hefen, Schimmelpilze etc. in der Wasserprobe. Eine gewisse Koloniezahl ist im Wasser fast immer natürlich vorhanden.

Eine erhöhte Koloniezahl deutet auf eine beginnende Verschmutzung oder auf eine zufällige Verunreinigung hin. So wird im Trinkwasserlabor vorgegangen:

- Die Wasserprobe wird in einem Brutschrank erwärmt (22 °C, 37 °C) und 24 bis 48 Stunden bebrütet.
- Aus einzelnen Keimen, die ja unsichtbar sind, entwickeln sich Kolonien, die mit freiem Auge erkennbar sind.
- Diese Bakterienkolonien werden sodann gezählt.

Bei 22 °C entwickeln sich jene Bakterien im Brutschrank, die aus der freien Natur stammen. Die Koloniezahl bei 37 °C deutet auf jene Mikroorganismen hin, die sich gerne auf oder in warmblütigen Wesen (Säugetiere, Vögel, Menschen) aufhalten. Die Keime auf der menschlichen Haut zählen beispielsweise dazu.

Coliforme Keime

Diese Keime stammen in erster Linie von Menschen und Tieren. Sie vermehren sich aber auch in der freien Natur. Coliforme Keime können sich aber ebenfalls in Wasseraufbereitungsanlagen oder Wasserfiltern ansiedeln und dort weiter vermehren.

Im Falle einer Überschreitung des Indikatorparameterwertes (also des Richtwertes) soll die Ursache ermittelt werden. Darf angenommen werden, dass die Keime nicht auf fäkale Ursachen zurückzuführen sind, wird eine gewisse Überschreitung zulässig sein.

Escherichia coli, Enterokokken

Diese Keime zeigen fäkale Verunreinigungen, da sie aus dem Darm von Menschen oder Tieren stammen. Sie deuten auf wildlebende Tiere, animalische Düngung oder Viehweide im Einzugsgebiet hin.

Sie treten im Wasser auch auf, wenn Tiere, z. B. Mäuse, Schnecken oder Ameisen, in den Brunnen fallen. Enterokokken können im Wasser länger als Escherichia coli überleben. Wenn nur Enterokokken, aber keine Escherichia-Coli-Bakterien nachgewiesen werden, deutet dies auf eine länger zurückliegende Verunreinigung hin.

Werden diese Bakterien nachgewiesen, muss das Wasser vor der Verwendung mindestens drei Minuten lang siedend abgekocht werden. Außerdem muss die Wasserversorgungsanlage umgehend auf eventuelle Mängel hin untersucht werden.

Clostridium perfringens

Dieses Darmbakterium dient zum Nachweis der Wirkung von Aufbereitungsgeräten und Desinfektionsanlagen.

Pseudomonas aeruginosa

Dieses Bakterium kommt in geringer Menge in Wässern vor. In Filteranlagen sowie in längeren Leitungsnetzen könnte sich dieses Bakterium dann stark vermehren und zu Problemen führen. Mithilfe dieser Organismen wird ebenfalls die Wirksamkeit von Aufbereitungsanlagen überprüft.

Analysenparameter	Einheit	Ergebnis	Parameterwerte	Indikatorwerte
Koloniezahl bei 22 °C				100 (in 1 ml)
Koloniezahl bei 37 °C				20 (in 1 ml)
Coliforme Keime				0 (in 100 ml)
Escherichia coli (*E. coli*)			0 (in 100 ml)	
Enterokokken			0 (in 100 ml)	
*Clostridium perfringens**				
*Pseudomonas aeruginosa**			0 (in 100 ml)	
(*) Nur bei Aufbereitungsanlagen				

Zwei oder mehr bakteriologische Proben

Sobald eine Verkeimung im Leitungsnetz nachgewiesen worden ist, drängt sich automatisch die Frage auf, woher diese denn stammt. Vielleicht kann der Lokalaugenschein bereits eine Antwort auf diese Frage geben.

Wenn der Lokalaugenschein keine Mängel bei der Anlage oder im Einzugsgebiet aufgezeigt hat, rate ich dazu, die Ursache mittels mehrerer Proben einzugrenzen:

Wir ziehen also bis zu drei Proben, und das unmittelbar hintereinander:

- Eine bei der Quelle oder beim Brunnen.
- Eine beim Wasserspeicher.
- Eine an der Verbraucherstelle im Haus oder am Hof.

Die Probe 1 könnte bei einem Wasserhahn wie in **Bild 12-8**, der direkt beim Brunnen liegt, gezogen werden.

12-8 Hier kann die Wasserprobe aus dem Brunnen leicht entnommen werden.

12-9 Schön, wenn man auch eine Probe direkt von der Quelle nehmen kann. Ein Quellsammelschacht ist dafür perfekt geeignet.

Im Falle einer Quelle kann die Probe 1 im Quellsammelschacht oder beim Überlauf gezogen werden.

Die Probe 2 entnehmen wir beim Wasserspeicher, dort am besten beim Überlauf.

Probe 3 wird dann an einem Wasserhahn im Gebäude gezogen.

Auf diese Art und Weise lässt sich die Ursache für die Verunreinigung besser eingrenzen.

Mögliche Varianten des Ergebnisses und dessen Begründung sind in der Tabelle angeführt.

Quelle Brunnen	Wasserspeicher	Leitung im Gebäude	Fall
+	+	+	**1**
+	+	—	**2**
+	—	—	**3**
—	—	—	**4**

+ steht für ein gutes bakteriologisches Ergebnis.
– steht für ein schlechtes bakteriologisches Ergebnis.

1 Alles in Ordnung. Die gesamte Anlage ist top!
2 Die Verkeimung sitzt nur in der Installation im Gebäude. Sie muss nicht unbedingt von der Quelle oder dem Brunnen stammen.
3 Anscheinend waren Quelle oder Brunnen einmal verkeimt. Dort hat sich die Verkeimung bereits wieder abgebaut. Die Keime befinden sich aber noch immer im Wasserspeicher oder in den Leitungen.
4 Die Verkeimung stammt von der Quelle bzw. dem Brunnen.

Problematische Schöpfprobe

Eine Trinkwasserprobe kann nur an einer Stelle gezogen werden, an der die Probeflasche unter einen Wasserstrahl gehalten werden kann.

Eine Schöpfprobe ist automatisch verkeimt. Würden wir die Probeflasche mit unserer Hand unter das Wasser tauchen, so würden die Keime, die sich an der Außenseite der Flasche sowie auf unserer Hand befinden, in die Flasche hineingespült und das Ergebnis zu unseren Ungunsten verfälschen.

13 Wasseraufbereitung

Dieses Kapitel ist all jenen gewidmet, die Technik lieben. Am Markt sind vielfältige Geräte erhältlich, die fast jeden Stoff mit mehr oder weniger großem Aufwand aus dem Wasser entfernen können. In diesem Kapitel werden aber nur jene Methoden vorgestellt, die in der breiten Anwendung gut erprobt sind und mit denen ich im Rahmen meiner beruflichen Tätigkeit konfrontiert bin. Alle nicht erwähnten Anwendungen sind zu speziell, um sie in diesem Buch zu beschreiben. Wenden Sie sich diesbezüglich am besten direkt an eine Fachfirma.

Wasseraufbereitungsanlagen stellen erst den „letzten Schritt" zur Erreichung der Qualitätsanforderungen für Trinkwasser dar. Aufbereitungsanlagen sind als „Notlösung" zu sehen. Es ergibt wenig Sinn, sich für die Aufbereitung zu entscheiden, ohne zuerst nach der Ursache des Problems gesucht zu haben.

Aufbereitungsanlagen sollten erst dann zum Einsatz kommen, wenn

- das Wasser umfangreich untersucht wurde,
- eine bauliche Sanierung durchgeführt wurde und keinen Erfolg bringt,
- eine bauliche Sanierung von vornherein erfolglos erscheint,
- die Umgebung auf Verunreinigungen hin untersucht wurde,
- Verunreinigungen bekannt sind, aber nicht vermieden werden können,
- ein Neubau einer Quelle oder eines Brunnens nicht möglich ist.

Kalk

Geräte für die Entfernung von Kalk im Wasser sind sehr weit verbreitet. Praktisch einer jeden Gastro-Kaffeemaschine ist ein Ionenaustauscher vorgeschaltet, um sie vor einer Verkalkung schützen zu können.

Vorteile von Kalk im Wasser

- Er ist wichtig für die Gesundheit (Knochenbau).
- Er ist wichtig für den Geschmack.
- Er neutralisiert im Wasser gelöste Säuren (z. B. Kohlensäure).

Nachteile von Kalk im Wasser

- Er legt sich als Schlamm im Boiler ab.
- Er bildet Krusten überall dort, wo Wasser verdunsten kann (z. B. Dusche).
- Das im Kalk gebundene Kohlendioxid kann frei werden und die Installation angreifen.
- Kaffeemaschinen, Waschmaschinen, Geschirrspüler etc. können verkalken.

Wer hätte gedacht, dass das Quellwasser in den Kalkalpen nur mittelhart und nicht sehr hart ist?

Wie gelangt Kalk in das Wasser?

- Wenn es regnet, trifft Niederschlag auf den Boden auf.
- Beim Durchsickern durch den Boden reichert sich der Regen mit Kohlendioxid an, das in der Bodenluft zu großen Anteilen vorkommt.
- Im Wasser bildet sich sodann Kohlensäure.
- Die Kohlensäure löst nun den Kalk aus dem Gestein.

Die Menge des gelösten Kalkes hängt somit von der Intensität des Bodenlebens und von dem Kalkgehalt des anstehenden Gesteins ab.

Mittelhartes Wasser in den Kalkalpen

In den Kalkalpen muss der Kalkgehalt im Grundwasser nicht automatisch hoch sein. Die dünne Humusschicht ist nicht in der Lage, das Regenwasser mit viel Kohlensäure anzureichern. Das Wasser wird also nur mäßig aggressiv. Trotz des kalkhältigen Untergrundes bewegt sich das Wasser in den Kalkalpen daher nur im mittelharten Bereich.

Warum fällt Kalk bei Erwärmung aus?

Wie zuvor erwähnt, wird Kalk durch Kohlensäure gelöst. Je höher der Gehalt an Kohlensäure, desto mehr Kalk ist im Wasser gelöst vorhanden. Der Gehalt an Kohlensäure ist temperaturabhängig. Je wärmer das Wasser ist, desto leichter flüchtet das Kohlendioxid, wodurch Kalk zwangsläufig ausfällt. Ab ca. 75 °C kann der gesamtmögliche Kalk bereits ausgefallen sein.

Regel: Je höher die Warmwassertemperatur, desto mehr Kalk fällt aus.

Was bedeutet „hartes" und „weiches" Wasser?

Kalk kann sehr leicht aus dem Wasser entfernt werden. Zu wenig Kalk ist aber genauso wenig anzustreben wie zu viel Kalk.

Hartes Wasser ruft beim Waschen mit Seife ein stumpfes, hartes Gefühl hervor. Weiches Wasser hingegen hinterlässt einen weichen Charakter auf der Haut. Im Vergleich zu hartem Wasser schmeckt weiches Wasser ein wenig langweilig.

Die Härte wird zumeist in „Deutschen Härtegraden (dH)" angegeben. Bis zu einem Härtegrad von 7 gilt Wasser als weich, bis 14 als mittelhart, bis 21 als hart und darüber als sehr hart.

> **Härtegrad des Wassers ermitteln**
>
> Vor dem Kauf eines Entkalkungsgerätes muss erhoben werden, ob der Härtegrad des Wassers wirklich zu hoch ist. Erst ab 20 °dH ist eine Anschaffung sinnvoll!

Wer an der öffentlichen Wasserversorgung angeschlossen ist, kann den Gesamthärtegrad auf der Gemeinde oder im Wasserwerk erfragen. In allen anderen Fällen muss das Wasser untersucht werden.

Eine Entkalkungsanlage sollte vorwiegend für den Warmwasserkreislauf angeschafft werden. Im Kaltwasserbereich ist Kalk üblicherweise unproblematisch.

Kalkentfernung durch Ionenaustauscher

In einem Behälter befinden sich viele kleine Kunstharzkügelchen, an deren Oberfläche Natrium-Ionen angelagert sind.

- Strömt das kalkreiche Wasser über diese Kügelchen, werden die härtebildenden Ionen des Kalkes mit den Natrium-Ionen auf den Kügelchen ausgetauscht. Vereinfacht gesagt befindet sich anstatt des Kalkes nun Natrium im Wasser.
- Sobald das Kunstharz zur Gänze mit Calcium- oder Magnesium-Ionen besetzt ist, muss der Ionenaustauscher regeneriert werden.
- Diese Regeneration erfolgt durch eine Spülung des Kunstharzes mit Natriumchlorid, das in Form von „Salztabletten" erhältlich ist. Wir verwenden Natriumchlorid in der Küche, wo wir es unter dem Namen Kochsalz gut kennen.
- Die Natrium-Ionen verdrängen die Calcium-Ionen von den Kügelchen. Die Calcium-Ionen fließen danach über die Abwasserleitung weg.

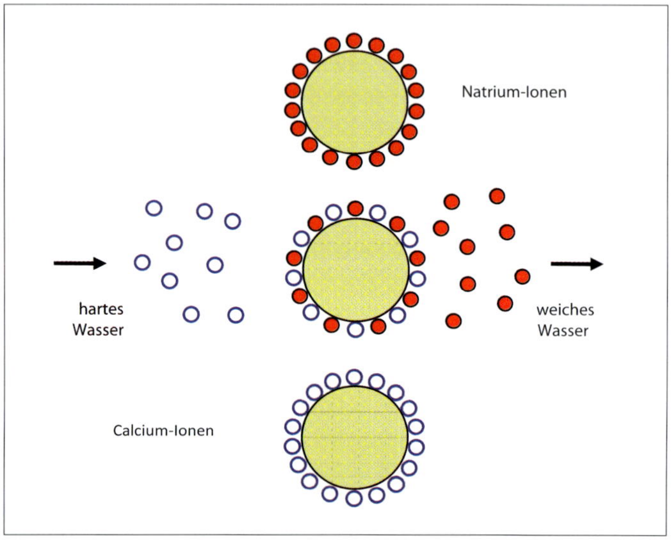

13-1 **Funktionsweise eines Ionenaustauschers.**

> **Wasserenthärtung in Haushaltsgeräten**
>
> Moderne Haushaltsgeräte müssen auch entkalkt werden, damit sie verlässlich arbeiten können. Die Salzbeigabe im Geschirrspüler oder in der Waschmaschine hat den gleichen Effekt. Kalk bleibt in gelöster Form bestehen und wird ausgespült.

Vorteile von Ionenaustauschern

- Es handelt sich um eine einfache und zuverlässige Methode, Kalk zu entfernen.
- Am Markt sind viele gute Geräte erhältlich.

Nachteile von Ionenaustauschern

- In der Praxis hat sich gezeigt, dass Ionenaustauscher infolge mangelnder Wartung stark verkeimen können. Eine regelmäßige Reinigung, ein Wartungsvertrag mit

13-2 **Im gelben Behälter lagert das Kunstharz. Darin findet der Ionenaustausch statt. Der Salzvorrat liegt im weißen Behälter.**

der Firma und ein hygienischer Umgang sind daher unbedingt erforderlich.

- Wenn das Gerät zu viel Kalk entfernt, wird das Wasser zu weich. Es kann dann korrosive Eigenschaften entwickeln und Metallrohre sowie Armaturen angreifen. Aus diesem Grund sollte das Gerät auf die Mindesthärte von 8,4 °dH eingestellt werden.

Kalkentfernung durch elektrische Spannung

Bei dieser Methode wird der Ansatz verfolgt, mithilfe elektrischer Spannung Calcium- und Carbonat-Ionen dazu zu bringen, kleinste Kristallkeime aus Calciumcarbonat (Kalk) zu erzeugen. Dabei wird die Zusammensetzung des Wassers nicht verändert. Das Herzstück dieser Anlagen bildet eine Patrone, die mit einem Granulat oder einem Filtermaterial gefüllt ist. Das Wasser durchfließt die Patrone, die unter einer gewissen Stromspannung steht. Das Granulat oder Filtermaterial wirkt hierbei als eine Art Katalysator und regt den gelösten Kalk zur Bildung von Mikrokristallen an.

Der Kalk bleibt also im Wasser weiterhin vorhanden. Er befindet sich sozusagen in Schwebe und lagert sich auch kaum mehr an Heizstäben ab.

Den Herstellerangaben zufolge sollen sich auch eventuelle Kalkablagerungen in Bad, Küche und WC leichter entfernen lassen.

Wir müssen jedoch beachten, dass diese Geräte nicht wartungsfrei sind. Für eine einwandfreie Funktion ist die Patrone in den vorgegebenen Intervallen auf jeden Fall zu tauschen. Wenn dies der Fall ist, können wir auch davon ausgehen, dass keine Verkeimung in den Patronen auftritt.

Am Markt existieren unzählig viele unterschiedliche Geräte zur Kalkentfernung. Wir können dabei den Überblick leicht verlieren. Eines steht aber fest: „Wirklich gute Geräte sind durchaus kostspielig."

Kalkentfernung durch Magneten

Das Prinzip klingt denkbar einfach: Es wird lediglich ein Permanentmagnet an der Wasserleitung befestigt, dessen Magnetfeld durch die Leitung dringen und auf das durchfließende Wasser einwirken soll. Die Hersteller geben an, dass der im Wasser gelöste Kalk in weiterer Folge keine Krusten mehr bilden würde. Vielmehr würde er sich wie ein Pulver absetzen, welches leicht abgewischt werden könne.

Theoretisch ist diese Wirkung denkbar. In der Praxis lässt sie sich aber nicht objektiv beobachten. Anscheinend spielt auch der gesamte Chemismus des Wassers eine Rolle, ob ein gewünschter Effekt eintritt. Aus diesem Grund ist die Wirkung auch nicht vorhersagbar. Ein Teil der Benutzer beobachtet eine Wirkung und der andere Teil nicht.

Ich empfehle, dass nur eine Firma ausgewählt werden sollte, die das Gerät innerhalb einer gewissen Zeit zurücknimmt, wenn sich die gewünschte Wirkung nicht einstellt.

Kalkentfernung durch Tischfilter

Am Markt werden unterschiedliche Tischfilter in Form von Filterkannen angeboten. Diese sollen auf einfache Art und Weise kleine Mengen Wassers aufbereiten und enthärten. Die Hersteller versprechen ein weicheres Wasser, aus welchem noch zusätzlich unterschiedliche unerwünschte Stoffe entfernt werden.

Ein Tischfilter besteht aus einer Kanne, in deren obere Hälfte eine Schale mit einer Filterpatrone eingesetzt ist. Zunächst wird diese obere Schale mit Wasser gefüllt. Von dort aus rinnt das Wasser dann durch den Filtereinsatz in die untere Hälfte der Kanne.

Gedanklich können wir den Vorgang mit einem Filterkaffee vergleichen, bei dem die gesamte Menge Wasser auf einmal in den Filter gegossen wird.

In einem Tischfilter können sich typischerweise eine Schicht Aktivkohle und eine Schicht Kunstharz befinden. Die Aktivkohle entfernt mögliche unerwünschte organische Stoffe und Chlor, während das Kunstharz wie ein Mini-Ionenaustauscher funktioniert und das Wasser enthärtet. Die Wirkung des sehr günstigen Tischfilters kann mit der eines professionellen Gerätes natürlich nicht mithalten.

Die Filterpatronen müssen wir unbedingt im vorgegebenen Intervall tauschen, damit die im Vergleich zu richtigen Ionenaustauschern mäßige Wirkung erhalten bleibt.

Um einer Verkeimung entgegenzuwirken, sind in den Filtereinsätzen manchmal Silber-Ionen enthalten, die desinfizierend wirken.

Entsäuerung

Saures Wasser entsteht dann, wenn Regenwasser im Boden Kohlendioxid oder Huminsäuren aufnimmt. Saures Wasser setzt Beton- und Metallteilen stark zu. Vor allem in den Urgesteinsregionen (z. B. „Böhmische Masse") oder bei Vorhandensein von Moorböden, also in Gegenden mit wenig Kalk im Untergrund, kann das Wasser aggressiv sein und zu Korrosionen führen.

Saures Wasser ist der Grund für viele Wasserrohrbrüche. Häufig wissen betroffene Quellen- und Brunnenbesitzer über dieses Problem nicht Bescheid.

Wirkungsweise der Entsäuerung

- Zunächst wird das Wasser belüftet und ein Teil der aggressiven Kohlensäure ausgetrieben.
- Danach erfolgt eine Filtration über ein Entsäuerungsmaterial, das z. B. aus Kalksteinchen bestehen kann.
- Die Kalksteinchen befinden sich in einem Behälter, der vom Wasser durchströmt wird.
- Das saure Wasser löst dabei den Kalk aus dem Gesteinsmaterial. Nun ist die Säure neutralisiert, weil sie sich mit dem Kalk verbunden hat.

Um einer möglichen Verstopfung oder einer Verkeimung vorzubeugen, sind diese Geräte im Allgemeinen mit einer automatischen Rückspüleinrichtung ausgestattet. Dadurch steigen die Kosten jedoch an.

Nitrat

Nitrat kann auf einfache Weise mit einem Ionenaustauscher entfernt werden. Das Prinzip ist das gleiche wie bei den Enthärtungsanlagen, nur wird hier ein anderes poröses Harz als Füllmaterial verwendet. Wenn gelöstes Kochsalz über das Harz geleitet wird, lagern sich Chlorid-Ionen des Salzes auf der Harzoberfläche an.

Im Ionenaustauscher werden die Nitrat-Ionen mit Chlorid-Ionen getauscht. So wird aus nitratreichem Wasser ein nitratarmes, allerdings ein chloridreiches.

Ebenso wie die Kalk-Ionenaustauscher müssen auch die Nitrat-Ionenaustauscher ständig gut gewartet werden. Bes-

13-3 Zwei Aufbereitungsgeräte zusammen: Ein Ionenaustauscher und ein Chlordioxid-Gerät (vergleiche mit Bild 13-7).

sere, aber teurere Geräte arbeiten selbstständig und können sich auch automatisch regenerieren. Das bedeutet, dass sie sich selbstständig frisches Kochsalz aus einem Salzbehälter zuführen.

Ionenaustauscher können verkeimen. Aus diesem Grund werden sie häufig gemeinsam mit einer Desinfektionsanlage eingebaut. In **Bild 13-3** ist ein Ionenaustauscher mit einer Chlordioxid-Anlage zu sehen. Chlordioxid tötet allenfalls im Wasser vorkommende Keime verlässlich ab.

Eisen, Mangan

Eisen kann im Grundwasser in löslicher Form vorkommen. Obwohl es nicht gesundheitsschädlich ist, kann es sich manchmal unangenehm bemerkbar machen:

- Das Wasser kann eine gelbliche Verfärbung sowie einen schalen Geschmack aufweisen.
- Eisen kann sich in weiterer Folge in den Leitungen absetzen sowie Flecken auf Wäsche, Waschbecken, Duschtasse etc. verursachen.

Die Entfernung geschieht durch Oxidation des gelösten Eisens mit dem Sauerstoff der Luft. Dabei gehen die löslichen Eisenverbindungen in eine unlösliche Form über. Der Vorgang läuft in folgenden Schritten ab:

- Dem eisenhältigen Wasser wird Luft beigemischt.
- Danach wird das Wasser über einen Filter geleitet, der mit kleinen Kiessteinen gefüllt ist.
- Im Kies findet der Oxidationsvorgang statt und der größte Teil des Eisens wird in Form von Eisenschlamm ausgeschieden.
- Die Reinigung des Filters erfolgt durch Rückspülung. Dabei wird die mit Eisenschlamm versetzte Kiesschicht mit einem Gemisch aus Wasser und Luft durchgewirbelt. Der Schlamm löst sich vom Kies und verlässt das Aufbereitungsgerät über eine Abwasserleitung.

Die Manganbeseitigung erfolgt ähnlich wie die Enteisenung, nur fällt Mangan in der Regel viel schwerer aus als Eisen.

Trotz des einfachen Prinzips der Aufbereitung handelt es sich um kostspielige Geräte. Häufig muss auch noch eine Desinfektionsanlage nachgeschaltet werden, weil in der Kiesschicht Bakterien leben. Diese „Eisenbakterien" beteiligen sich nützlich am Ausfällungsprozess. Sie können aber dazu führen, dass der Trinkwasserbefund aus bakteriologischer Sicht nicht mehr passt, weil die Koloniezahl bei 22 °C überschritten wird.

13-4 Eine Enteisenungsanlage. Das eisenhältige Wasser gelangt von oben in den Filter. Durch die Leitung am Boden wird der Filter rückgespült.

Eisen und Mangan sind für den menschlichen Körper sehr wichtig. Zu viel davon im Trinkwasser ist jedoch unerwünscht.

Bakterien

Die moderne Labortechnik führt dazu, dass die Existenz von Bakterien im Trinkwasser immer besser und günstiger nachgewiesen werden kann. Dies führt automatisch dazu, dass laufend mehr Bakterienstämme untersucht und auch tatsächlich gefunden werden. Aus diesem Grund wird die Nachfrage nach Desinfektionsanlagen künftig stark ansteigen.

UV-Licht

Bekanntlich weist Sonnenlicht eine desinfizierende Wirkung auf! Dieses Naturphänomen wird in einem UV-Aufbereitungsgerät nachgestellt.

Das Wasser wird durch einen Zylinder geleitet und fließt dann an einem mittig angeordneten Quarzglasrohr vorbei. Im hoch lichtdurchlässigen Quarzrohr befindet sich die UV-Lampe, die das Wasser bestrahlt. Das UV-Licht schädigt die Keime und hemmt ihre Entwicklung.

In **Bild 13-5** sehen wir eine waagrecht und in **Bild 13-6** eine senkrecht montierte Anlage.

13-5 Waagrecht liegende UV-Anlage mit vorgeschaltetem Filter .

Vorteile einer UV-Anlage

- Es handelt sich um eine langjährig erprobte und verlässliche Technik.
- Bei guter Wartung und richtiger Dimensionierung arbeitet eine UV-Anlage sehr gut.

UV-Anlagen werden künftig wohl immer häufiger montiert werden, da die Anforderungen an die Trinkwasserqualität tendenziell steigen.

Nachteile einer UV-Anlage

- Trübungen im Wasser führen dazu, dass Bakterien vom Licht nicht erreicht werden. Eine UV-Lampe kann also nur Wasser desinfizieren, das frei von Trübstoffen ist. Unter Umständen muss daher ein Filter am Zufluss montiert werden (vergleiche **Bild 13-5**).
- Die Anlage verursacht laufend Kosten. Deswegen sollte sie nur jenes Wasser desinfizieren, welches Trinkwassereigenschaften aufweisen soll. Wasser für Nutzwasserzwecke, z. B. das Wasser für Tiere im Stall, braucht nicht desinfiziert werden.

Chlordioxid

Das Desinfektionsmittel Chlor ist uns aus den Schwimmbädern wohlbekannt. Geringe Mengen an Chlor stellen also keine Gesundheitsgefahr dar. Viele öffentliche Wasserversorgungsanlagen setzen dem Wasser eine kleine Menge an Chlor zu, damit es während seines Weges durch ein langes Leitungsnetz nicht verkeimen kann.

13-6 UV-Anlage in vertikaler Anordnung. Ein Messgerät in der Mitte des Rohres misst die Strahlungsstärke der Lampe.

Vorteile von Chlordioxid-Anlagen

- Diese Anlage kann auch Wasser desinfizieren, in welchem sich Trübstoffe befinden.
- Keime haben bei Chlor keine Überlebenschance.

Nachteile von Chlordioxid-Anlagen

- Eine Desinfektion mittels Chlors setzt eine einwandfreie Funktion des Geräts voraus. Es darf nicht dazu kommen, dass zu viel Chlor abgegeben wird.
- Viele Menschen lehnen die Beigabe von Chlor in das eigene Wasser aus Prinzip ab.
- Für eine gute Wirkung ist eine Reaktionszeit von mindestens 15 Minuten nötig. Das kann nur durch einen zusätzlichen Zwischenbehälter gewährleistet werden.

13-7 Eine Chlordioxid-Anlage (rote Pfeile) in Verbindung mit einem vorgeschalteten Ionenaustauscher (vergleiche Bild 13-3).

Wasserbelebung

Fernab der technischen Aufbereitungsmethoden werden am Markt eine Vielzahl von Geräten angeboten, die das Wasser ganzheitlich verbessern sollen.

Es geht darum, das Wasser zu beleben und es gleichsam mit positiver Energie aufzuladen. Diese gehe dann auf uns über, wenn wir mit diesem Wasser in Berührung kommen.

Kurz zusammengefasst, sollen diese Geräte das Wohlbefinden steigern und Lust auf das Wassertrinken machen.

Technische Wirkung

Eine Wirkung dieser Geräte kann anhand eines Trinkwasseruntersuchungsbefundes nicht nachgewiesen werden.

13-8 Die Menschen sehnen sich nach Wohlbefinden und Ganzheitlichkeit. Ein Wasserbelebungsgerät kann ein Stück dazu beitragen.

Eine physikalische Wirkung tritt aber dann ein, wenn in einem solchen Gerät ein starker Magnet eingebaut ist. Dieser kann nämlich das Verhalten des im Wasser gelösten Kalkes verändern und damit auch eine Änderung des Geschmacksempfindens herbeiführen.

Praktische Erfahrungen

Aus meiner Praxis heraus stelle ich fest, dass der eine Teil der Käuferinnen und Käufer mit der Wirkung sehr zufrieden ist, der andere Teil aber keine Wirkung feststellen kann.

Meiner Meinung nach muss man schon ein wenig daran glauben, damit es gut wirkt. Das soll aber nichts Verwerfliches sein. Sehr viele Produkte aus unserem täglichen Leben werden von uns angeschafft, weil sie uns ein gesteigertes Wohlbefinden versprechen und in vielen Fällen sind wir mit diesen Produkten zufrieden.

Ich habe jedenfalls die Erfahrung gemacht, dass Käuferinnen und Käufer dieser Geräte ein neues und gutes Bewusstsein im Umgang mit ihrem eigenen Wasser entwickeln.

Rückgaberecht vereinbaren

Eine Anschaffung sollte nur erfolgen, wenn die Möglichkeit besteht, das Gerät zurückgeben zu können, wenn sich die erwartete Wirkung nicht innerhalb einer gewissen Zeit einstellt.

13-9 In der österreichischen Wasserwirtschaft wird dem Prinzip des „Flächendeckenden Grundwasserschutzes" eine sehr hohe Priorität eingeräumt. Ziel ist es dabei, dass das Grundwasser bundesweit Trinkwassereigenschaften aufweist. Tatsächlich weist Grundwasser in Österreich zumeist eine sehr gute Qualität auf. In Bild 13-9 erfolgt die Bewässerung des Gemüses mit hochwertigem Trinkwasser, weil es im Untergrund auch so vorhanden ist.

14 Begriffsbestimmungen

Abbetonieren
Aufbringen einer Schicht Beton über dem Kiesbereich einer Quelle.

Betonringe
Fertigteilringe aus dem Fachmarkt. Es gibt sie in unterschiedlichen Durchmessern und Höhen in folgenden Ausführungen:

- Ohne Löcher.
- Mit Löchern (für Sickerschächte beim Hausbau).
- Mit betoniertem Boden.
- Konus als oberer Abschluss.
- Kreisrunde Abdeckung.

14-1 Standard-Betonring mit einem Innendurchmesser von 100 cm und einer Höhe von 90 cm.

Drainage bzw. Dränage
Eine Drainage soll nasse Stellen trockenlegen oder einsickerndes Wasser ableiten. Sie besteht aus zwei Bestandteilen:

14-2 Drainagerohre mit einer glatten Sohle. Das Wasser tritt über die Schlitze ein und rinnt entlang der glatten Sohle ab. Diese Rohre eignen sich gut für die Fassung von Sickerleitungsquellen.

Einem Schlauch bzw. einem Rohr mit Löchern, das Wasser anzieht.

Einer Schicht Kies, die den Schlauch oder das Rohr seitlich und oben bedeckt.

Drainagewasser
Jenes Wasser, das von einer Drainage abgeleitet wird.

Einzugsgebiet
Die Umgebung einer Quelle oder eines Brunnens, die einen Einfluss auf die Menge und die Qualität des Wassers hat.

Erschließen
Grundwasser erreichen und nutzen. Dazu errichten wir eine Quellfassung oder einen Brunnen.

Fassen
Die Fassung stellt den baulichen Teil der Erschließung dar.

14-3 Das Einzugsgebiet dieser Quelle ist blau umrandet.

Grundwasser

Das ist unterirdisches Wasser, das die Hohlräume der Erdrinde (Poren, Klüfte und dergleichen) zusammenhängend ausfüllt, unter gleichem oder größerem Druck steht, als er in der Atmosphäre herrscht, und dessen Bewegung durch Schwerkraft und Reibungskräfte bestimmt wird. (ÖNORM B2400)

Hangwasser

Jenes Niederschlagswasser, das in der obersten Bodenschicht den Hang hinabsickert. Wir können es sehen, wenn wir nach einem Regenguss mit der Schaufel ein kleines Loch im Hang ausheben. In das Loch wird bald Wasser sickern. Nun sehen wir das Hangwasser.

14-4 Dieser Hang besteht aus durchlässigem, sandigem Boden. Der Wasserspiegel des Hangwassers befindet sich zwei Tage nach der Schneeschmelze nur knapp unter der Geländeoberfläche.

Hinterfüllung

Das seitliche Verfüllen eines Schachtes mit Kies.

Kies

Kies stammt aus Kiesgruben. Er wird in normierten Durchmessern ausgeliefert.

Drainagekies weist einen Durchmesser zwischen 16 und 32 mm auf. Wir nennen ihn Kies (16/32).

Feiner Kies hat einen Durchmesser zwischen 8 und 16 mm. Er heißt Kies (8/16).

14-5 Kies 16/32, gewaschen, in Originalgröße. Die Größe der Steine bewegt sich zwischen 16 und 32 mm.

14-6 Dieses Gestein ist von Klüften durchzogen.

Kluft
Darunter verstehen wir feine Trennflächen im Gestein, die durch Bewegungen in der Erdkruste entstehen oder durch Abkühlungsprozesse von Gesteinen.

Künette
Ein Graben, in dem eine Leitung eingelegt wird (Drainage, Kanal, Trinkwasserleitung, Strom etc.).

Lehm
Ein Gemisch aus Ton, Schluff und Sand. Je nach Anteilen unterscheiden wir tonige, schluffige und sandige Lehme. Je mehr Ton und Schluff, desto mehr quillt er bei der Wasseraufnahme auf und desto besser dichtet er das Bauwerk ab.

14-8 Lehm in der Natur. Die Humusschicht wurde soeben weggebaggert.

Lehmschlag
Eine dicke Lehmschicht, die Lage für Lage eingebracht und verdichtet wird.

Oberflächenwasser
Unter Oberflächenwasser verstehen wir jenes Wasser, das zuerst als Regen auf die Erdoberfläche auftrifft. Ein Teil davon wird direkt an der Oberfläche ablaufen. Ein weiterer Teil sickert zunächst in den Boden ein. In der obersten Bodenschicht kann es dann als sogenanntes „Hangwasser" talwärts sickern. In jedem Fall handelt es sich um frische, junge, noch verunreinigte Wässer. Erst nach einem längeren Aufenthalt im Untergrund bauen sich Keime und allfällige Verunreinigungen ab.

14-7 Herstellung einer Künette für einen Abwasserkanal.

14-9 Oberflächenwasser im Zuge der Schneeschmelze.

Ortbeton
Dieser Beton wird vor Ort gemischt und verarbeitet. „Häuslbauer" kennen sich damit bestens aus.

Quellwasser
Das ist frei zutage tretendes Grundwasser.

14-10 Quelle im Schlier.

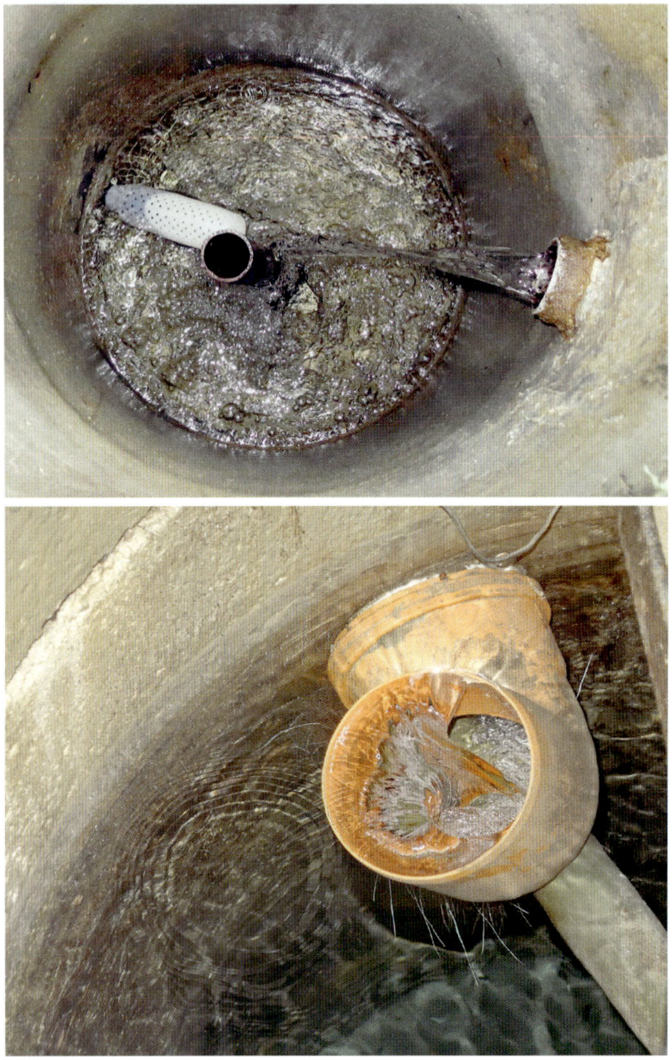

14-11 Zwei Sickerleitungsquellen: Die obere mit einer Schüttung von mehreren Litern pro Minute. Die untere mit einem Überlauf von 7 l pro Sekunde. Der Überlauf im Quellsammelschacht speist eine Fischzuchtanlage.

Relief

Oberflächenstruktur eines gewissen Bereiches in einer Landschaft. Wir unterscheiden zwischen einem gleichmäßigen und einem ungleichmäßigen Relief.

Schalung

Eine Form, in die Beton gegossen wird und die nach dem Aushärten entfernt wird. Wir verwenden Schalungen auch in der Küche, z. B. beim Tortenbacken. Dabei handelt es sich um eine kreisrunde Schalung für Teig, der im Ofen aushärtet.

Schlier

Ein verfestigtes Sediment, das hauptsächlich aus unterschiedlichen Mischungen von Sand, Schluff, Ton und Kalk besteht. Dieses Gestein kann auch Spalte und Klüfte ausbilden.

Schluff

Eine feinkörnige Bodenart. Seine Korngröße kann mit der von glattem bis griffigem Mehl verglichen werden.

Schüttung

Die Schüttung einer Quelle ist das Wasservolumen pro Zeiteinheit, also Liter pro Sekunde, Minute oder Stunde (vergleiche dazu **Bild 14-11**).

Sediment

Durch Wasser oder Wind abgelagerte Bodenmaterialien wie Kies, Sand, Schluff, Ton.

Seicht

Als seichte Wasserader, seichte Quelle oder seichten Brunnen bezeichnen wir Grundwässer, die maximal 3 m tief unter dem Gelände liegen.

14-12 **Junges Sediment nach dem Donauhochwasser 2013.**

Sickerleitung
Ein Rohr mit Löchern oder Schlitzen, damit Wasser eintreten kann. Spezielle Quellfassungsrohre sind Sickerleitungen, die im unteren Bereich keine Löcher haben. Das Quellwasser kann dadurch leichter im Rohr entlangfließen.

Spalt
Eine große Kluft im Gestein.

Steigleitung
Die Druckleitung in einem Brunnen. Am unteren Ende sitzt die Unterwasserpumpe, die das Grundwasser durch die Steigleitung nach oben befördert.

Tiefenwasser/Tiefbrunnen
Tiefenwasser wird nicht von der Geländeoberfläche beeinflusst. Es ist häufig viele Jahre oder Jahrzehnte alt und mit vielen Mineralstoffen versetzt. Tiefenwasser kann bereits ab einer Tiefe von 20 m unter Gelände vorkommen. Dies ist dann der Fall, wenn über dem alten Wasserhorizont eine dichte Bodenschicht liegt, die den Zutritt von oberflächennahem Wasser verhindert.

Ton
Der Bestandteil des Bodens mit der geringsten Korngröße. Zum besseren Verständnis: noch viel feiner als glattes Mehl. Ton kann Wasser bis zum Fünffachen seines Gewichtes aufnehmen. Katzenstreu besteht häufig aus reinem, trockenem Ton.

Trockeneinstieg

Überdeckung (Bodenüberdeckung)
Die Höhe der Bodenschicht, die über dem Grundwasser liegt. Je höher die Überdeckung, desto geringer ist der Einfluss von der Oberfläche auf das Grundwasser.

14-13 Ein Trockeneinstieg in einen Wasserspeicher. Hinter den beiden Wänden (rote Pfeile) lagert das Wasser.

Überlauf innen, außen

Ein Überlauf verhindert, dass das Wasser in einem Schacht zu hoch ansteigt. Er besteht aus einem Rohr, das vom Inneren des Schachtes nach außen führt. Bei Quellen kann er auch als Drainage um den Schacht ausgeführt sein. Da sich Grundwasser stets waagrecht ausspiegelt, kann das Wasser im Inneren des Schachtes nicht höher als die außenliegende Drainage steigen.

14-15 Die verkieste Drainage wird mit einem Vlies bedeckt. So wird verhindert, dass der noch trockene und bröselige Lehm in die Hohlräume des Kieses eindringt.

Verkiesung

Umgeben eines Schachtes mit Kies bzw. generell das Verfüllen mit Kies.

14-14 Hier wird die Drainage verkiest, die die Sickerleitung gegenüber Oberflächenwasser schützt.

Vlies

Ein sehr strapazierfähiges, wasserdurchlässiges Kunststoffgewebe. Es verhindert, dass feine Bodenbestandteile in den Kiesbereich einer Quelle eindringen und dessen Poren verstopfen können.

Wasserader

Grundwasser, welches zwischen verschiedenen Gesteinsschichten fließt und doch eine gewisse seitliche Abgrenzung aufweist. Wasseradern können schmal oder breit, stark oder schwach wasserführend sein.

15 Literatur- und Quellenhinweise

AGES: Österreichische Agentur für Gesundheit und Ernährungssicherheit GmbH: Trinkwasser aus Hausbrunnen und Quellfassungen, *https://www.ages.at/themen/umwelt/wasser/trinkwasser/* [Stand: März 2008]

Amt der Nö. Landesregierung: Leitfaden für Hausbrunnen, http://www.noe.gv.at/noe/Gemeindeservice/Leitfaden_fuer_Hausbrunnen.pdf [Stand: 2004]

Amt der Oö. Landesregierung: Ratgeber Hausbrunnen, www.land-oberoesterreich.gv.at > Service > Medienservice > Publikationen [Stand: August 2017]

Amt der Steiermärkischen Landesregierung: Hausbrunnen und Quellen, www.umwelt.steiermark.at > Wasser [Stand: Februar 2016]

Bachner, Martin: Handbuch für Brunnenbesitzer, 2. Auflage, Leopold Stocker Verlag, Graz 2011

Bayerische Landesanstalt für Landwirtschaft: Wasserversorgung auf der Weide, http://www.lfl.bayern.de/ite/gruenland/031200/ [Stand: 29. Jänner 2017]

Friedrich, Adolf: k. k. Hofrat, Professor an der k. k. Hochschule für Bodenkultur in Wien: Kulturtechnischer Wasserbau, Verlagsbuchhandlung Paul Parey, Berlin, 1914.

Kanton Bern: Gebrauchswasser, http://www.bve.be.ch/bve/de/index/wasser/wasser/wassernutzung.html_anker-anchor-3 [Stand: Jänner 2018]

Landwirtschaftskammer Oberösterreich (Tiefenthaler, Franz, DI; Zaussinger, Christoph, DI): Merkblatt Wasserverbrauch von Tieren, Linz 2015

Vogler, August, Dr., Regierungsrat, Professor an der Landwirtschaftlichen Hochschule zu Berlin: Grundlehren der Kulturtechnik, Verlagsbuchhandlung Paul Parey, Berlin, 1909.

Umweltbundesamt (BRD): Gesundes Trinkwasser aus eigenen Brunnen und Quellen, https://www.umweltbundesamt.de/publikationen/gesundes-trinkwasser-aus-eigenen-brunnen-quellen [Stand: Jänner 2013]

Wasserwirtschaftsamt Ingolstadt: Bürger fragen – wir antworten, http://www.wwa-in.bayern.de/service/buerger_fragen_wir_antworten/index.htm [Stand: Oktober 2018]